Multilingual Online Academic
Information Mining and Retrieval

多语言网络学术信息挖掘与检索

吴　丹◎著

科 学 出 版 社

北　京

图书在版编目(CIP)数据

多语言网络学术信息挖掘与检索/吴丹著.—北京：科学出版社，2014.7
ISBN 978-7-03-041020-7

Ⅰ.①多… Ⅱ.①吴… Ⅲ.①互联网络-情报检索 Ⅳ.①G354.4 ②TP393.4

中国版本图书馆 CIP 数据核字（2014）第 125059 号

责任编辑：邹 聪 王酋艳 /责任校对：赵桂芬
责任印制：徐晓晨 /封面设计：无极书装
编辑部电话：010-64035853
E-mail：houjunlin@mail.sciencep.com

科学出版社出版
北京东黄城根北街 16 号
邮政编码：100717
http://www.sciencep.com

北京凌奇印刷有限责任公司印刷
科学出版社发行 各地新华书店经销
*
2014 年 7 月第 一 版 开本：720×1000 1/16
2020 年 1 月第三次印刷 印张：15 1/2
字数：285 000

定价：78.00 元

（如有印装质量问题，我社负责调换）

序言 PREFACE

初识吴丹博士，是在2009年岁末的广州。

是年12月19～21日，中国科学技术协会第207次青年科学家论坛在中山大学举行，主题是“数字环境下情报服务的方法创新与支撑技术”。来自北京大学、武汉大学、中国科学技术信息研究所等近30所高校和科研院所的60多位青年才俊与会。我和马费成老师有幸受邀参会并担任顾问。开幕式后，研讨会移师清远继续进行。我参加了一个大组的讨论。青年学者们依次上台报告自己的研究进展和学术见解，然后由参会教授进行点评。年轻学人们各具纵深和特色的学术报告，显示了他们最新的研究成果和科学发现，尤其给我留下深刻印象的几位报告人中，就有武汉大学的吴丹博士和北京大学的王继民博士，此外，黄如花教授的精彩点评也令人难忘。那时我不认识吴丹博士，只是由于我先前在中国社会科学院语言研究所工作时曾经从事过机器翻译和自然语言处理研究，对她关于跨语言信息检索的报告印象很深，感到很有思想。现场有老师给我介绍了她的情况，说她确实很优秀。散会后我和她简单聊了几句，鼓励她继续深化研究，有条件时适当延伸研究，如题录翻译研究与实践，努力为国家经济社会发展中一些紧迫的实际问题的解决做出贡献，她表示了认同。在那以后的几年间，又断断续续有过几次见面的机会。2011年，她的专著《跨语言信息检索：翻译优化理论与技术》出版，她寄来了一本，我抽空阅读了这本凝聚着她心血的著作，看到了她的学术成长，为她感到由衷的高兴。但是由于我没有她的联系方式（她邮寄书的地址看不清楚），加之工作头绪杂乱，较长一段时间中连一句道谢的话都无法表达，还是后来辗转打听到了她的手机号码，得以发短信致谢。说来也巧，后来吴丹博士入选武汉大学首批“珞珈青年学者”，再后来入选中央组织部等部委首批“青年拔尖人才支持计划”，我都有幸参与评审推荐工作，比较详细、系统地阅读了她的全部材料，进一步了解了她在跨语言检索研究方面的学术见解和研究进展。

令人欣慰的是，吴丹博士近年来的研究，没有采取“打一枪换一个地方”的做法，始终围绕着多语言信息检索及用户行为展开，她发表了一系列较高水平的中英文论文，一步一个脚印地不断深入，逐渐成长为这个领域的一位学有专攻的优秀青年学者。

在数字化、网络化不断发展的今天，人们的日常生活、工作和学习受到互联网的极大影响，而且这种影响还会继续下去。通过互联网，人们获取信息来解答问题或是安排行程，人们建立社交网络来与家人和朋友保持联系，人们在网上写博文、做网页来表达自己的想法和才能。所有这些都渗透到人们日常生活的方方面面，在改变个体行为的同时也改变了人类社会。

学者作为一个特殊的群体，他们的研究行为也在随着互联网的影响而发生改变。许多科学研究从最初想法到最终成果通常要经过思想启发与问题探索，概念形成与数据采集，结果分析与意义解释，以及文章写作与成果发表等阶段。在互联网被广泛使用之前，许多学者都基于传统的科研平台来完成自己的学术研究，利用的学术信息主要是靠传统的、纸质的媒介记载。

但互联网逐渐改变了传统的学术环境。数字图书馆的兴起不但将学术信息数字化，而且使学者们利用学术信息的手段大为便捷。学者们利用现代计算机存储技术、信息检索技术、网络传输技术和多媒体技术，不但可以自己直接查询和获取学术信息，而且所获得的信息的数量和时效性远远超过从前。这为学者研究中的思想启发与问题探索，以及文章写作与成果发表等阶段提供了强有力的工具和平台。

同样的变化也发生在学者研究中的概念形成与数据采集及结果分析和意义解释阶段。网络通信的广泛应用使学者间的协同合作可以在互联网上虚拟完成，社会网络的蓬勃发展让学者同时担任数据和信息的生产者与消费者。这些为学者们建立研究团队，保持合作关系，以及与研究成果使用者间更深入的良性互动都起到了促进作用。

所有这些都表明整个科学研究体系结构在发生变化。基于互联网的学术研究与合作平台是发展的方向。在这方面国外发展很快，为此迫切需要国内的学者们在这方面加大研究力度。吴丹博士的这本对网络学术信息研究的专著很及时地弥补了国内在这方面研究的不足。

最近学术界和IT界对“大数据”的讨论更清晰地表明了基于互联网的学术研究与合作平台的重要性，从而使更多的学者更加深切地体会到多语言技术和网上学术信息在现在和将来的学术研究中的角色和作用。

由于多年关注多语言的教育和科学研究，切实地体会到多语言技术在当前基于互联网的学术研究与合作平台上的重要意义。对于中国的学者来说，汉语是母语，是中国学者间学术交流的自然选择，因而中文网络学术信息有其存在的基础和意义。但是在一个开放的社会里，我们也应该实事求是地认识其他语言尤其是英语在世界学术交流中的实际影响和地位。同时还要看到，世界上许多高水平的学术信息，包括传统的和网络上的，都是使用的英语。因此，英语是钥匙，是中国学者打开世界学术信息宝库的重要工具。在这样的环境里，多语言技术就成为了桥梁，成为把世界各地其他语言学术信息引进中国的桥梁，也成为把中国学者的学术成就传播到世界各地的桥梁。

吴丹博士的新专著《多语言网络学术信息挖掘与检索》，正是她在这一大背景下进行认真思考和研究的继续与深入。我关注她在多语言技术方面的研究有好几年了，很高兴看到她的这本新著即将与读者见面。该书把多语言技术与网络学术信息科学地加以结合，并在互联网的学术研究与合作平台的大环境下，讲述了她对多语言网络学术信息用户需求与行为的调研和分析，与我们分享了她对多语言网络学术信息标签规范及挖掘的研究发现，观察她对多语言网络学术信息翻译资源与测评体系的构建，使我们能够了解她确立的多语言网络学术信息检索系统的实现路径，以及她对多语言网络学术信息检索实验的操作。所有这些，无不显示出一个年轻学者的研究潜力和学术精进，反映出她多年来对多语言网络学术信息的全面而深入的思考和研究，以及这些思考和研究所带来的可喜成果。相信吴丹博士在已取得的一系列成功的基础上，将进一步深入并适当拓展研究，不断有新的思考、新的发现及新的研究成果。

无论是在理论上的探索与发现，还是在应用上的启示与借鉴，抑或是对相关前沿研究领域的认知与追踪，愿所有对多语言处理技术和网络学术信息感兴趣的读者和学人都能从该书中获益。

在《多语言网络学术信息挖掘与检索》即将出版之际，写下一点感想，既是致贺，也是期望。

是为序。

黄长著 ①

二零一四年春于首都北京

① 黄长著，中国社会科学院学部委员、研究员，国家社科基金图书馆·情报与文献学学科规划评审组组长，中国社会科学情报学会理事长，中国社会科学院翻译系列正高级职称评审委员会主任。

前言 PREFACE

对网络学术信息进行准确的表示与描述，从而无缝地获取各种学术信息资源，是科研工作者和信息服务机构亟待解决的一个问题。目前，网络学术信息资源的特点表现为：数量庞大，数字图书馆等网络资源的建设使得大量文本资源转化成更宜传播的数字资源；来源丰富，学术信息不再仅存在于结构化的数据库中，更多的学者或普通用户通过网页、论坛、博客、百科、问答系统等多种方式贡献或获取有价值的学术信息；语种多样，随着世界范围学术交流活动的日益频繁，越来越多的科研工作者需要了解和获取多语种学术资源；信息表示由受控标记发展为自由标记，用户不再仅是网络信息资源的消费者，同时也是创造者、描述者、组织者；无缝智能获取，网络学术信息的发展趋势是用户超越时空限制、跨越语言障碍而无缝智能地获取学术信息，形成信息高度共享。

据统计，目前网上学术信息按语言分布的情况是：英语大约占70%，法语、德语分别占6%，而汉语仅占网上学术信息总量的3%左右。这个数据说明，仅对汉语学术信息的单一表达处理，网络发挥的学术效益只占网络效益的3%左右。要提高学术信息获取效率，实现无缝获取，必须进行多语言网络学术信息的挖掘与检索创新研究。

从国内外的研究情况可以看出，采用协同标注对多语言学术信息资源进行描述、分类、组织、检索的过程中存在着信息描述精确度不高、标签组织混乱、同一领域不同用户的表示结果差异较大等缺陷。因此，我们需要对网络学术信息的多语言标签进行规范控制。同时，还需充分考虑对已有的网络学术信息的标签进行挖掘和有效利用，形成高质量的领域翻译资源。信息表示的目的是为了信息获取，利用良好的多语言学术信息标签去提高多语言学术信息检索的效率，这种模式对于深度开发网络信息资源是十分重要的。

本书对多语言网络学术信息资源进行了以下四个方面的理论与实践研究。

（1）多语言网络学术信息用户需求与行为研究。通过对两类网络学术信息资源——数字图书馆和新型网络学术信息资源，展开多语言用户需求与行为调查。结果显示：对于数字图书馆而言，用户对多语言学术信息有较强的需求，不同类型用户对数字图书馆提供的多语言学术信息服务有不同程度的要求。对于新型网络学术信息资源而言，大学生普遍认为新型网络学术信息资源比较重要，且不同国家的用户对网络信息资源使用的偏好也不同，这些新型网络学术信息资源的质量有待提高。

（2）多语言网络学术信息标签规范与挖掘研究。通过对能够提供学术信息的新型网站，包括图书标注系统、学术论文标注系统、学术博客等的社会标签（social bookmarking/social tagging）与主题词表的比较实验发现，尽管标签与词表的重合度并不高，且中文网站与英文网站的表示方法也存在异同，但是从新型网络学术资源网站中抽取出来的社会标签对多语言网络学术信息的检索具有一定的帮助作用，可以用来形成翻译资源。

（3）多语言网络学术信息翻译与测评技术研究。为了支持多语言网络学术信息检索，一方面，我们以图书情报领域为例，构建了两个图书情报领域的语义词典：一是由网络学术信息资源作者提供或自动抽取术语形成的专业词典，二是由网络学术信息资源用户提供的社会标签所形成的标注词典。另一方面，我们构建了一套图书情报领域多语言学术信息检索测评体系。

（4）多语言网络学术信息检索系统实现与实验研究。我们开发了一个多语言网络学术信息检索系统——Multilingual Information in LIS：Knowledge Translation，Evaluation and Access（简称 Milk-Tea），并进一步进行了跨语言信息检索实验。实验结果显示，Milk-Tea 能够支持真实用户的检索，并且我们所构建的两个专业领域翻译词典（专业词典和标注词典）能够在多语言学术信息检索中发挥作用。

全书共分为六章。

第一章网络学术信息概述，介绍网络学术交流方式，网络学术信息的特点、组织和获取。

第二章多语言网络学术信息用户需求与行为调查，进行了用户对数字图书馆和新型网络学术资源的需求和行为两项调查分析。

第三章多语言网络学术信息标签规范与挖掘，抽取了图书标注系统、学术论文标注系统、学术博客三类网络学术资源上的中英文标签，将其与主题词进行比较，并探讨了挖掘这些标签作为跨语言学术信息检索的翻译资源的可能。

第四章多语言网络学术信息翻译资源与测评体系构建，利用所抽取的标签构建了中英文标注词典，同时还构建了中英文专业词典，以及一套图书情报领域跨语言学术信息检索的检索主题、语料库、标准答案集等。

第五章多语言网络学术信息检索系统实现，构建了一个图书情报领域的中英文跨语言学术信息检索系统 Milk-Tea，该系统内嵌了三种翻译资源（标注词典、专业词典、通用词典）。

第六章多语言网络学术信息检索实验，在 Milk-Tea 上进行了自动信息检索和用户信息检索两项实验，主要是对比三种翻译资源组合模式的检索效果，同时也进行了 Milk-Tea 的性能测试，以及用户跨语言学术信息检索行为分析。

上述研究的意义在于有助于解决网络学术信息表示的规范化问题，有助于形成高质量的领域翻译资源，有助于提高多语言学术信息获取的效果，有助于不同语言学术信息的交流与共享。

（1）有助于解决网络学术信息表示的规范化问题。在 Web 2.0 环境下，由大众参与的信息描述与组织方式存在自由、凌乱等问题。本书针对多语言网络学术信息，对用户的协同标记、作者的规范表示，以及从学术信息本身抽取的领域术语进行聚合研究，并形成多语言对照语义词典。这将为多语言网络学术信息的规范表示提供指导。

（2）有助于形成高质量的领域翻译资源。当前大多数翻译资源是从大规模平行语料库中获得的，多为通用翻译资源，存在大量噪声，并缺乏对专业词汇翻译的覆盖。本书以图书情报领域为例，利用学术信息的规范性，结合用户、作者对信息的表示，从多语言网络学术资源中提取翻译信息。这样形成的领域翻译资源将具有很高的质量和对专业领域词汇准确翻译的覆盖，也使信息表示得到应用，同时还为基础资源的构建开拓了新的思路。

（3）有助于提高多语言信息获取的效果。对多语言网络学术信息表示进行聚合研究所形成的翻译资源与一般翻译资源相比，具有更准确、更专指的优点。这一翻译资源应用在多语言学术信息检索中，能够辅助消除查询翻译歧义性，优化检索结果，获得使用通用翻译资源无法达到的效果。

（4）有助于不同语言学术信息的交流与共享。本书产生的对不同语言的学术信息标签进行挖掘，并应用于跨语言学术信息检索的模式，将有助于世界范围内的不同语言学术信息之间的广泛交流与共享，有助于不同语言的学者更好地理解其他语种学术成果。

本书得到了国家社会科学基金和中国博士后科学基金的资助，在此深表感谢。

吴　丹

二零一四年二月于武汉

目录 CONTENTS

第一章

网络学术信息概述

随着网络社会化进程的加快，信息技术与互联网深入渗透到社会生活的各个领域。2014 年 1 月，中国互联网络信息中心（CNNIC）发布的《第 33 次中国互联网络发展状况统计报告》[1]显示，截至 2013 年 12 月底，我国网民规模达到 6.18 亿，其中手机网民规模达 5 亿，成为中国网民的重要组成部分，互联网普及率攀升至 45.8%。即时通信、搜索引擎、网络新闻、博客、微博、社交网站、电子商务类应用、网络娱乐类应用是互联网主要的应用模式，电子邮件、论坛/BBS 等传统互联网应用的使用率继续走低。网络用户的增加和网络活动的丰富对中国网民在学习、生活、工作、娱乐等方面提出了更多的要求。

学术交流是人类科学活动的重要组成部分，是推动科学发展的重要手段。有效的学术交流能使科研人员快速、高质量地交流学术信息，能促进科学研究活动的开展，从而促进知识的增长。计算机技术、网络技术对学术领域的影响，导致了学术交流模式的深刻变化，网络学术信息资源应运而生。网络学术信息资源是网络信息资源中进入到学科领域，并具有学术价值的那部分资源。越来越多的科学研究人员热衷于通过网络来交流学术信息，网络学术信息资源正逐步成为学术信息交流中的主流信息资源。

随着云时代的来临，大数据吸引了越来越多的关注。在大数据环境下，全球数字学术交流系统成为现实。数字图书馆、学术网站、学术博客、网络学术社区、在线互动知识构建等多种在线学术交流形式，丰富了学术交流的内容，产生了大量的科学数据。而科研的继承性需要借鉴和使用已有的数据，由此带来了网络学术信息的组织、获取、使用等问题，受到越来越多的科研管理机构和信息服务机构的重视。

第一节 网络学术交流方式

网络学术发轫于20世纪90年代兴起的网络文学，21世纪以后发展迅猛。它不仅改变了传统学术交流的方式，也改变了传统学术交流的生态。其作用表现为知识创造方式、研究方式的变化，信息获取方式的变化，研究成果的发布，评价、传播方式的变化，以及出版物形态与出版模式的变化等。网络学术突破了传统学术的局限性，拓展了学术信息交流的空间，丰富了学术研究的内容和形式，对学术思想和学术研究的重要性日益突出，越来越成为现代信息用户学术信息交流的重要选择。

网络环境下，学术信息交流向立体化、多层面发展，学术交流的“正式”与“非正式”界限逐步淡化，呈现出多种交流方式并存的局面。

一、正式的网络学术信息交流方式

正式的学术信息交流是指借助于公开发表的文献进行的学术信息交流过程。在纸质载体时代，公开发表的文献主要是指印刷型图书、学术期刊、科技报告等。网络环境下的正式交流过程可以被看做是纸质载体时代的正式交流在互联网上的延伸，主要分为网络出版物、网络上的数字化文献及开放存取期刊（open access journal，OAJ）三种。

（一）网络出版物

网络出版又称互联网出版，是指具有合法出版资格的出版机构，以互联网为载体和流通渠道，出版并销售数字出版物的行为。与传统出版相比，网络出版具有快速、便捷、低定价、低成本、无需仓储、无需运输等优势。在资源利用上，它不需要纸张、不需要油墨等，是一种纯粹的环保、绿色产品。这些优点给网络出版的发展开拓了更广阔的空间。网络出版物主要有互联网图书、互联网报纸、互联网杂志、互联网音像出版物等。

（二）网络上的数字化文献

在印刷出版时代，出版商建立了以学术专著和学术期刊为基础的科学信息交流系统，网络环境下，许多出版商将传统的印刷版文献数字化处理，主要表现为：电子期刊、电子图书、电子版工具书、标准、专利等。相比印刷版文献，这类经过数字化处理并放到互联网上的正式出版物更易于获取和使用。

（三）开放存取期刊

开放存取期刊在 20 世纪 90 年代末兴起，它是互联网上的在线出版物，免费提供给用户使用，用户只需支付上网的费用，而不必支付其他费用。瑞典隆德大学的开放存取期刊名录（directory of open access journals，DOAJ）对开放存取期刊所下的定义是：采用集资的模式，不向作者或其机构收取使用费的期刊。开放存取期刊具有投稿方便、出版快捷、出版费用低廉、便于传送或刊载大量的数据信息、检索方便、具广泛的读者群和显示度等优势。开放存取期刊逐渐得到传统文摘索引服务商的认可并成为他们收录的对象，同时也是一种正式的网络学术信息交流方式。

二、半正式的网络学术信息交流方式

网络环境下学术信息的半正式交流方式与正式交流方式的主要区别在于：正式交流方式中的学术信息是经过出版商、文摘索引商等专职信息人员进行评审、编辑、加工整理后才正式出版发行的，而半正式交流方式中的学术信息可能有经过加工处理，但是未正式出版。半正式的网络学术信息交流方式主要有三种，即学术机构网站、学科专业网站及开放存取仓储（open access repository，OAR）。

（一）学术机构网站

从各种学术团体和科研院所、国际组织和政府部门、行业协会等组织机构的网站上可以获得政府白皮书、学科最新研究信息、学术动态信息等，还可以获得非正式出版物等“灰色文献”。这类文献主要包括：不公开刊载的会议文献，非公开出版的政府文献、学位论文，不公开发行的科技报告、技术档案、工作文件、内部刊物、未刊稿等。在互联网上，“灰色文献”的获取要比在传统方式下更容易些，而且获取费用也相对较低。

（二）学科专业网站

学科专业网站包括提供各类科学信息的大型学科综合网站，集中了诸如研究动态、专家学者、专业论坛、重要文献、组织机构、学术期刊、统计数据、法律法规、学术会议、专业基本知识等各类信息，如中国经济信息网、中国法律网、中国新闻网等；同时也包括提供某一专业学科领域某一方面信息的中小型学科网站，如中国期货网、人类学资源库、道教文化资料库、今日作家国际互联网站等，提供人物信息、数据信息、文献信息等。这类网站通常由专业团体维护，信息较为可靠。

（三）开放存取仓储

开放存取仓储，也称为开放存取知识库，不仅存放学术论文，还存放其他各种学术研究资料，包括实验数据和技术报告等。开放存取仓储包括基于学科的开放存取仓储和基于机构的开放存取仓储。学科开放存取仓储主要以预印本资源库的形式存在，对某一学科领域或多个学科领域中的所有研究者开放，提供免费的文献存取和检索服务，以供交流、学习。机构开放存取仓储存储对象为组织或机构的内部成员在学术研究过程中产生的各种有价值的资源，如项目研究成果（包括开题报告、中期报告、结题报告等）、调查研究报告、硕士/博士学位论文、会议论文，甚至包括课程讲义、多媒体资料等。开放存取仓储一般不实施内容方面的实质评审工作，只是要求作者提交的论文基于某一特定标准格式，并符合一定的学术规范。利用开放存取仓储，科学家、学者和研究人员可以通过自行典藏（self-archiving）技术自由地提交、存放、检索、下载和使用研究资料及研究成果。这便于科学信息迅速、快捷地在各学科领域广泛传播，从而推动科学信息的无障碍交流。

三、非正式的网络学术信息交流方式

传统的非正式学术信息交流是由科学家和专家个人来完成的那部分学术交流。互联网使这种非正式交流方式得到了延伸和发展，人们可以借助互联网上的各种工具和平台进行学术信息交流。非正式的网络学术信息交流方式主要有以下五种。

（一）网络通信工具

互联网上有许多通信工具可以被用来进行学术信息交流，主要分为即时通信工具和非即时通信工具。

即时通信工具已经成为网络用户广泛使用的互联网服务。即时信息交流是一种实时的互联网交流方式。目前在互联网上受欢迎的即时通信工具包括 QQ、MSN Messenger、Google Talk、微信、易信、飞信、阿里旺旺等。即时通信工具可以实时交谈和互传信息，而且不少软件还集成了数据交换、语音聊天、网络会议、电子邮件等功能。即时通信工具主要被人们用于私人之间的日常交流和联系，也广泛地应用于学术交流，如讨论问题、传递文件、共享数据等。

非即时通信工具最常见的是电子邮件。无论何时何地，只要能上网就能自如地收发电子邮件，从而实现人与人之间广泛的信息交流。电子邮件不但可以传送普通文本，还可以传递多媒体信息，如图像、声音、视频、文件等。电子邮件对于国内外学者及时沟通学术信息非常重要。

（二）个人维护的网络信息

专家学者经常会在个人维护的网络平台上发布个人简历、研究成果、学术观点、学术资源收藏等信息，通过平台宣传自己或者结交志趣相投的朋友。目前个人维护的网络信息主要有个人主页、博客、播客、微博等。

专家个人主页是专家的个人学术频道，用于探讨专业理论研究，交流学习和研究成果。

博客、播客、微博则是 Web2.0 时代的产物。博客是以网络作为载体，简易迅速便捷地发布自己的心得，及时有效轻松地与他人进行交流，再集丰富多彩的个性化展示于一体的综合性平台。播客（包括视频播客）可以看做是博客的一种新的发展，是指一种在互联网上发布文件并允许用户订阅 feed 以自动接收新文件的方法。微博，微型博客的简称，即一句话博客，是一个基于用户关系信息分享、传播以及获取的平台。越来越多的人通过博客、播客、微博传播自己思想，创建、发布各类学术信息。

（三）维基百科

维基百科是一个多语言、内容自由、任何人都能参与的协作计划，其目标是建立一个完整、准确且中立的百科全书。任何网络用户都可以在互联网上对维基文本进行浏览、创建、更改，也可以与其他人一起进行协作式写作，系统可以对不同版本内容进行有效控制管理，所有的修改记录都会保存下来。同一维基网站的写作者自然构成了一个社群，用户在这个社群内可以共享某一领域的知识。同类型的中文平台还有百度百科等。这些百科平台是人们查阅词条、定义、概念等的常用工具。

（四）网络问答平台

网络问答平台，又称“知识问答平台”或“互动问答平台”，它使用网上论坛技术和搜索引擎，通过用户提问和回答问题的方式打造知识交流平台，从而达到社区用户的知识共享。中国网络问答平台发展迅速，使用人数和频率正在迅猛增加。网络问答平台的使用已经从横向扩张向纵深个体细分方向发展，也正在向团队化、专业化方向发展。用户可以根据自身需求提出问题，或回答、关注感兴趣的问题和话题，分享知识和经历，并与其他志趣相投的好友讨论和交流。网络问答平台也是目前学术信息交流常见的方式之一。

（五）网络社区

网络社区是指包括BBS/论坛、贴吧、公告栏、群组讨论、在线聊天、交友、个人空间、无线增值服务等形式在内的网上交流空间，同一主题的网络社区集中了具有共同兴趣的访问者。网络社区就是社区网络化、信息化，简而言之就是一个以成熟社区为内容的大型规模性局域网，涉及金融经贸、大型会展、高档办公、企业管理、文体娱乐等综合信息服务功能需求，同时与所在地的信息平台在电子商务领域进行全面合作。科研人员可以在网络社区中进行交流，其中，BBS/论坛是很多网络用户进行网上交流的一个主要站点。互联网上有许多不同专题的学术论坛，供科研人员讨论相关学术问题，可以发表一个主题，让大家一起来探讨；也可以提出一个问题，大家一起来解决；还可以参加某一主题的讨论，吸纳不同的思想、见解。

第二节　网络学术信息的特点

随着网络的普及，网络阅读、数字化科研、数字化研究等以网络为基础的学习和科研方式蓬勃兴起，传统的纸与笔让路于光和电已成为难以逆转的文化趋势，产生了更多种形式的网络学术信息资源[2]，这些网络学术信息资源具有与传统纸质资源不同的特点，表现为如下几点。

(1) 数量庞大。数字图书馆等网络学术资源的建设使得大量文本学术资源转化成更宜传播的数字学术资源。

(2) 来源丰富。学术信息不再仅存在于结构化的数据库中，在Web2.0环境下，更多的学者或普通用户通过网页、论坛、博客、百科及问答系统等多种方式贡献或获取有价值的学术信息。

(3) 语种多样。随着世界范围学术交流活动的日益频繁，越来越多的科研信息如先进理论、宝贵经验或行业最新进展以多语种形式存在。科研工作者必须掌握几种语言，或是利用翻译工具来消除语言障碍。据统计，目前网上学术信息按语言分布的情况是：英语大约占70%，法语、德语分别占6%，而我们长期跟踪使用的汉语仅占网上学术信息总量的3%左右。这个数据说明，如果仅对汉语学术信息进行单一表达处理，网络发挥的学术效益只占网络效益的3%左右。要提高学术信息获取效率，实现无缝获取，必须进行多语言网络学术信息资源的利用研究。

（4）组织自由。网络学术信息资源的表示由受控标记发展为自由标记，用户不再仅是网络信息资源的消费者，同时也是创造者、描述者、组织者。由于网络标签的作用，人们在浏览某些著名学者的学术文章时，也可能会搜索到具有相同标签的其他人发布的学术文章，从而扩大信息量和知识面。

（5）分布分散。网络中学术信息的社会分布异常分散。数量众多的网络学术信息广泛地分布在各类社会机构、社会组织、家庭和个人的站点中。出版社、报刊编辑部、书店和图书进出口公司、计算机硬件和软件公司、数据库开发公司、科研机构、高等院校、专业学会、行业协会、政府部门、各类企业甚至个人都可以利用网络传播自己的科技研究成果和其他学术信息，成为网络学术信息资源的分布点[3]。

（6）访问便捷。搜索引擎对大量学术信息的整合，以及网摘、RSS 等内容管理器对博客、论坛、贴吧、维基中的隐性知识的获取和管理，使得网络中学术信息的获取更加全面、便捷。通过 RSS 技术，科研人员可以订阅自己感兴趣的主题，不需要登录各种数据库、学术网站，或者浏览大量的页面，就可以轻易地获得来自于各个网站的学术信息。

（7）无缝获取。网络学术信息的发展趋势是用户超越时空限制、跨越语言障碍而无缝智能地获取学术信息，形成信息高度共享。这就要求用户必须熟悉各种学术信息源，掌握网络信息检索工具。

第三节　网络学术信息的组织

信息组织是信息检索的基础，信息组织科学与否决定了用户是否能对信息进行有效获取和利用，因此在信息交流过程中具有十分重要的作用。在网络学术信息呈指数增长的情形下，信息过载、信息爆炸成了科研人员获取信息时面临的主要难题之一。因此，要提高网络学术信息的利用率，良好的学术信息组织是关键。

网络学术信息组织是指对网上的各种概念、数据、文献、出版物（包括声音、图像、软件）等，通过分析、标引、著录、排序、链接等手段，使之形成一个有序的、便于用户理解和查询的信息系统，这个系统揭示知识的整体联系和相关知识间的联系[3]。与传统的信息组织相比，网络学术信息组织的基本思路与步骤并没有改变，即通过标引和著录对信息的形式特征和内容特征进行揭示和描述，然后通过排序、链接等手段按照一定的规则以某种特征为排序依据来使信息达到有组织的状态。但是，网络上一些新的组织工具给网络学术信息组织带来了新的思路。网络学术信息的组织模式主要有数据库、学术搜索引擎、数字图书馆、用户标注等。

一、数据库

正式的网络学术信息交流方式所产生的网络出版物、网络数字化文献、开放存取期刊等形式的网络学术信息通常以数据库的方式存储和组织。出版商、发行商、文摘索引商、检索服务商除了向图书情报机构、学会科研组织机构提供信息服务外，也直接面向用户提供信息服务。网络学术信息的数据库组织一般分为全文数据库、文摘数据库、知识元数据库、引文数据库等。这些数据库通常按照网络学术信息本身的结构进行组织和标引，一种书刊或一篇文献的内容和形式特征经著录后形成一条款目，款目由篇名、作者和主题等著录项目组成，形成一个分级树型结构。这些著录项目都可以作为检索点提供给用户进行多途径网络学术信息检索。

二、学术搜索引擎

数据库是一种结构化的信息组织方式，而搜索引擎则是一种非结构化的信息组织方式。搜索引擎已经成为用户查找网络信息的首选工具。学术搜索引擎顾名思义就是专门搜索学术资源的引擎，资源以学术论文、国际会议、权威期刊、学者为主，随着新一代搜索引擎的快速发展，学术搜索引擎应也具备个性化、智能化、数据挖掘分析、学术圈等特色。由于数据库里的学术信息大多是收费的，普通用户要想在互联网上免费获取学术信息，学术搜索引擎就是一个重要的工具。专门针对网络学术信息的学术搜索引擎主要有谷歌学术搜索、读秀学术搜索、Scirus 科学搜索引擎、开放存取期刊名录、开放存取仓储名录（directory of open access repositories，DOAR）等。

三、数字图书馆

数字图书馆是以数字形式储存和处理信息的信息服务系统。它针对有学术价值的图像、文本、语音、影视、软件、科学数据等多媒体信息进行收集、组织、规范加工。它利用现代先进的数字化技术，将图书馆馆藏文献数字化，通过国际互联网服务，供用户随时随地查询信息，使处在不同地理位置的用户能够方便地利用大量的、分散在不同储存处的信息。只要在有网络存在的地方，用户就可以随时随地地查询资料、获取学术信息。因此，数字图书馆是互联网上的图书馆，是没有围墙的图书馆。

四、用户标注

用户标注，又称合作性标注、社会性标注，是网络用户向信息资源添加自然语言关键词（标签）、发表评论、进行等级评价等的过程。用户可以互相分享标注结果，从而帮助其组织、发现信息资源，更加全面和深入地了解信息资源，以及根据所添加的标签创建兴趣小组，实现知识共享和发现[4]。对于网络学术信息而言，研究人员可以对图书、论文、学术博客等资源进行标注。这种网络学术信息的组织模式更加注重发掘隐性知识，每个人既是信息的使用者也是信息的发布者，个人深度地参与到互联网的组织之中，而不是被动地接受信息。只要使用统一的标准，大量无序的信息就不再需要专业人员进行整理，用户可以和信息生产者进行即时的交流，也可以和对某一研究主题感兴趣的其他用户共享信息。

第四节　未来网络学术信息的无缝获取——cyberscholarship

数字图书馆的馆藏正在急剧扩大。塔夫茨大学（Tufts University）的 Gregory Crane[5]说过一句简单而深刻的话，“当馆藏不断增大后，只有电脑能够读取每一个文字”。Thomas Jefferson 图书馆是美国国会图书馆的一部分，其有 6487 卷私人藏书[6]。著名的 Edward Gibbon 图书馆目录有 2675 条记录[7]。像 Thomas Jefferson 图书馆和 Edward Gibbon 图书馆这种小规模的藏书是可以被读者阅读和消化的，但现代研究型图书馆的数字馆藏远远大于此，没有人可以阅读它们的一切。

高性能计算与数字图书馆的结合，引入了一个全新的概念——cyberscholarship。高性能计算能汇集大量的学术信息，如数据集、手稿、报告等，这对学者提出了一个艰巨的挑战。因为一个学者读取的文件只有几百份，而一台超级计算机可以分析数百万份。当然，人们有丰富的认知和知识来理解所读的信息，而计算机只能在很肤浅的层面上理解作品。然而，如果能利用计算机对大量的信息进行分析，则深入研究是可能的。这种利用计算机程序找出潜在的、无法通过人类的搜索和浏览所获取的信息模式或关联的研究，被称为 cyberscholarship[8]。

Cyberscholarship 是未来网络学术信息利用的发展趋势。当数字图书馆在广泛的领域都有大量的资源时，cyberscholarship 变得有可能，这些文档即使对超级计算机来说也是大量的。例如，USC Shoah 基金会的视频库包括了 52 000 个纳粹集中营幸存者的采访录像，这个视频集有 400TB[9]。再如美国国会图书馆的国家数字信息基础设施和保存计划项目（NDIIPP）支持保存数字信息的合作项目，这个集合的大小约是 1PB 级或 1000TB 级[10]。另外还有许多研究型图书馆通过与开放内容联盟（Open Content Alliance）、谷歌或微软合作数字化其馆藏，这些集合变得非常大，如仅在康奈尔大学图书馆，其 800 万册图书的数字化副本估计为 4 PB 的数据。

这些大规模的数字馆藏是研究型图书馆的未来发展趋势。我们已经发现许多科学家不去图书馆读纸本期刊，他们所需要的报告、工作文档、会议记录、数据集、图片、音频、视频、软件和期刊论文都是数字化的形式，并能够通过网络访问，此外，有大量的旧文档也被数字化了。当书籍成为数字化形式，无论是出版商提供还是通过扫描旧材料，许多社会科学和人文科学的学者也可以完全依靠数字化信息进行其研究工作。也许那时，高校图书馆将不再是在校园内最大的建筑，而是成为最大的计算机中心。因此，无缝地获取大规模数字化的学术信息将是未来网络学术信息资源利用的发展趋势。

第五节　多语言网络学术信息研究述评

对于学术交流，国内外已有一些研究。如对信息化环境下学术交流的状况进行调研，分析信息化环境对学术交流的主要影响，研究国内外促进信息化环境学术交流的政策与措施，建立学术交流体系的运行保障机制，提出促进信息化环境下学术交流质量的对策和建议等。而网络学术信息资源的利用主要可以分为信息资源的组织与检索两方面。

本书的研究对象是多语言网络学术信息资源。国外在多语言网络学术信息的组织与检索方面已取得了一定研究进展。

在多语言网络学术信息组织方面，社会标签在 Web2.0 环境下成了一种新的表示方法。目前，许多学术资源网站都允许用户自由使用标签对文章、图片、视频、声音等对象进行描述，并利用这些用户标签完成信息资源的分类、组织和检索。例如，CiteULike[11] 是一个学术论文网站，让用户对感兴趣的文章进行协同标注和自由分类（folksonomy），形成按领域聚类的用户社群。此外，研究者们还进行了对协同标注的规范化研究，现阶段对于标签系统进行优化的研究主要集中于标签云、标签的有序化组织、垃圾标签识别与清除等方面。然而，除了 Ochs[12] 在 *Constructing Social Identity：a Language Socialization Perspective* 一文中提到从语言角度看待协同标注问题外，对同一领域的不同语言的学术信息标签进行特征分析、质量优化、翻译对照、聚合形成多语知识库等问题还罕见有研究成果出现。

在多语言信息检索研究方面，语言模型（language model）、短语翻译（phrase translation）、语义匹配（meaning matching）、概率结构化查询（probabilistic structured query）等新兴技术应用于多语言信息检索，取得了丰富的理论成果。在应用上，一些大型搜索引擎，如 Google 及 Yahoo！均通过“语言工具”实现了多语言信息获取。然而，翻译歧义性问题仍然是多语言信息获取领域的瓶颈，特别是对于多语言学术信息而言，其对信息获取的准确性要求更高，这就需要高质量的翻译资源作为支撑。而目前的机读翻译资源往往都是从通用语料（大部分是新闻语料）中获得，专门针对某一学科学术信息的翻译资源较难产生。除了构建高质量的翻译资源外，学者们还研究出许多消除翻译歧义性的方法，例如，结合词法学、句法学、语法学、语义学等方面的知识，通过语言分析帮助消歧；借助机读化的语言资源，如词典、主题词表、语料库等进行消歧；对查询进行结构化处理以消歧；通过人机交互来进行消歧等，但仍然不能达到令人十分满意的效果。

除了多语言网络学术信息的组织与检索研究外，国外学者有大量关于数字图书馆多语言信息处理有关的研究与实践活动，主要分为三种类型。

第一类探讨了多语言信息处理与数字图书馆的集成框架。Oard[13] 在 *Serving Users in Many Languages* 一文中提出了数字图书馆该如何为用户提供多种语言服务。他指出，检索数字图书馆信息的用户能够从以单一语言查询大量多语言馆藏的能力中获益，并且叙词表可以通过使用多种语言的术语促进受控词汇检索，帮助解决这一挑战。Maybury 等[14] 描述了一种大量多语言馆藏的集成环境。Chen[15] 以我国台湾故宫数位博物馆为实例，概述了数字图书馆多语言信息检索。Liu 等[16] 创建了 Arc，一种遵循开放档案计划（open archives initiative，OAI）协议的联合数字图书馆，并探讨了 Arc 如何与现有的跨语言检索组件集成。Pavani[17] 研究了 Maxwell 系统数字图书馆，并确定了多语言数字图书馆的基本功能与组件。

第二类探讨了构建多语言数字图书馆中使用的多语言信息处理技术。Bian 和 Chen[18] 讨论了互联网上多语言馆藏的跨语言信息检索。Wang 等[19] 调查了利用网络作为数字图书馆跨语言信息检索语料资源，翻译未知检索项的可行性。Richardson 和 Fox[20] 提出了一种利用概念图作为对数字图书馆中大量文档进行跨语言资源发现工具的方法。

第三类研究了现有数字图书馆或项目中多语言信息资源的利用。马里兰大学的一个研究小组设计了国际儿童数字图书馆，其选择和处理了来自不同国家的图书，并同时以多种语言显示[21]。伯克利公共图书馆[22]提供了 8 种语言的多语言数字资源，并具有多语言目录检索功能和多语言咨询服务。相较于世界其他地区，欧洲更加重视数字图书馆的多语言问题。自 20 世纪 90 年代末的第五框架计划实施以来，欧盟委员会资助了许多包含多语言馆藏的项目。例如，ETRDL 项目提供了 6 种语言的多语言界面和多语言文本处理，而 SCHOLNET 则是 ETRDL 跨语言检索功能的扩展[23]。ECHO 是一个拥有 4 种语言的电影档案项目，并能通过受控词汇进行跨语言检索[24]。MUCHMORE 项目探讨了医疗领域的跨语言信息检索（cross language information retrieval，CLIR）[25]。MultiMatch 项目是一种多语言和多媒体的文化遗产搜索引擎，其拥有同时支持文档和查询翻译的组件[26,27]。近期，Europeana[28]作为包括数字图书馆、博物馆和档案馆在内的欧洲文化遗产的统一访问平台，提供了 27 种不同语言资料的获取途径。欧盟的跨语言目录和在线图书馆访问（cross-language access to catalogues and on-line libraries，CACAO）计划旨在研究多语言元数据等描述多语言信息资源的方法。

此外，还有一个与网络多语言学术信息资源利用密切相关的领域是联机公共目录（online public access catalogue，OPAC）中的多语言信息处理。OPAC 随着书目标准的不断发展，以及计算机和通信技术的巨大进步而发展。20 世纪 90 年代，随着技术发展，尤其是互联网技术的自然演进，基于网络的 OPAC 出现了。在此环境下，Babu 和 O'Brien[29]研究了 6 种广泛使用的网络 OPAC，其中，他们认为 Voyager、GeoWeb 和 ALEPH 具有适应多语言图书馆的能力。Mizera-Pietraszko[30]研究了 OPAC 系统中，基于元数据的检索在多个多语言库中的使用。他的评估依托于可用性标准，并且根据语言对现象和检索结果进行了分类。然而，与对数字图书馆多语言信息处理的研究相比，OPAC 系统中的多语言研究相对少见。

相比国外的研究，我国目前在该领域的研究严重滞后。目前国内基本没有一个数字图书馆或学术资源数据库能实现多语言信息检索。在对学术信息多语言表示的利用方面，国内已有一些研究通过对中英文学术信息的表示进行映射形成有效的翻译资源，如中国期刊网通过从学术文章的中英文题名、关键词、摘要等信息中提取术语翻译信息，形成了 CNKI 翻译助手。然而，国内在这方面的研究存在两个局限性：一是仅通过对数据库中的学术论文的表示来获取翻译资源，而忽略了网络其他类型的学术资源，而数据库中的论文表示仅来源于作者，网络上的协同标注不仅来源于作者，更多地来自于使用者；二是形成的翻译资源仅当做普通词典，未能有效地应用到学术信息的多语言检索中。

综述国内外的文献表明，在多语言网络学术信息资源利用方面，数字图书馆项目获得了越来越多的关注，因为许多数字图书馆都是自然创作双语或多语文献的不同国家之间合作的产物，并且这些数字图书馆服务于使用不同语言的更广泛的或全球的用户社群。但是，其中许多不具备多语言信息检索功能。更重要的是，少有研究从用户视角评估数字图书馆的多语言馆藏。

就多语言网络学术信息的组织与检索而言，采用协同标注对多语言学术信息资源进行描述、分类、组织、检索的过程中存在着信息描述精确度不高、标签组织混乱、同一领域不同用户的表示结果差异较大等缺陷。因此，我们需要对多语言网络学术信息的表示进行规范控制。同时，还需充分考虑对已有的网络学术信息的标签进行有效利用，形成高质量的领域翻译资源。信息组织的目的是信息检索，利用良好的多语言学术信息组织结果去提高多语言学术信息检索的效率，这种创新模式值得深入研究，对于深度开发信息资源也是十分重要的。

本章参考文献

[1] CNNIC. 第 33 次中国互联网络发展状况统计报告［EB/OL］. http://www.cnnic.net.cn/hlwfzyj/hlwxzbg/hlwtjbg/201307/P020130717505343100851.pdf［2014－01－18］.

[2] 柴晓娟. 网络学术资源检索与利用［M］. 南京：南京大学出版社，2009.

[3] 张磊磊. 网络学术信息交流模式与信息分布研究［D］. 南京航空航天大学硕士学位论文，2010.

[4] Krešimir Z，Jadranka L L，Mihaela B Z. Collaborative tagging supported knowledge discovery［C］. Proceedings of the ITI 2007 29th International Conference on Information Technology Interfaces. Book Series：ITI. Cavtat，2007：437-442.

[5] Crane G. What do you do with a million books?［J/OL］. D-Lib Magazine. http://www.dlib.org/dlib/march06/crane/03crane.html.［2011－10－12］.

[6] Jefferson's Legacy. A brief history of the library of congress［EB/OL］. http://www.loc.gov/loc/legacy/loc.html［2011－10－12］.

[7] Gibbon's Library［N］. New York Times，1897－06－19.

[8] Arms W Y. Cyberscholarship：high performance computing meets digital libraries［J］. Journal of Electronic Publishing，2008，11（1）：1.

[9] USC Shoah Foundation Institute for Visual History and Education［EB/OL］. http://www.usc.edu/schools/college/vhi/［2011－10－12］.

[10] The National Digital Information Infrastructure and Preservation Program（NDIIPP）is described on the Library of Congress's digital preservation［EB/OL］. http://

www. digitalpreservation. gov/ [2011 - 10 - 12] .

[11] CiteULike [OL] . http://www. citeulike. org [2011 - 10 - 12] .

[12] Ochs E. Constructing social identity: a language socialization perspective [J] . Research on Language & Social Interaction, 1993, 26 (3): 287 - 306.

[13] Oard D W. Serving users in many languages: cross - language information retrieval for digital libraries [J/OL] . http://www. dlib. org/dlib/december97/oard/12oard. html [2011 - 10 - 15] .

[14] Maybury M, Griffith J, Holland R, et al. Virtually integrated visionary intelligence demonstration [R/OL] . http://www. mitre. org/work/tech _ papers/tech _ papers _ 05/05 _ 0140/05 _ 0140. pdf [2011 - 10 - 15] .

[15] Chen H H. Multilingual information access in digital library [C] . International Conference on E-Education 2004: Review and New Perspectives. Macao, China, 2004.

[16] Liu X, Maly K, Zubair M, et al. An OAI compliant federated digital library [EB/OL] . http://citeseerx. ist. psu. edu/viewdoc/summary? doi=10. 1. 1. 118. 2939 [2011 - 10 - 15] .

[17] Pavani A M B. A model of multilingual digital library [J/OL] . http://www. scielo. br/scielo. php? script=sci _ arttext&pid=S0100 - 19652001000300010 [2011 - 10 - 15] .

[18] Bian G W, Chen H H. Cross-language information access to multilingual collections on the internet [J] . Journal of the American Society for Information Science, 2000, 51 (3): 281-296.

[19] Wang J H, Teng J W, Cheng P J, et al. Translating unknown cross-lingual queries in digital libraries using a web-based approach [C] . The 4th ACM/IEEE-CS Joint Conference on Digital Libraries (JCDL2004), Tuscon, AZ, 2004: 108-116.

[20] Richardson R, Fox E A. Using concept maps as a cross-language resource discovery tool for large documents in digital libraries [C] . The 5th ACM/IEEE-CS Joint Conference on Digital libraries (JCDL 2005), Denver, CO, 2005: 415-415.

[21] Hutchinson H B, Rose A, Bederson, B B, et al. The international children's digital library: a case study in designing for a multi-lingual, multi-cultural, multi-generational audience [J] . Information Technology and Libraries, 2005, 24 (1): 4-12.

[22] Berkeley Public Library [OL] . http://www. berkeleypubliclibrary. org/multilingual _ resources/ [2011 - 10 - 15] .

[23] Andreoni A, Baldacci M B, Biagioni S, et al. Developing an european technical reference digital library [C] . The Third European Conference on Research and Advanced Technology for Digital Libraries (ECDL 1999), Paris, France, 1999: 343-362.

[24] Kopf S, Haenselmann T, Farin D, et al. Automatic generation of video summaries for historical films [C] . 2004 IEEE International Conference on Multimedia and Expo (ICME '04) , Taipei, Taiwan, 2004: 2067-2070.

[25] Buitelaar P, Steffen D, Volk M, et al. Evaluation resources for concept-based cross-lingual information retrieval in the medical domain [C] . The 4th International Conference on Language Resources and Evaluation, Lisbon, Portugal, 2004: 821-824.

[26] Amato G，Debole F，Peters C，et al. The multimatch prototype：multilingual/multimedia search for cultural heritage objects [C] . The 12th European Conference on Digital Libraries (ECDL 2008)，Aarhus，Denmark，2008：385-387.

[27] Marlow J，Clough P，Recuero J C，et al. Exploring the effects of language skills on multilingual web search [C] . The 30th European Conference on Advances in Information Retrieval (ECIR2008)，Glasgow，UK，2008：126-137.

[28] Europeana [OL] . http：//www. europeana. eu/portal/ [2011 - 10 - 12] .

[29] Babu B R，O'Brien A. Web OPAC interfaces：an overview [J] . The Electronic Library，2000，18 (5)：316-327.

[30] Mizera-Pietraszko J. Interactive document retrieval from multilingual digital repositories [C] . The 2nd International Conference on the Applications of Digital Information and Web Technologies (ICADIWT 2009)，London，UK，2009：423-428.

第二章

多语言网络学术信息用户需求与行为调查

研究对多语言网络学术信息资源的利用首先要了解用户的需求与行为，本章采取调研的方式来获取用户对数字图书馆和Web2.0环境下新型网络学术信息的需求与爱好。

第一节　网络学术信息的用户研究

随着通信与网络技术的迅速发展，各领域学者在信息、工具和服务方面获得了空前的财富。互联网在分布式网络、数据密集网络及合作网络信息构架研究中处于核心地位[1]。在更加活跃化、社会化、参与化的Web2.0的推动下[2]，网络信息创建与传播变得可能且可取。同时，人们使用多样化网络信息资源有效获取相关信息也变得日益重要。

Ingwersen和Järvelin[3]将信息行为定义为“通过信息资源和交互式检索系统处理信息搜寻和信息查看”。Fisher和Julien[4]在其评论中指出对信息行为的研究可按照研究对象（如科学家、学生、确定的职业小组或者日常生活环境中的普通人）、利用信息的来源（人际间的社会网络、互联网和图书馆）、主要背景因素和底层理论框架进行分类。

一、用户使用信息资源的类型

许多研究者做了关于用户使用某些具体类型信息资源的行为研究。Majid 和 Tan[5]对新加坡南洋理工大学（NTU）计算机工程专业本科生的信息需求和信息查询行为进行了调查。他们发现纸质版资料是最受学生欢迎的信息格式。在最受欢迎的五种信息资源中，按重要性排列依次为：书、教师、互联网、朋友和手册。出乎意料的是，计算机工程专业的学生对数据库和电子期刊使用很少。这对一些表示学生对电子资源和在线搜索引擎强烈喜爱的研究进行了反驳。例如，一些研究表明学生大量使用网络来获取课程相关信息，甚至经常依靠在线搜索引擎完成他们的各项作业[6-10]。除此之外，调查还发现大学生使用网络电子资源主要是看重其节省时间的优势[11]。Liu[12]调查了 128 位本科生和研究生，发现学生对于网络信息可信度的评价主要受到学术交流中学术声誉的影响，例如之前在纸质版期刊上发表的作品，所包括的参考文献，以及在著名网站上的记录。Maybee[13]观察了本科生的信息使用情况，建议当前信息素养教学应通过现象图示学的方法（phenomenographic method）来进行。Ajiboye 和 Tella[14]研究了希腊塞萨洛尼基亚里士多德大学（Aristotle University of Thessaloniki）本科生的信息查询行为，关注了被咨询资源和学生收集信息的一般类型。他们发现学术信息被学生当做最主流的信息来接受，然而网络则被认为是获取多数学术信息的最主要来源。他们还发现，学生的研究程度对信息查询类型方面的变量有更大影响，随后是学科课程，相较之下，性别的影响最小。

此外，还有许多研究关注于（大学）学生对于网络信息资源的使用。哥伦比亚大学电子出版倡议小组（Electronic Publishing Initiative at Columbia，EPIC）通过一系列的采访、小组讨论和调查进行了一次综合性的研究，考量了学术交流过程中电子资源的影响[15]。他们的研究结果显示，电子资源已经成为学生信息搜集的主要工具，特别是本科生，他们强烈地依赖着网络；电子资源为学生提供了一个简便的入口；但电子资源对学生评价可获得信息的质量与可信度增添了困难。Martin[16]报告指出，78%的参与者喜欢免费的网络资源胜于图书馆资源，52%的参与者表示比起权威资源，他们更喜欢将方便存取作为一个选择信息资源的评判标准。Colon-Aguirre 等[17]研究了大学生在应对其课业和研究任务时对谷歌学术（Google Scholar）的认知和使用。其结果显示，学生使用谷歌学术来完成课业，并对通过搜索引擎获得的信息表示满意，但他们不知道教师也会使用谷歌学术来寻找信息。这种现象表明网上搜索引擎在学术界的应用还是有待发展的。

二、不同国家用户的信息行为

无疑，拥有不同文化、生活在不同国家的人们具有不同的信息行为。因此，研究不同文化下或国家中的信息行为是一个热门研究主题。例如，Zaheer[18]调查了国家影响信息查询对于市场波动反应存在的现状，并探究了影响背后的制度因素。他们发现不同国家间存入银行的信息查询行为对于市场波动反应存在显著差异。该差异受国家产业分布和国家文化的影响，尽管它们是从不同方面造成了影响。Souchon 等[19]研究了五个不同国家有效出口决策制定的信息使用和最终出口业绩。其结果显示经过深思熟虑的信息使用和有关的信息采集模型是十分重要的因素。Liao 等[20]就弗吉尼亚理工学院（Virginia Tech）国际研究生和美国研究生的信息需求及信息查询行为进行了比较研究。其研究结果证明了受语言和文化交流障碍、技术障碍的影响，国际研究生对图书馆的访问减少。国际研究生与美国研究生同样频繁地使用网络检索工具和资源。该研究显示学术图书馆对于国际研究生的信息查询是必不可少的。

三、大学生的信息行为

网络学术信息的用户研究聚焦于调查某所具体高校或某种学科学生的信息行为。将一组担任图书馆学生助理馆员的大学生作为研究对象，Valentine[21]发现在完成一次查询任务时，大学生的主要策略是识别最简便的方式。Griffiths 和 Brophy[22]发现 45%的学生将 Google 作为他们定位信息的首选资源，图书馆的 OPAC 系统位列第二，却只有 10%的学生使用这项服务。Seamans[23]的研究报告指出，大一学生认为他们对课外信息几乎没有需求，并认为他们能通过一般的搜索引擎获得其他的信息。Whitmire[24]采用比格兰模型（Biglan Model）的学科差异（硬学科 vs. 软学科，理论学科 vs. 应用学科，非生命学科 vs. 生命学科），调查了大量的大学生（n=5175），发现他们对于信息查询的需求往往较低，但在不同的学科中存在较大差异。OCLC 调查了来自 6 个国家（澳大利亚、加拿大、印度、新加坡、英国和美国）的 396 名大学生，并将美国小组中 14～17 岁的参与者进行了对比[25]。其研究结果表明，大学生喜欢使用搜索引擎作为其信息查询的开始，并且，比起接受图书馆员的帮助，他们更倾向于采用搜索引擎。学生喜欢自助性服务，他们对使用电子信息服务表现出更大的倾向性。Nicholas 等[26]通过分析两种电子期刊图书馆——Blackwell Synergy 和 OhioLINK 数据库，以及一种电子书——Oxford Scholarship Online 研究了当前的学生信息查询行为。他们的研究显示，与学生相关的信息查询行为呈现出一种特殊的形态，这与其他学术团体的行为有所不同。学生拥有更多的在线交互，并且浏览更多的网页。他们同样也是最有可能使用图书馆链接进入学术数据库的用户。Korobilia 等[27]试图确定哲学类（8 所学校）、工程类（8 所学校）研究生的信息查询行为。在学生的信息查询行为方面，他们没有发现巨大的学科差异，但是他们指出了提升学生信息素养需求的存在。

四、团队的信息行为

团队信息行为被定义为“以组或队为单位的人从事识别和解决一个共同信息需求的活动”[28]。在对团队信息行为的定义上有两项核心概念：一项是人们通过共同工作来寻找信息；另一项是满足同一个信息需求，其中包括寻找、检索和使用信息解决问题[29]。团队信息行为存在于所有的人类信息行为中，同个人信息行为一样普遍。

一些研究关注于学者和科学家的团队信息行为。Talja[30,31]将人文科学、社会科学和自然科学领域的信息共享实践做了比较。Sonnenwald 等[32]曾进行过一项结合了人种学家以及物理学家对科学合作成功前提条件的实验研究，这项研究包括了支持合作认知所需要共享的信息及知识的类别，以及可用于促成该类信息共享的技术及方法。Blake 和 Pratt[33]观察了两组科学家在公共健康及生物学方面的系统性文献回顾，在这个被称作信息综合的过程中，他们发现科学家们在对文献的提炼、萃取和分析阶段均表现出了活跃的合作。除了以学者和科学家为对象的研究外，一些研究还曾关注于工业、医学和军事领域人们的团队信息行为。Hansen 和 Järvelin[34]曾对专利工作者在信息搜寻及获取过程中的团队活动进行过一项实证研究。一项对软件设计师的研究着眼于团队成员如何合作查询及共享在团队中获得的外部信息[28]。通过一项对两个医疗保健小组团队信息行为研究，Reddy 和 Jänsen[35]提出了一个理解环境中团队信息行为的模型。在一项对军事指挥和管理小组的信息行为研究中，Sonnenwald 和 Pirerce[36]研究了快速信息变动及需要持续性信息交换的动态情况下的合作。

有两个原因使得大学生成为研究团队信息行为的特殊对象。第一，多数大学生是缺乏经验的非熟练检索者。在一项关于在虚拟图书馆团队信息检索的研究中，Procter 等[37]进行了一个关于虚拟图书馆用户社区的调查。大学生占到参与人数的 20%，且他们大都认为自身无法胜任复杂的信息检索。第二，大学生团队信息活动主要是集中于特定的学术任务，如作业和小组项目。通过一项在线问卷调查以及三次小组讨论，Hodgkinson[38]发现了学生在合作时观点及知识分享方面的障碍，并发现学生们对合作，特别对于非正式的合作，普遍持有积极观点。为了调查合作对于网络检索行为及检索结果的影响，Lazonder[39]进行了一项用户调查，该调查包含了 25 个来自荷兰某大学社会科学系大一的本科生，他们单独或两人一组进行工作。在这项研究中，两人组的学生比单独工作的学生定位目标信息更多且更快，这表明团队合作对于网络检索有积极作用。对大学生团队信息行为的研究表明，有充足的理由来研发合作工具以促使学生的积极合作。尽管已有多项关于具体团队工具的研究，如在线论坛[40,41]，但调查大学生对不同工具的意见、对支持他们协作信息查询工具特征的需求是十分必要的。

第二节　数字图书馆用户的多语言信息需求与期望调查

数字图书馆是指对经过组织的、基于网络的数字资源进行操作的一系列技术与服务[42]，其在现代多元媒体环境中发挥了重要作用。为了将人们与其所需的全球范围内的信息进一步连接，越来越多的数字图书馆意识到向其用户提供多语言功能的重要性。例如，欧洲委员会发起了 i2010 数字图书馆首创计划，来获取欧洲国家图书馆的多语言信息[43]。事实上，正如 Borgman[44] 指出，十几年前，伴随着多媒体与多元文化，多语言已经发展成为数字图书馆的三个主要特征之一。

有关多语言信息获取、表示、存储、检索与描述的技术和相关问题的研究从属于多语言信息处理这一不断发展的领域[45]。当与数字图书馆中各种功能和服务集成时，多语言信息处理可以提供多语言资源管理、多语言门户、多语言检索、多语言结果显示、多语言问答，以及多语言文本挖掘等。

虽然多语言信息处理取得了进展，然而成果大多集中于多语言技术和系统，或多语言文档和馆藏。在研究和相关评价中，通常没有从数字图书馆用户角度强调或评估多语言需求。正如 Evans[46] 指出，相对于单语种用户，涉及多语言信息处理的终端用户需要数字图书馆提供更多的功能和支持：他们需要对其无法完全理解或充分掌握的信息进行翻译或总结。

由于数字图书馆无疑仍是当前用户获取网络学术信息的主要途径，本节中的调查将了解用户对数字图书馆的多语言信息需求与期望。

一、调查目的

本研究的目的在于填补用户对数字图书馆多语言需求与期望方面知识的空

白。我们尤其关注于探讨学术用户，因为他们是在日常活动中最有可能需要多语言支持的用户群体。作为一类特殊的用户群体，他们对数字图书馆多语言的需求与期望是研究的重要主题。因此，第一个研究问题是：

R1. 学术用户对数字图书馆多语言信息处理的需求与期望是什么?

多语言信息处理与个人的文化和语言相关，了解来自不同国家或使用不同语言用户之间的差异十分重要。因此，第二个研究问题是：

R2. 当根据语言和国别划分用户时，学术用户之间对多语言信息处理的需求与期望的差异在哪里?

有时，用户划分并不完全准确，用户中可能出现一些只有通过聚类方法探索用户特征才能显示的潜在群组。因此，第三个研究问题是：

R3. 在多语言信息处理的需求与期望方面，潜在学术用户群体的特征是什么?

为了回答上述研究问题，我们进行了问卷调查，收集了有关学术用户对数字图书馆多语言需求与期望方面的信息。

二、问卷设计

如表 2-1 所示，问卷包含 60 个被划分为 8 个不同模块的问题。这些模块覆盖了数字图书馆多语言信息处理中的重要方面。首先，模块 1 和模块 2 涉及用户的一般背景信息及其常用网络工具。其次，模块 3～模块 5 调查了学术用户的多语言需求，包括用户多语言信息需求的动机（模块 3）、用户的多语言信息行为（模块 4），以及用户常用的多语言信息资源（模块 5）。最后，模块 6～模块 8 询问了学术用户对数字图书馆多语言信息处理的期望，如用户对多语言信息服务的期望（模块 6）、用户对多语言信息检索的期望（模块 7），以及用户对数字图书馆界面设计的期望（模块 8）。

表 2-1　问卷问题分组

模块	问卷内容	问题编号
1	用户基本资料	Q1～Q6
2	用户使用网络工具的背景	Q7～Q11
3	用户多语言信息需求的动机	Q12
4	用户的多语言信息行为	Q13～Q16；Q31～Q38
5	用户常用的多语言信息资源	Q17～Q27；Q39～Q43
6	用户对多语言信息服务的期望	Q28～Q30
7	用户对多语言信息检索的期望	Q44～Q46
8	用户对数字图书馆界面设计的期望	Q47～Q60

问卷中的问题分为两类。30 道为单选或多选题（问题 Q1～Q30），其中大多与学术用户的多语言需求有关。另外 30 道（问题 Q31～Q60）涉及了 5 级李克特量表——1 表示“完全不同意”，5 表示“完全同意”。这些问题大多与学术用户对数字图书馆多语言的期望有关。

为了避免因语言障碍对调查问题的误解，并使问卷适应于不同环境的调查对象，问卷具有两种版本。一种是中文版（问卷全文见附录 1），其中，问题 Q7～Q11的网络工具示例是一些中国学者和专家较常使用的。另一种是英文版（问卷全文见附录 2），除了 Q7～Q11 中提到的工具示例，它与中文版中的问题相同。

三、调查对象

我们主要使用电子邮件征募调查对象。为了鼓励调查对象认真完成问卷，我们提供了小额激励。我们首先选定了 19 个国家以囊括不同语言，包括中国、美国、丹麦、意大利、韩国、德国、新加坡、澳大利亚、日本、英国、俄罗斯、泰国、加拿大、瑞士、希腊、马来西亚、爱尔兰、奥地利和葡萄牙。然后，我们找到各国一些评价较高的高校网站，将目标对象确定为学生、教师、研究人员以及图书馆员，他们都是这些高校的数字图书馆用户。为了涵盖社会科学、自然科学与工程、医学等其他尽可能多的领域，我们关注了图书馆与情报学、文学、法学、经济学、生物学、物理学、化学、计算机科学、电气工程、电子通信、医学等院系或部门。总共发出 6700 封电子邮件，最后从既定国家中有选择地征募了 358 名进行了回复的有效对象，他们来自上述不同的学科和职业。问卷回收率为 5.3%。其中，中国调查对象为 215 人，国外调查对象为 143 人，国外调查对象的国别分布见图 2-1。

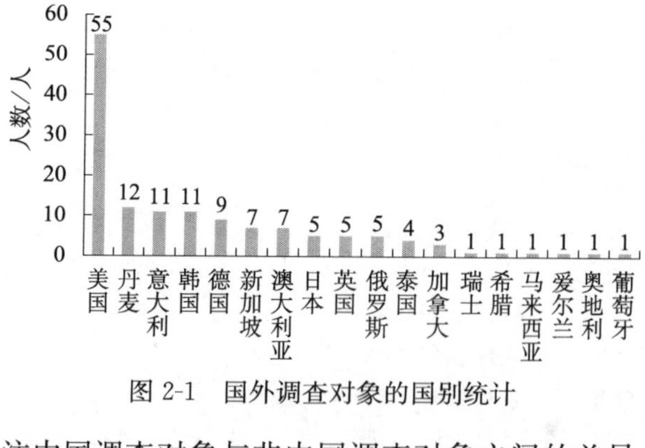

图 2-1　国外调查对象的国别统计

我们尤其关注中国调查对象与非中国调查对象之间的差异；同时，我们想要研究将英语作为外语的对象与将英语作为母语的对象之间的区别。因此，我们将调查对象分为中文组（215 人），非中文的英文组（简称英文组，74 人），以及非中文、非英文的语言组（简称第三组，69 人）。英文组与第三组按照上述 19 个国家的官方语言进行划分。

四、问卷信度和效度测试

我们使用了 Cronbach's α 系数进行信度测试。Cronbach's α 系数是一种可靠性系数，通常用作文献中检验样本测试值内部一致性或可靠性的衡量指标。尽管其最初是用于心理计量试验，但它现已发展成为教育学、社会学、医学、经济学、情报学以及许多其他学科实验中一种重要的可靠性衡量指标。鉴于这种方法只适用于有关态度、观点与建议的问题，我们仅将其应用于使用了李克特量表的 30 个问题。

如表 2-2 所示，两种版本问卷的有效样本比例均在 70%以上，表明问卷的有效性很高。两种版本问卷的 Cronbach's α 系数均介于 0.7～0.9，意味着通过调查取得的结果非常可信。

表 2-2　问卷的信度测试

指标	中文版问卷	英文版问卷
有效样本（占总样本的百分比）	161 (74.9%)	111 (77.6%)
剔除样本（占总样本的百分比）	54 (25.1%)	32 (22.4%)
Cronbach's α 系数	0.820	0.830
标准化后的 Cronbach's α 系数	0.841	0.846
项目	30	30

问卷的效度首先通过 Kaiser Meyer Olkin（KMO）测试衡量，其比较了观测相关系数与偏相关系数值。如表 2-3 所示，两种问卷的 KMO 值均介于 0.8～0.9，意味着我们的调查适于进行因素分析。接着，我们进行了 Bartlett's 球形检验，以确定要求的数据是否趋于多元正态分布。如表 2-3 所示，二者的 p 值均等于 0，表明差异十分显著。因此，问卷收集的数据是有效的，并且结果适于使用主成分因子分析进一步评估。

表 2-3　问卷的效度测试

<table>
<tr><th colspan="2">指标</th><th>中文版问卷</th><th>英文版问卷</th></tr>
<tr><td colspan="2">KMO</td><td>0.811</td><td>0.825</td></tr>
<tr><td rowspan="3">Bartlett's 球形检验</td><td>χ^2 近似值</td><td>2489.346</td><td>2083.736</td></tr>
<tr><td>df</td><td>435</td><td>435</td></tr>
<tr><td>p</td><td>0.000</td><td>0.000</td></tr>
</table>

五、问卷结果统计分析

结果分析分为三部分，分别对应三个研究问题。

（一）用户的多语言需求与期望

为回答研究问题 R1，我们使用了所收集的所有调查对象的答复。统计分析即基于对调查对象所选选项百分比的计算。

基于所有调查对象对模块 3 中问题的回答，提到最多的与学术相关的多语言需求动机包括“撰写论文综述”（占全部 358 名调查对象的 69％）、“了解特定领域、学科发展最新动态”（62％）、“申请项目前的科技查新”（49％）和“为教学备课”（55％）。

在被问及其多语言信息行为时（模块 4），64％的调查对象表示他们经常查看外文期刊论文，62％的调查对象经常查看外文网络信息，46％的调查对象则查看外文图书。逾 58％的调查对象称，在检索到不懂语种的信息时，他们会借助翻译工具，但仅 14％的调查对象对翻译结果感到满意。68％的调查对象在查找自己不懂语种的信息时感到困难。

在被问及多语言信息资源时（模块 5），调查对象对使用网络搜索引擎（86％）与学术资源数据库（84％）表现出几乎相同的强烈偏好。然而，79％的调查对象也表示，其所使用学术信息大部分来自学术资源数据库；68％的调查对象认为信息来自网络。72％的调查对象提到，检索学术资源数据库时利用过多语言信息；70％的调查对象表示，查找网络信息时利用过多语言信息。约 50％的调查对象称，之前使用过 Google Translate 进行跨语言检索，其中 29％认为，Google Translate 的检索效果好或非常好，但是，35％的调查对象认为效果不好或非常不好。在被问及对多语言信息资源的看法时，调查对象对这些问题表现出的认同与分歧大致相当。例如，26％的调查对象表示，对现有学术资源数据库提供的多语种信息感到满意基本同意或完全同意，而 35％的调查对象基本不同意或完全不同意；26％的调查对象表示，对自己目前利用数字图书馆多语言信息的能力感到满意基本同意或完全同意，而 36％基本不同意或完全不同意；33％的调查对象表示，对自己目前查找多语言网络信息的能力感到满意基本同意或完全同意，而 33％基本不同意或完全不同意；48％的调查对象表示，对期望一个具备多语言检索功能的集成式数字图书馆基本同意或完全同意，而 29％基本不同意或完全不同意。

对于数字图书馆应提供的多语言服务（模块 6），84％的调查对象希望数字图书馆提供专业词汇的翻译功能；82％希望数字图书馆能够按照主题领域对资源分类；74%提出数字图书馆应提供多语言信息的检索功能；59%希望提供全文翻译；57%希望数字图书馆嵌入翻译软件；55%希望提供句子翻译；54%希望用户能够添加本领域的专业词库；52%希望用户能够对专业词汇翻译进行纠错。

在被问及多语言检索功能（模块 7）与界面（模块 8）时，76%的调查对象认为，数字图书馆应提供小语种信息的注释和对译；75%认为数字图书馆应能按照语种分类显示检索结果；74%认为数字图书馆应提供多语种的书目信息检索界面；73%认为检索界面应提供多语种翻译工具栏，能够直接翻译句子；71%认为检索界面应整合多语种的翻译词典；69%认为数字图书馆应给出关键词解释来帮助用户筛选翻译；65%认为，对于检索结果全文，数字图书馆应提供鼠标放在上面翻译句子功能；64%认为数字图书馆应显示检索词的翻译；63%认为数字图书馆应给出翻译概率来帮助用户筛选翻译；62%认为数字图书馆应按指定语种，显示检索结果自动生成的摘要；60%认为数字图书馆应能将原始网页翻译成指定语种，并同时显示原始网页。

（二）不同国别/语言分组的比较

为回答研究问题 R2，我们对结果进行了一些统计分析，将调查对象分成三个组：中文组、英文组和第三组。由于我们的问卷涉及两种题型——选择题与量表题，需采用不同的统计方法进行分析。

对于选择题（如问题 Q1～Q30），我们主要按照问题的每个选项被每组调查对象选择的百分比来计算，使用 χ^2 计算了各组差异。因为共有三组，我们首先计算了三组总的 χ^2，当三组的差异显著时，再计算每两组的 χ^2。显著性值设为 $p \leqslant 0.05$。问题 Q12～Q30 的统计结果见图 2-2。

如图 2-2 所示，中文组、英文组和第三组分别用字母 A、B、C 代表。表中的数字表示该选项被百分之多少的某一组调查对象所选择。其中，Q15、Q25、Q27 比较特殊，这三道题类似于量表题，我们计算的是正向回答的结果（即在量表中选择“5－完全同意”或“4－基本同意”的答案为正向回答，选择“3－不能确定”“2－基本不同意”或“1－完全不同意”的答案为负向回答）。表中若三组的结果中都没有字母，表示三组无显著性差异。若在某一组下面的值中带有字母，表示该组显著性高于字母表示的组。例如，对于问题 Q12 _ 1，A 组的结果是“62B”，表示中文组内有 62%的调查对象选择了该选项，且中文组显著高于英文组。

	Table in short(Proportion)		
	CHN	FL ENG	FL Non-ENG
	(A)	(B)	(C)
Q12_1 通常是教学如备课需要查找其他语种信息	62B	42	48
Q12_2 通常是申请项目前的科技查新需要查找其他语种信息	63BC	19	35
Q12_3 通常是撰写论文综述需要查找其他语种信息	83BC	35	62B
Q12_4 通常是了解特定领域和学科等国外发展最新动态需要查找其他语种信息	79BC	31	43
Q12_5 通常是出国需要查找其他语种信息	22	42A	45A
Q12_6 通常是应他人要求查找国外相关信息需要查找其他语种信息	33	32	33
Q12_7 通常是完成课程作业需要查找其他语种信息	11	5	16
Q12_8 通常是国际合作交流如获取对方全面信息需要查找其他语种信息	33	27	35
Q12_9 通常是其他日常工作需要查找其他语种信息	19	16	29
Q12_10 通常是关注国际时事新闻或事件需要查找其他语种信息	26	39	35
Q12_11 通常是网上购物需要查找其他语种信息	11	9	25AB
Q12_12 通常是国际交友需要查找其他语种信息	1	19A	20A
Q12_13 通常是了解影评需要查找其他语种信息	3	4	6
Q12_14 通常是关注时尚潮流动态需要查找其他语种信息	2	3	1
Q12_15 通常是关注产品国际市场需要查找其他语种信息	3	15A	16A
Q12_16 其他情况需要查找其他语种信息	8	16	13
Q13_1 是否经常查看中文以外的外文图书	36	38	86AB
Q13_2 是否经常查看中文以外的外文期刊	72B	45	61
Q13_3 是否经常查看中文以外的外文网络信息	57	57	87AB
Q14 当检索到不懂语种的信息资源时是否借助翻译工具	67C	54	43
Q15 承上题对翻译工具的翻译效果感到	17	24	31
Q16_1 当查找不懂语种的信息资源时会选择求助参考咨询馆员	3	15A	12A
Q16_2 当查找不懂语种的信息资源时会选择求助懂该语种的同事或朋友或其他人	49	62	55
Q16_3 当查找不懂语种的信息资源时会选择放弃	43B	19	33
Q16_4 当查找不懂语种的信息资源时会选择其他	13	15	9
Q17_1 经常使用学术资源数据库获取信息	88C	82	72
Q17_2 经常使用图书馆的公共检索目录获取信息	55C	50	30
Q17_3 经常使用搜索引擎获取信息	88	84	83
Q18_1 来自图书馆的信息占全部使用信息资源的大部分	32	49A	46
Q18_2 来自学术资源数据库的信息占全部使用信息资源的大部分	85C	74	68
Q18_3 来自互联网的信息占全部使用信息资源的大部分	62	74	81A
Q19_1 在检索学术资源数据库时利用过中文外的其他语种的信息资源	84BC	43	68B
Q19_2 在检索图书馆书目信息时利用过中文外的其他语种的信息资源	30	27	25
Q19_3 在检索互联网信息时利用过中文外的其他语种的信息资源	67	68	84A
Q20 在查找中文学术信息的时候使用中文数据库	100BC	82	74
Q21 在查找其他语种学术信息时使用其他语种数据库	93BC	43	82B
Q22 在查找中文网络信息的时候主要使用中文搜索引擎	93C	89	73
Q23 在查找其他语种网络信息的时候主要使用Google等其他语种搜索引擎	95BC	41	73B
Q24 是否使用过GoogleTranslate跨语言搜索引擎检索各种语言网络信息	48	59	49
Q25 承上题认为GoogleTranslate跨语言搜索引擎的效果	23	28	28
Q26 是否使用过YahooBabelFish跨语言搜索引擎检索各种语言网络信息	6	51AC	19A
Q27 承上题认为YahooBabelFish跨语言搜索引擎的效果=	3	30AC	0
Q28_1 认为数字图书馆至少有5种语言的可获取的信息资源	24	23	17
Q28_2 认为数字图书馆能够检索多语言的信息资源	80C	74	57
Q28_3 认为数字图书馆嵌入如金山词霸或金桥翻译等通用翻译软件	54	68	54
Q28_4 认为数字图书馆对题名等题录信息进行各种语言的对应翻译后永久存储	41	50C	26
Q28_5 认为数字图书馆允许用户可自由增减需要的语种	41	57	42
Q29_1 理想中的数字图书馆提供专业词汇翻译功能	88C	82	74
Q29_2 理想中的数字图书馆允许用户对专业词汇翻译进行纠错	55	49	46
Q29_3 理想中的数字图书馆允许用户添加本领域的专业词库	60C	55C	35
Q29_4 理想中的数字图书馆提供句子翻译功能	59	54	43
Q29_5 理想中的数字图书馆能够进行全文翻译	57	66	58
Q29_6 理想中的数字图书馆提供翻译朗读功能	17	31A	19
Q30_1 认为数字图书馆应该具备的功能有按语种对资源分布进行统计	49	42	38
Q30_2 认为数字图书馆应该具备的功能有按语种对领域专家进行聚类	45C	38	25
Q30_3 认为数字图书馆应该具备的功能有按专业主题对资源进行聚类	91C	81C	57
Q30_4 认为数字图书馆应该具备的功能有允许用户制定指定语种自选主题的RSS	45C	47C	26
Q30_5 认为数字图书馆应该具备的功能有允许用户对各种语种的资源做中文标签	57C	45	30

图 2-2　选择题的统计结果

对于量表题（如问题 Q31～Q60），我们使用了两种不同的统计方法——百分比的方法和平均值的方法。对于第一种方法，我们计算的是正向回答的结果（即在量表中选择“5－完全同意”或“4－基本同意”的答案为正向回答，选择“3－不能确定”“2－基本不同意”或“1－完全不同意”的答案为负向回答），主要按照每组调查对象有百分之多少选择正向回答来计算，使用 χ^2 计算了各组差异。因为共有三组，我们首先计算了三组总的 χ^2，当三组的差异显著时，再计算每两组的 χ^2。显著性值设为 $p \leqslant 0.05$。对于第二种方法，我们计算的是每道题在每组调查对象中获得的平均分，使用方差分析（ANOVA）先从整体上确定三组答案的显著差异。当三组的差异显著时，再对每两组进行方差分析。显著性值也设为 $p \leqslant 0.05$。问题 Q31～Q60 的统计结果见表 2-5。在后续描述与问题 Q31～Q60 有关的显著性差异时，我们仅选取了那些在方差分析和 χ^2 检验中均较显著的问题进行分析。

如图 2-3 所示，中文组、英文组和第三组分别用字母 A、B、C 代表。“Table in short（proportion of T2B）”是用 χ^2 计算的结果；“Table in short（mean）”是用 ANOVA 计算的结果。同样，表中若三组的结果中都没有字母，表示三组无显著性差异。若在某一组下面的值中带有字母，表示该组显著性高于字母表示的组。例如问题 Q34，B 组在百分比上的结果是“61AC”，表示英文组内有 61％的调查对象的回答是正向的，且英文组显著高于其他两组；B 组在平均值上的结果是“3.68AC”，表示英文组在该题的平均得分为 3.68，且英文组显著高于其他两组。

根据图 2-2 和图 2-3 的统计结果，我们按照模块 3～模块 8 进行了三组差异性的比较，如下：

在被问及其多语言需求动机时（模块 3），中文组在“撰写论文综述”“了解特定领域、学科发展最新动态”和“申请项目前的科技查新”方面，较之其他两组，具有更高层次的多语言需求。但是，该组对“出国”“国际交友”，以及“关注产品国际市场”方面的多语言需求明显较少。英文组与第三组在动机上极其相似。但是，相较于英文组，第三组在“撰写论文综述”或“进行网上购物”上，多语言需求层次更高。

在被问及其多语言行为（模块 4）与资源时（模块 5），较之其他两组，中文组使用其他语种学术信息数据库更多。相较于英文组，中文组对其查找自己不懂语种信息的能力，明显更加自信。他们还查看了更多的外文期刊。相较于第三组，中文组在查找自己不懂语种的信息时更加依赖翻译工具；他们也更常使用数字图书馆，并遇到了更多自己不懂语种的信息。较之其他两组，英文组较少需要其他语种信息，并对使用其他语种数据库查找学术信息需求较少。因此，该组认为检索、阅读和理解外文信息时更加困难。较之其他两组，第三组与外

	Table in short(T2B Proportion)			Table in short (mean)		
	CHN	FL ENG	FL Non-ENG	CHN	FL ENG	FL Non-ENG
	(A)	(B)	(C)	(A)	(B)	(C)
DQ31 我非常了解数字图书馆	60	70	51	3.61	3.76	3.35
DQ32 我经常使用数字图书馆	77C	64	59	3.93C	3.66	3.46
DQ33 我在查找外文信息时感到困难	42	61AC	32	3.1	3.68AC	2.71
DQ34 我在阅读和理解外文信息时感到困难	33	58AC	30	2.9	3.58AC	2.7
DQ35 我对自己查找外文信息的能力感到满意	60BC	22	43B	3.47B	2.63	3.2B
DQ36 我在查找信息时经常遇到自己不懂语种的信息	38C	28	20	3.09BC	2.68	2.61
DQ37 我希望获得自己不懂语种的信息	55BC	34	30	3.42BC	2.73	2.61
DQ38 我在查找自己不懂语种的信息资源时感到困难	74	66	62	3.93B	3.52	3.6
DQ39 我对现有学术资源数据库提供的多语种信息感到满意	28	18	31	2.87	2.76	2.99
DQ40 我对自己目前利用图书馆多语种文献的状况感到满意	29	21	28	2.83	2.82	3.03
DQ41 我对自己目前利用多语言网络信息的状况感到满意	34	24	42	2.89	2.9	3.25A
DQ42 我对自己获得多语言信息来源的途径感到满意	31	31	42	2.95	3.04	3.27
DQ43 我期望存在一个多语言集成式的数字图书馆	76C	77	60	4.1C	3.85	3.68
DQ44 数字图书馆应该提供各种语言的检索接口且只能检索该语言信息资源	35	39	40	2.98	2.97	3.06
DQ45 数字图书馆应该提供单一语言的检索接口且可以检索各种语言的信息资源	65C	58	46	3.75BC	3.31	3.34
DQ46 数字图书馆应将检索出来的外文信息的题录翻译成中文	61	67C	44	3.65C	3.7	3.28
DQ47 数字图书馆应该提供多语种的书目信息检索界面	78C	81	63	3.93C	3.96	3.62
DQ48 数字图书馆所有的信息资源应该用中文揭示	46C	42	24	3.27C	3.27C	2.69
DQ49 数字图书馆的信息资源应该多语言揭示	43	56	57	3.23	3.5	3.54
DQ50 对小语种信息资源的揭示数字图书馆应该用中文进行注释或对译	82C	82	64	4.16C	3.93C	3.55
DQ51 检索界面应该整合多语种的翻译词典	78C	76	58	4.07C	3.86	3.58
DQ52 检索界面应该提供多语种翻译工具栏	78	79	65	4.1C	3.85	3.65
DQ53 当用户用中文输入检索词后应首先将检索词的翻译显示给用户	73C	59	53	3.93BC	3.59	3.39
DQ54 对于系统显示的非中文翻译应给出翻译的概率来帮助用户筛选翻译	67	71	58	3.83	3.84	3.55
DQ55 对于系统显示的非中文翻译应给出关键词解释来帮助用户筛选翻译	80BC	66	55	4.04C	3.79	3.55
DQ56 对于系统显示的非中文翻译应给出例句来帮助用户筛选翻译	62	63	49	3.75C	3.71	3.43
DQ57 对于检索结果列表数字图书馆应能够按照语种分类显示	80C	85C	65	4.03C	4.04C	3.62
DQ58 检索结果应按指定语种显示自动生成的摘要	76C	77	61	4.01C	3.87	3.55
DQ59 对于检索结果全文应提供鼠标放在上面翻译句子功能	72C	67	48	4BC	3.58	3.43
DQ60 网络资源打开链接时系统应将原始网页翻译成指定语种并同时显示	68C	58	47	3.92BC	3.48	3.36

文图书和外文网络信息交互更多。相较于英文组，第三组对其查找外文信息的能力更加自信。

在被问及数字图书馆的多语言功能时（模块 6），相较于第三组，中文组对数字图书馆应具备多语言信息的获取功能，增强数字图书馆的专业词汇翻译功能，允许用户添加本领域的专业词库，按照语种对领域专家进行聚类，根据用户对资源进行聚类，允许用户制定指定语种和自选主题的 RSS，以及允许用户对各种语种的资源设置母语标签，具有较强的偏好。相较于第三组，英文组对将题名、作者、关键词等题录信息进行各种语言的对应翻译后永久存储，允许添加专业词库，根据用户对资源进行聚类，允许用户制定指定语种和自选主题的 RSS，具有较强的偏好。

在被问及多语言信息检索功能（模块 7）与界面时（模块 8），相较于第三组，中文组对数字图书馆给出关键词解释来帮助用户筛选翻译，具有较强的偏好。此外，中文组对数字图书馆提供下述功能表示关注：检索各种语言信息的单一多语言检索界面，提供多语种书目信息的检索界面，揭示用户母语的所有信息，以及小语种信息的注释或对译。他们还对检索界面应整合多语种的翻译词典表达了强烈的偏好。该组认为，数字图书馆应显示检索词的翻译，按照语种分类显示检索结果，显示按照指定语种自动生成的检索结果摘要，提供对检索结果全文，鼠标放在上面翻译句子的功能，以及可将原始网页翻译成指定语种，并同时显示原始网页。

(三) 通过聚类确定的潜在群组

研究问题 R3 指出虽然语言/国别等预定义的特征，可以作为将调查对象划分为不同群组的标准，然而，有时会出现一些预定义标准可能无法捕捉的潜在用户群组。这促使我们将聚类作为一种确定调查对象中潜在用户群组的方法。我们使用的是 K-means 聚类算法，并将调查对象对问题的回答作为聚类的特征。K-means 聚类是一种旨在将 N 个观测对象（即 358 名调查对象）划分为 K 个聚类（即用户组），以使每个观测对象从属于具有最小距离均值的聚类分析方法。

在 K-means 聚类算法中在每一聚类相关的所有特征中，有些是积极的，其余的则较为消极。基于调查对象选择某一特定答案选项的数量（问题 Q1～Q30），或者基于调查对象对某一问题的评分（问题 Q31～Q60），我们可以计算出某一个特定答案选项（问题 Q1～Q30）或某一特定问题（问题 Q31～Q60）的均值。接着，我们可以将答案选项或问题的结果与其均值进行比较。当某些特征（即答案选项或问题）的得分达到或明显高于相应均值的 10%时，即被标记为积极特征，表明这一聚类的调查对象明显重视这些特征。当得分是或明显低于均值的 10%时，则被标记为消极特征，表明这一聚类的调查对象趋于不重视这些特征。聚类分析的结果见图 2-4～图 2-7。

			clu3		
		Total	1	2	3
		358	130	110	118
		100%	36.30%	30.70%	33%
		Column N %	Column N %	Column N %	Column N %
S1	Chinese	*60.1*	72.3	65.5	41.5
	FL-English	*20.7*	23.8	13.6	23.7
	FL-Non-English	*19.3*	3.8	20.9	34.7
Q1 性别	男	*60.8*	48.8	54.5	79.7
	女	*39.2*	51.2	45.5	20.3
Q2 年龄	21～30 岁	*16.2*	20.0	23.6	5.1
	31～40 岁	*32.1*	34.6	38.2	23.7
	40 岁以上	*51.7*	45.4	38.2	71.2
Q3 学历	大专及以下	*.6*	.0	1.9	.0
	本科	*12.2*	13.2	18.7	5.1
	硕士	*28.0*	36.4	26.2	20.5
	博士	*59.2*	50.4	53.3	74.4
DQ4	教师	*59.5*	49.2	50.9	78.8
	图书馆员	*18.7*	24.6	25.5	5.9
	其他	*21.8*	26.2	23.6	15.3
Q5 专业	人文社科	*58.4*	61.2	49.1	64.1
	理工科	*30.6*	24.0	39.1	29.9
	医科	*1.4*	2.3	.9	.9
	其他	*9.6*	12.4	10.9	5.1

		clu3		
	Total	1	2	3
	Mean	Mean	Mean	Mean
CQ6	2.08	2.05	2.11	2.09
CQ7	5.65	6.39	5.57	4.89
CQ8	3.37	3.95	3.70	2.44
CQ9	3.10	3.75	2.98	2.51
CQ10	2.19	2.41	2.56	1.60
CQ11	1.67	1.95	1.75	1.30

图 2-4　模块 1 和模块 2 的聚类结果

图 2-4 反映的是模块 1 和模块 2 的聚类结果，用以揭示每组的特征。

			clu3		
		Total	1	2	3
		358	130	110	118
		100%	36.30%	30.70%	33%
		Column N %	Column N %	Column N %	Column N %
Q12_1 通常是教学如备课需要查找其他语种信息	是	*55.3*	50.0	55.5	61.0
Q12_2 通常是申请项目前的科技查新需要查找其他语种信息	是	*48.6*	56.2	50.9	38.1
Q12_3 通常是撰写论文综述需要查找其他语种信息	是	*69.0*	77.7	66.4	61.9
Q12_4 通常是了解特定领域和学科等国外发展最新动态需要查找其他语种信息	是	*62.3*	70.0	75.5	41.5
Q12_5 通常是出国需要查找其他语种信息	是	*30.4*	27.7	30.0	33.9
Q12_6 通常是应他人要求查找国外相关信息需要查找其他语种信息	是	*33.2*	46.2	36.4	16.1
	是	*10.9*	14.6	13.6	4.2
Q12_8 通常是国际合作交流如获取对方全面信息需要查找其他语种信息	是	*32.1*	32.3	36.4	28.0
Q12_9 通常是其他日常工作需要查找其他语种信息	是	*20.4*	17.7	24.5	19.5
Q12_10 通常是关注国际时事新闻或事件需要查找其他语种信息	是	*30.2*	29.2	38.2	23.7
Q12_11 通常是网上购物需要查找其他语种信息	是	*13.1*	12.3	15.5	11.9
Q12_12 通常是国际交友需要查找其他语种信息	是	*8.7*	6.9	10.0	9.3
Q12_13 通常是了解影评需要查找其他语种信息	是	*3.9*	4.6	6.4	.8
Q12_14 通常是关注时尚潮流动态需要查找其他语种信息	是	*2.0*	3.1	1.8	.8
Q12_15 通常是关注产品国际市场需要查找其他语种信息	是	*7.8*	5.4	9.1	9.3
Q12_16 其他情况需要查找其他语种信息	是	*10.9*	8.5	11.8	12.7
Q13_1 是否经常查看中文以外的外文图书	是	*46.1*	26.2	54.5	60.2
Q13_2 是否经常查看中文以外的外文期刊	是	*64.2*	64.6	69.1	59.3
Q13_3 是否经常查看中文以外的外文网络信息	是	*62.6*	60.0	78.2	50.8

Q14 当检索到不懂语种的信息资源时是否借助翻译工具	是	59.3	67.7	68.8	40.7
Q16_1 当查找不懂语种的信息资源时会选择求助参考咨询馆员	是	7.0	12.3	3.6	4.2
Q16_2 当查找不懂语种的信息资源时会选择求助懂该语种的同事或朋友或其他人	是	53.1	63.8	42.7	50.8
Q16_3 当查找不懂语种的信息资源时会选择放弃	是	36.0	34.6	46.4	28.0
Q16_4 当查找不懂语种的信息资源时会选择其他	是	12.8	10.0	14.5	14.4
DQ31 我非常了解数字图书馆	T2B	60.6	56.2	68.2	58.5
DQ32 我经常使用数字图书馆	T2B	70.9	70.0	83.6	59.8
DQ33 我在查找外文信息时感到困难	T2B	43.6	59.7	26.4	42.1
DQ34 我在阅读和理解外文信息时感到困难	T2B	37.6	49.6	22.7	38.5
DQ35 我对自己查找外文信息的能力感到满意	T2B	49.0	31.0	77.1	42.7
DQ36 我在查找信息时经常遇到自己不懂语种的信息	T2B	32.3	31.8	30.6	34.5
DQ37 我希望获得自己不懂语种的信息	T2B	45.6	58.3	38.9	37.9
DQ38 我在查找自己不懂语种的信息资源时感到困难	T2B	69.9	78.0	72.5	58.4

图 2-5 模块 3 和模块 4 的聚类结果

图 2-5 反映的是模块 3 和模块 4 的聚类结果。表中浅灰色标识表示低于平均值 10%，深灰色标识表示高于平均值 10%。

			clu3		
		Total	1	2	3
		358	130	110	118
		100%	36.30%	30.70%	33%
		Column N %	Column N %	Column N %	Column N %
Q17_1 经常使用学术资源数据库获取信息	是	84.1	96.2	69.1	84.7
Q17_2 经常使用图书馆的公共检索目录获取信息	是	49.2	55.4	51.8	39.8
Q17_3 经常使用搜索引擎获取信息	是	86.3	95.4	81.8	80.5
Q18_1 来自图书馆的信息占全部使用信息资源的大部分	是	38.0	38.5	34.5	40.7
Q18_2 来自学术资源数据库的信息占全部使用信息资源的大部	是	79.3	83.1	79.1	75.4
Q18_3 来自互联网的信息占全部使用信息资源的大部分	是	68.4	68.5	59.1	77.1
Q19_1 在检索学术资源数据库时利用过中文外的其他语种的信	是	72.3	84.6	65.5	65.3
Q19_2 在检索图书馆书目信息时利用过中文外的其他语种的信息资源	是	28.5	25.4	39.1	22.0
Q19_3 在检索互联网信息时利用过中文外的其他语种的信息资源	是	70.1	66.9	70.0	73.7
Q20 在查找中文学术信息的时候使用中文数据库	是	91.3	90.0	92.6	91.5
Q21 在查找其他语种学术信息时使用其他语种数据库	是	80.8	76.0	89.6	77.9
Q22 在查找中文网络信息的时候主要使用中文搜索引擎	是	88.2	90.5	88.7	85.2
Q23 在查找其他语种网络信息的时候主要使用 Google 等其他语种搜索引擎	是	79.8	78.7	91.5	70.2
Q24 是否使用过 GoogleTranslate 跨语言搜索引擎检索各种语言网络信息	是	50.9	58.3	62.4	31.6
Q26 是否使用过 YahooBabelFish 跨语言搜索引擎检索各种语言网络信息	是	17.9	16.9	18.2	18.6
DQ39 我对现有学术资源数据库提供的多语种信息感到满意	T2B	26.5	15.5	38.2	27.7
DQ40 我对自己目前利用图书馆多语种文献的状况感到满意	T2B	27.0	14.7	33.0	35.1
DQ41 我对自己目前利用多语言网络信息的状况感到满意	T2B	33.3	14.2	44.5	43.6
DQ42 我对自己获得多语言信息来源的途径感到满意	T2B	33.4	19.2	40.6	42.5
DQ43 我期望存在一个多语言集成式的数字图书馆	T2B	73.2	89.2	65.1	62.9

图 2-6 模块 5 的聚类结果

图 2-6 反映的是模块 5 的聚类结果。表中浅灰色标识表示低于平均值 10%，

深灰色标识表示高于平均值 10%。

			clu3		
		Total	1	2	3
		358	130	110	118
		100%	36.30%	30.70%	33%
		Column N %	Column N %	Column N %	Column N %
	是	22.6	25.4	26.4	16.1
Q28_2 认为数字图书馆能够检索多语言的信息资源	是	74.3	86.9	73.6	61.0
Q28_3 认为数字图书馆嵌入如金山词霸或金桥翻译等通用翻译软件	是	56.7	72.3	56.4	39.8
Q28_4 认为数字图书馆对题名等题录信息进行各种语言的对应翻译后永久存储	是	40.2	50.8	39.1	29.7
Q28_5 认为数字图书馆允许用户可自由增减需要的语种	是	44.4	45.4	56.4	32.2
Q29_1 理想中的数字图书馆提供专业词汇翻译功能	是	84.1	88.5	86.4	77.1
Q29_2 理想中的数字图书馆允许用户对专业词汇翻译进行纠错	是	52.0	58.5	55.5	41.5
Q29_3 理想中的数字图书馆允许用户添加本领域的专业词库	是	53.9	65.4	58.2	37.3
Q29_4 理想中的数字图书馆提供句子翻译功能	是	54.7	66.9	52.7	43.2
Q29_5 理想中的数字图书馆能够进行全文翻译	是	58.9	76.9	47.3	50.0
Q29_6 理想中的数字图书馆提供翻译朗读功能	是	20.4	23.1	20.0	17.8
Q30_1 认为数字图书馆应该具备的功能有按语种对资源分布进行统计	是	45.5	50.8	43.6	41.5
Q30_2 认为数字图书馆应该具备的功能有按语种对领域专家进行聚类	是	39.4	50.8	35.5	30.5
Q30_3 认为数字图书馆应该具备的功能有按专业主题对资源进行聚类	是	82.1	93.1	80.9	71.2
Q30_4 认为数字图书馆应该具备的功能有允许用户制定指定语种自选主题的 RSS	是	41.9	53.1	49.1	22.9
Q30_5 认为数字图书馆应该具备的功能有允许用户对各种语种的资源做中文标签	是	49.2	66.9	51.8	27.1
DQ44 数字图书馆应该提供各种语言的检索接口且只能检索该语言信息资源	T2B	37.0	29.2	33.3	49.6
DQ45 数字图书馆应该提供单一语言的检索接口且可以检索各种语言的信息资源	T2B	59.8	69.0	62.7	46.4
DQ46 数字图书馆应将检索出来的外文信息的题录翻译成中文	T2B	58.7	80.5	40.9	51.3
DQ47 数字图书馆应该提供多语种的书目信息检索界面	T2B	75.6	84.5	70.9	69.9
DQ48 数字图书馆所有的信息资源应该用中文揭示	T2B	40.9	55.4	18.7	45.1
DQ49 数字图书馆的信息资源应该多语言揭示	T2B	48.6	41.6	58.3	47.0
DQ50 对小语种信息资源的揭示数字图书馆应该用中文进行注释或对译	T2B	78.3	85.3	80.4	68.4
DQ51 检索界面应该整合多语种的翻译词典	T2B	73.9	81.4	77.4	61.8
DQ52 检索界面应该提供多语种翻译工具栏	T2B	75.9	86.0	72.6	67.3
DQ53 当用户用中文输入检索词后应首先将检索词的翻译显示给用户	T2B	66.6	76.6	65.1	56.6
DQ54 对于系统显示的非中文翻译应给出翻译的概率来帮助用户筛选翻译	T2B	66.4	75.0	63.4	59.1
DQ55 对于系统显示的非中文翻译应给出关键词解释来帮助用户筛选翻译	T2B	72.3	80.0	78.5	57.7
DQ56 对于系统显示的非中文翻译应给出例句来帮助用户筛选	T2B	59.8	65.4	61.3	51.8
DQ57 对于检索结果列表数字图书馆应能够按照语种分类显示	T2B	78.1	83.7	87.7	62.5
DQ58 检索结果应按指定语种显示自动生成的摘要	T2B	73.5	81.3	77.1	61.3
DQ59 对于检索结果全文应提供鼠标放在上面翻译句子功能	T2B	66.5	76.0	61.3	60.5
DQ60 网络资源打开链接时系统应将原始网页翻译成指定语种	T2B	62.2	70.3	66.0	49.6

图 2-7　模块 6、模块 7 和模块 8 的聚类结果

图 2-7 反映的是模块 6、模块 7 和模块 8 的聚类结果。表中浅灰色标识表示低于平均值 10%，深灰色标识表示高于平均值 10%。

最终，我们的聚类算法共确定了 3 个聚类，分别代表三类不同的数字图书馆用户，这三类用户的特征如下：

聚类 1 包括 130 名调查对象，占全部调查对象的 36.3%。这一聚类代表了对数字图书馆多语言信息处理具有强烈需求，并且这些多语言需求往往来自十分具体的用户群体。这些调查对象还十分赞同问卷涵盖的大部分功能。观察聚类 1 中用户的特征包括：调查对象年龄主要是拥有硕士学位的中国人——他们不是教职人员，但在人文社科领域工作。他们还有使用数据库、数字图书馆、搜索引擎、图书馆 OPAC，以及翻译工具的经历。他们通常为帮助他人而检索多语言信息，并在查找和理解外文信息时感到困难。他们对自己查找外文信息的能力缺乏自信，但对获取自己不懂语种的信息具有强烈需求。他们对现有学术资源数据库提供的多语种信息、图书馆的多语种文献、网络多语言信息，以及其获取多语言信息的工具均感到不满。他们期望存在一个多语言集成式的数字图书馆。他们认为，数字图书馆应能检索多语言的信息，并且他们赞同问卷所述的大部分多语言功能。

聚类 2 包括 110 名调查对象（占 30.7%），它由对数字图书馆具有多种多语言需求，但对与多语言相关的支持和工具期望不高的用户组成。调查对象年龄主要在 20～40 岁，其中许多是图书馆员。他们在科技领域工作，使用多语言信息工具的频度较为适中。他们通常因“了解特定领域、学科发展最新动态”查找多语言信息，并且经常查看外文网络信息。他们常常使用数字图书馆，并对自己查找外文信息的能力很有自信。他们主要使用搜索引擎获取网络多语言信息，并对 Google Translate 比较熟悉。他们对现有学术资源数据库提供的多语种信息和自己目前利用多语言网络信息的状况感到满意。因为自信，他们更喜欢一些建议功能（如允许用户自由增减需要的语种），但是他们不赞同问卷中提出的许多其他多语言功能。

聚类 3 包括 118 名调查对象（占 33%）。较之其他两组，聚类 3 中的调查对象对多语言信息处理的要求最少，因为他们缺乏需求和动机。因此，他们对问卷的回答也是消极多于积极。他们的特征是：既不是中国人，也不是经常说英语的调查对象。他们往往是男性，且大于 40 岁。他们拥有博士学位，而且许多是人文社科领域的教职人员。他们使用多语言信息工具的频度适中。或许因为工作性质，在进行论文综述时，他们没有表现出查找多语言信息的强烈动机，同样在申请项目时，他们也没有强烈的多语言需求。他们很少为他人查找多语言信息。他们经常查看外文图书，而非网络信息。他们对自己的多语言信息处理感到满意，因此对数字图书馆应具有多语言的信息资源和功能没有强烈期望。

事实上，他们对许多关于多语言需求、资源和功能问题的回答十分消极。他们唯一非常积极的回答是，数字图书馆应提供各种语言的检索界面。

第三节　用户与新型网络学术信息资源的交互行为调查

在更加活跃化、社会化、参与化的Web2.0的推动下，出现了一些新的网络学术信息资源，如维基百科、社群问答系统、在线文档管理与分享系统、学术博客、社交圈网站等，这些新的网络学术信息资源已然成为新一代网民喜欢并且利用率很高的网络应用模式。因此，本节中的调查将了解用户与新型网络学术信息资源的交互行为。

调查的研究对象是中美两所大学的大学生，调查信息来源是一系列新型的基于网络的信息资源，旨在探究大学生在完成其学术任务时，与基于网络的信息资源的交互行为。

本研究聚焦于大学生的原因有三：第一，大学生是一个特殊的群体。他们代表了一个过渡阶段，衔接信息获取的新手与通过高校学习、训练而拥有更复杂、更专业信息行为的用户，他们在实体和数字信息资源方面的技巧和经验不断与时俱进。第二，大学生常常使用多样的网络资源来获取学术信息。尽管已有许多其他的资源类型可供学生使用，但如OCLC报告[25]所述，随着网络和网络技术的飞速发展，越来越多大学生的信息查询始于对基于互联网的信息资源的使用，且他们对这些资源更加信任。第三，大学生是新一代网络用户，他们与新型网络学术信息资源的交互更多。

信息行为往往发生于一个特定的背景下。在一个知识丰富的环境里，高校在知识创造与传播中担任着重要的角色。学生，特别是大学生，通过将学术任务与研究相结合来学习和实践获取信息、推导知识的技能。因此，学生信息行为最自然地发生在其完成学术任务过程中，如完成作业、准备考试等。

目前，还没有以两个不同国家的大学生为对象比较其学术信息行为的研究。有一些关于不同国家大学生小组的研究，主要针对他们对欺骗宽容度的研究[47]、文化与性别的研究[48]等，但没有关于在学术任务中利用基于网络的信息资源的研究。

一、调查目的

如上所述，本研究的目的是探究大学生在完成其学术任务时，与网络信息资源的交互行为。我们在此假设大学生在不同的学术任务中可能存在不同的信息行为。为进行实验，我们首先定义了一系列典型的、大学生在其学习中会履行的学术任务。这些任务包括两种团队任务：准备小组项目和准备合著研究论文。同时包括七项个人学术任务，七项个人学术任务可以细化为简单任务和复杂任务。其中简单任务包括寻找概念、查询图书、查询文章、查询某个具体问题的答案，复杂任务包括准备课程作业、准备研究论文和备考。围绕针对这些任务进行的信息资源利用，我们定义出以下三个研究问题：

R1. 大学生如何评价可获得的网络信息资源在其个人学术任务中的重要性？

R2. 大学生如何评价可获得的网络信息资源在其协作式学术任务中的重要性？

R3. 不同语言和国别如何影响大学生在其学术任务中的信息行为？

二、问卷设计

问卷由三部分组成：第一部分问题是关于调查对象的一般个人信息；第二部分询问了调查对象的个人学术信息行为；第三部分包括了调查对象的团队信息行为。第一部分有 6 个问题，涉及调查对象的性别、年龄、年级、专业、每周的上网时间和最常用的浏览器。这些信息帮助我们构建不同的变量，从而对回答研究问题 R3 的调查对象分类。第二部分的问题调查在个人学术信息查询中对网络信息资源的利用。包含了 4 种简单的个人学术任务，即查询图书、查询文章以及查询某个具体问题的答案，以及 3 种复杂的个人学术任务，即准备课程作业、准备研究论文和备考。第二部分的最后一个问题调查了学生查询网络信息时的重要特征。针对学生的团队学术信息查询，我们在第三部分设有两个关于准备小组项目和合著研究论文任务的问题，另有一题列出了学生在小组作业时，网络信息特征重要性的排序。该调查问卷总共包含 17 个问题。

我们假设调查对象识别重要信息来源要难于从已有列表中选择资源。另外，我们想引出调查对象在选择资源重要性方面的意见，因此第二、第三部分的每个问题都有一个重要信息资源的列表，并且对每种资源都要求调查对象通过 5 级李克特量表来提供资源对于某种任务的重要性。在 5 级李克特量表中，1 表示“完全不重要”，2 表示“不重要”，3 表示“不确定”，4 表示“重要”，5 表示“非常重要”。在该调查问卷中共有 69 个李克特量表式问题需要调查对象去勾选。列表中所列资源大多是新型的网络学术资源。

我们的调查问卷有中文版（问卷全文见附录 3）和英文版（问卷全文见附录 4）两种，分别在中美两国使用，问卷内容相同。对一些信息资源的例子进行了调整，使其与调查对象熟悉的环境更匹配（如在英文版中常用的搜索引擎包括Google，然而在中文版中包括百度）。

三、调查对象

本次研究中的调查对象为来自美国匹兹堡大学和中国武汉大学的大学生。调查开始于2010年7月，结束于2010年9月，采取网络调查的方式，中文版问卷和英文版问卷的网址分别为http：//www.askform.cn/82671-98846.aspx和http：//130.49.135.11：8080/survey.php。共收到347份有效问卷。表2-4显示了我们通过第一部分问题而获取的调查对象的基本信息。

表2-4 调查对象的基本信息

变量	选项	频数	百分比/%
国家	美国	147	42.4
	中国	200	57.6
性别	男	182	52.4
	女	165	47.6
年龄	18岁以下	4	1.2
	18～20岁	144	41.5
	21～22岁	177	51.0
	23岁以上	22	6.3
年级	大一	39	11.2
	大二	42	12.1
	大三	100	28.8
	大四	166	47.9
专业	工科	27	7.8
	人文	30	8.6
	医学	42	12.1
	理学	86	24.8
	社会科学	156	45.05
	不确定	6	1.7
周上网时间	0～5小时	25	7.2
	6～10小时	67	19.3
	11～15小时	76	21.9
	16小时或更多	179	51.65
常用浏览器	Mozilla Firefox	76	21.9
	Google chrome	62	17.9
	Internet Explorer	123	35.4
	Safari	25	7.2
	其他	61	17.6

四、问卷结果统计分析

结果分析分为三部分，分别对应三个研究问题。

（一）个人学术任务中网络资源的重要性

为回答研究问题 R1，我们使用描述统计学分析了调查对象对资源选择的平均值。我们进一步用统计回归方法，对调查对象对信息资源重要性的正向意见（“5－非常重要”或“4－重要”作为正向回答，“3－不确定”“2－不重要”或“1－完全不重要”作为负向回答）进行概率预测。显著性值设为 $p \leqslant 0.05$。

表 2-5　个人简单学术任务调查结果

学术任务	信息资源	描述性统计	逻辑回归	
		平均分	正向意见的概率（＞0.5 作为正向，＜0.5 作为负向）	p 值（≤0.5 时具有显著性）
查询概念	基于社区的百科全书	4.20	0.87	0
	在线字典	3.56	—	—
	网络版传统印刷字典	3.15	0.42	0
	在线百科全书	2.98	0.29	0
查询图书	高校图书馆书目检索系统	3.70	0.59	0
	图书搜索引擎	3.61	0.56	0.03
	在线书店	3.47	—	—
	公共图书馆书目检索系统	3.12	0.40	0
查询文章	学术搜索引擎	3.50	—	—
	高校图书馆订购的数据库	3.42	—	—
	网上出版社数据库	3.37	—	—
	在线开放存取数据库	3.29	0.41	0
	在线文档管理与分享系统	2.88	0.25	0
查询具体问题的答案	面对面的参考咨询服务	3.68	0.58	0
	虚拟参考咨询服务	3.36	—	—
	基于社区的自由问答网站	3.33	—	—
	基于社区的专业问答网站	3.17	0.37	0
	社交圈网站上的朋友	2.97	0.30	0

表 2-5 显示的是个人简单学术任务的调查结果。当被问及在查询概念中资源的重要程度时，通过对重要性的打分，调查对象认为资源的排序依次为：基于社区的百科全书，如维基百科（4.20）；在线字典，如 dictionary.com；网络版传统印刷字典，如牛津英语字典（3.15）；在线百科全书，如大英百科全书

(2.98)。当问及查询书籍时，调查对象认为资源重要性的排序依次为：大学图书馆目录（3.70）；图书搜索引擎，如Google Books（3.61）；网上书店，如Amazon网上书店（3.47）；公共图书馆书目检索系统，如国会图书馆目录和Worldcat（3.12）。被问及文章查询时，调查对象认为重要度排序依次为：学术搜索引擎，如Google Scholar和CiteSeers（3.50）；高校图书馆订购的数据库，如EBSCOS（3.42）；在线出版商数据库，如Emerald Insight（3.37）；在线开放存取数据库，如PubMed和JSTOR（3.23）；在线文档管理与分享系统，如CiteuLike和Bibsonomy（2.88）。被问及查询具体问题的答案时，面对面的参考服务是最重要的（3.68）；虚拟参考咨询服务，如虚拟图书馆员位居第二（3.36）；基于社区的自由问答系统，如雅虎知识堂（3.33）列于第三位；接着是基于社区的专家问答系统，如UCLue（3.17）；社交网络站点中的朋友，如Facebook（2.97）。

通过统计回归测试，我们发现调查对象在查询概念时对基于社区的百科全书表现出肯定态度，而对在线百科全书和在线字典持否定态度。调查对象在查询图书时对大学图书馆书目检索系统和图书搜索引擎持肯定态度，而对公共图书馆书目检索系统持否定态度。调查对象在查询文章时对在线文档管理与分享系统持否定态度。调查对象在查询具体问题的答案时对面对面的参考咨询服务表现出肯定态度，而对基于社区的专业问答系统和社交网络站点中的朋友这两项资源均持否定态度。

表2-6显示的是个人复杂学术任务的调查结果。当被问及课业准备时，资源重要度排序依次为搜索引擎（4.46）；在线百科全书/字典（4.00）；在线数据库（3.87）；基于社区的问答（3.28）；网上学术论坛（3.28）；学术博客（3.14）；社交网络站点，如Facebook被排在最末（2.67）。问及准备研究论文时，排序为搜索引擎（4.40）；在线数据库（4.20）；在线百科全书/字典（4.16）；网上学术论坛（3.33）；学术博客（3.12）；基于社区的问答系统（3.07）；社交网络站点，如Facebook（2.5）。当被问及准备考试时，得分排序为搜索引擎（4.01）；在线百科全书/字典3.73）；在线数据库（3.50）；基于社区的问答系统（3.12）；网上学术论坛（3.12）；学术博客（2.8）；社交网络站点（2.53）。

表2-6　个人复杂学术任务调查结果

学术任务	信息资源	描述性统计	逻辑回归	
		平均分	正向意见的概率（>0.5作为正向，<0.5作为负向）	p值（≤0.5时具有显著性）
准备课业	搜索引擎	4.46	0.88	0
	网络百科全书/字典	4.00	0.77	0
	在线数据库	3.87	0.70	

续表

学术任务	信息资源	描述性统计	逻辑回归	
		平均分	正向意见的概率（>0.5 作为正向，<0.5 作为负向）	p 值（≤0.5 时具有显著性）
准备课业	在线学术论坛	3.28	—	—
	基于社区的问答站点	3.28	—	—
	学术博客	3.14	0.42	0
	社交网络站点	2.67	0.26	0
准备研究论文	搜索引擎	4.40	0.90	0
	在线数据库	4.20	0.81	0
	网络百科全书/字典	4.16	0.84	0
	在线学术论坛	3.33	—	—
	学术博客	3.12	0.37	0
	基于社区的问答站点	3.07	0.36	0
	社交网络站点	2.50	0.25	0
准备考试	搜索引擎	4.01	0.75	0
	网络百科全书/字典	3.73	0.69	0
	在线数据库	3.50	—	—
	基于社区的问答站点	3.12	0.44	0.04
	在线学术论坛	3.12	0.38	0
	学术博客	2.8	0.26	0
	社交网络站点	2.53	0.25	0

统计回归测试显示，调查对象在准备课业时对搜索引擎、在线百科全书/字典、在线数据库表示肯定，但是对社交网络站点持否定态度。调查对象在准备研究论文时对于搜索引擎、在线百科全书/字典持肯定态度，但对社交网络站点、学术博客和网上学术论坛持否定态度。调查对象在准备考试时，对搜索引擎和网络百科全书/字典持肯定态度，而对基于社区的问答系统、网上学术论坛、学术博客和社交网络站点持否定态度。

表 2-7 显示的是用于个人网络学术信息查询的资源的重要特征。所有列出特征均得到了高于重要等级（4）的评分。具体而言，与任务的相关性（4.43）和信息的权威性（4.43）是最重要的，相关信息的丰富程度（4.37）位居其后，接着是检索工具的易用性（4.25）和对工具的熟悉度（4.23），最后是信息的及时性（4.03）。统计回归测试确定所有这些特征都被调查对象所认可。

表 2-7 个人任务重要性评价结果

学术任务	标准	描述性统计	逻辑回归	
		平均分	正向意见的概率（>0.5 作为正向，<0.5 作为负向）	p 值（≤0.5 时具有显著性）
个人查询网络学术信息	信息的权威性	4.43	0.89	0
	信息与任务的相关性	4.43	0.93	0
	相关信息的丰富程度	4.37	0.90	0
	检索工具的易用性	4.25	0.88	0
	对工具的熟悉度	4.23	0.83	0
	信息的及时性	4.03	0.78	0

（二）团队学术任务中网络资源的重要性

为回答研究问题 R2，我们使用描述统计学分析了调查对象对资源选择的平均值。我们进一步用 logistic 回归方法，对调查对象对信息资源重要性的正向意见（“5—非常重要”或“4—重要”作为正向回答，“3—不确定”“2—不重要”或“1—完全不重要”作为负向回答）进行概率预测。显著性值设为 $p \leq 0.05$。

表 2-8 团队学术任务调查结果

学术任务	信息资源	描述性统计	逻辑回归	
		平均分	正向意见的概率（>0.5 作为正向，<0.5 作为负向）	p 值（≤0.5 时具有显著性）
准备小组项目/作业	电子邮件	4.19	0.83	0
	即时聊天工具	3.64	0.63	0
	社交网络站点	3.44	—	—
	在线信息共享应用工具	3.09	0.33	0
	合作编辑工具	2.87	0.33	0
	电子日历	2.69	0.22	0
	视频会议工具	2.66	0.23	0
	集成/元搜索引擎	2.46	0.13	0
准备合著研究论文	电子邮件	4.40	0.78	0
	即时聊天工具	3.65	0.61	0
	社交网络站点	3.33	0.41	0
	在线信息共享应用工具	3.26	0.33	0
	合作编辑工具	3.13	0.36	0
	电子日历	2.93	0.24	0

续表

学术任务	信息资源	描述性统计	逻辑回归	
		平均分	正向意见的概率（>0.5 作为正向，<0.5 作为负向）	p 值（≤0.5 时具有显著性）
准备合著研究论文	视频会议工具	2.88	0.23	0
	集成/元搜索引擎	2.80	0.19	0

表 2-8 显示的是团队学术任务的调查结果。当被问及小组项目和任务的准备时，重要度排名情况为电子邮件（4.19）；即时聊天工具（3.64）；社交网络站点（3.44）；在线信息共享应用工具，如 Google Doc 或 Dropbox（3.09）；合作编辑工具，如维基（2.87）；电子日历（2.69），视频会议工具如 Skype（2.66）和集成/元搜索引擎如 Search Together（2.46）。通过统计回归测试明确了调查对象在电子邮件、即时聊天工具上持肯定态度，而对除社交参考站点以外的资源都表现出否定态度。当被问及合著研究论文的准备时，调查所得排名一致：电子邮件（4.40）；即时聊天工具（3.65）；社交网络站点（3.33）；在线信息共享应用工具，如 Google Doc 或 Dropbox（3.26）；合作编辑工具如维基（3.13）；电子日历（2.93）；视频会议工具，如 Skype（2.88）；集成/元搜索引擎，如 Search Together（2.80）。同样，统计回归测试发现调查对象仅对电子邮件和即时聊天工具持肯定态度，而对其他资源持否定态度。

表 2-9 显示的是用于团队网络学术信息查询的资源的重要特征。当被问及以小组为单位查询在线信息时，最重要的三项特征为：分享和交换信息的简便性（4.45）；同步交流的简便性（4.11）；合作编辑的简便性（4.04）。排名其后的特征有：共同浏览的简便性（3.75）；协同检索的简便性（3.71）；屏幕共享的简便性（3.34）；语音交流的简便性（3.32）和视频交流的简便性（3.00）。统计回归测试显示，调查对象对分享与交换信息的简便性、同步交流的简便性、共同浏览的简便性、协同检索的简便性和合作编辑的简便性持肯定态度，但对视频交流的简便性持否定态度。

表 2-9 团队任务重要性评价结果

学术任务	标准	描述性统计	逻辑回归	
		平均分	正向意见的概率（>0.5 作为正向，<0.5 作为负向）	p 值（≤0.5 时具有显著性）
团队查询网络学术信息	分享与交换信息的简便性	4.45	0.90	0
	同步交流的简便性	4.11	0.82	0
	合作编辑的简便性	4.04	0.76	0
	共同浏览的简便性	3.75	0.69	0
	协同检索的简便性	3.71	0.66	0
	屏幕共享的简便性	3.34	—	—
	语音交流的简便性	3.32	—	—
	视频交流的简便性	3.00	0.35	0

（三）中美调查对象的差异比较

为回答研究问题 R3，我们采用两种统计方法：t 检验用于比较两组的平均值，χ^2 检验用于比较两组的正向回答和负向回答。显著性值都设为 $p \leqslant 0.05$。由于空间限制，以下在分析数据时，我们仅描述在 t 检验和 χ^2 检验两种方法中同时观测到具有显著差异的项目。此外，我们也进一步用统计回归方法，对调查对象对信息资源重要性的正向意见（“5—非常重要”或“4—重要”作为正向回答，“3—不确定”“2—不重要”或“1—完全不重要”作为负向回答）进行概率预测。显著性值设为 $p \leqslant 0.05$，如表 2-10 所示。

表 2-10 两国在个人学术任务中的比较

学术任务	信息资源	平均值		t 检验	肯定		否定		χ^2
		美国	中国		美国	中国	美国	中国	
查询概念	在线字典	3.75	3.41	0.003	93	85	53	111	0.001
	网络版的传统印刷词典	2.81	3.38	0	43	103	85	89	0
查找图书	高校图书馆书目检索系统	3.51	3.84	0.023	76	132	61	62	0.017
	公共书目检索系统	2.59	3.47	0	32	106	91	82	0
	网上书店	3.92	3.14	0	102	74	39	120	0
查找文章	网上出版社数据库	2.18	3.90	0	14	155	75	44	0
	在线文档管理与分享系统	2.00	3.27	0	9	77	78	121	0

续表

学术任务	信息资源	平均值		t 检验	肯定		否定		χ^2
		美国	中国		美国	中国	美国	中国	
查找具体问题的答案	面对面的图书馆员参考咨询服务	3.36	3.91	0	73	129	67	62	0.018
	虚拟参考咨询服务	2.73	3.80	0	36	134	95	50	0
	基于社区的自由问答系统	2.65	3.46	0	39	88	72	104	0
	社交网络站点	2.68	3.22	0	43	60	100	116	0.005
准备课业	在线数据库	3.65	4.03	0.001	90	154	52	43	0.006
	基于社区的问答系统	2.87	3.58	0	45	122	99	74	0
	社交网络站点	2.17	3.04	0	24	66	120	132	0.002
	学术博客	2.58	3.55	0	33	111	105	80	0
	在线学术论坛	2.89	3.57	0	51	118	91	73	0
准备研究论文	基于社区的问答系统	2.56	3.45	0	36	90	106	101	0
	社交网络站点	1.86	2.95	0	16	71	124	127	0
	学术博客	2.69	3.43	0	43	87	93	102	0.025
	在线学术论坛	2.76	3.75	0	40	131	101	58	0
备考	在线数据库	3.05	3.81	0	65	125	74	73	0.001
	基于社区的问答系统	2.73	3.41	0	47	107	100	88	0
	社交网络站点	2.01	2.90	0	26	62	115	137	0.002
	学术博客	2.33	3.12	0	28	61	107	132	0.016
	在线学术论坛	2.64	3.45	0	41	92	98	100	0.003
在网上查询信息	信息新颖性	3.82	4.18	0.001	98	173	47	24	0

表 2-10 的前四部分显示了有关个人简单学术任务问题的调查结果。当被问及查询概念时，两组对两种资源的回答存在显著差异：美国组更多地考虑在线字典，然而中国组更重视网络印刷版字典。当问及图书查询时，两组在高校图书馆检索系统、公共图书馆检索系统和网上书店上有显著差异。中国组认为高校图书馆检索系统和公共图书馆检索系统更重要，然而美国组更喜欢网上书店。对于查询文章的提问，两组在网上出版社数据库和在线文档管理与分享系统上有显著差异，中国组为两种资源给出了更高的评分。问及寻找具体问题的答案时，两组在大多数所列资源中都有显著差异。具体而言，与美国组相比，中国组认为面对面的参考咨询服务、虚拟参考咨询服务、基于社区的专家问答系统和社交网络站点更重要。

表 2-10 的随后三部分描述了关于个人复杂学术任务的相关结果。与美国组相比，中国组认为在准备课业时，如下资源更重要：在线数据库、基于社区的问答系统、社交网络站点、学术博客和在线学术论坛。当被问及研究论文的准备时，中国组对下列资源重要程度的评定高于美国组：基于社区的问答系统、

社交网络站点、学术博客、网上学术论坛。在备考方面，与美国组相比，中国组认为下列资源更重要：在线数据库、基于社区的问答系统、社交网络站点、学术博客和网上学术论坛。

表 2-10 的最后一部分，两组只在信息的新颖度上有显著差异，中国组认为此更重要。

表 2-11 显示了关于团队学术任务问题的调查结果。在被问及小组项目和任务的准备时，美国组对电子邮件、社交网络站点和合作编辑工具重要程度的认识高于中国组。相反，中国组认为即时聊天工具、视频会议工具和集成/元搜索引擎工具更重要。在合著研究论文方面，美国组认为电子日历、合作编辑工具和集成/元搜索引擎更重要，但是，中国组的观点是电子日历、即时聊天工具和视频会议工具更重要。

在被问及以小组为单位查询网络信息时，两组在多数资源方面表现出显著差异，具体涉及：分享和交换文件的简便性、语音交流的简便性、视频交流的简便性、屏幕共享的简便性、协同检索的简便性、共同浏览的简便性和合作编辑的简便性。除合作编辑文件的简便性外，中国组为其他资源给出了更高的分数，且幅度较大。

表 2-11 两国在团队学术任务中的比较

学术任务	信息资源	平均值		t 检验	肯定		否定		χ^2
		美国	中国		美国	中国	美国	中国	
准备小组活动/任务	电子邮件	4.61	3.89	0	137	150	8	49	0
	社交网络站点	3.61	3.32	0.026	89	84	56	114	0.002
	即时聊天工具	2.76	4.26	0	50	167	90	33	0
	视频会议工具	2.17	3.03	0	24	57	115	128	0.015
	合作编辑工具	4.24	4.16	0	27	88	107	102	0
	集成/元搜索引擎	2.66	3.22	0	9	37	109	134	0.003
准备合著研究论文	电子邮件	2.81	3.38	0	107	165	2	32	0
	即时聊天工具	2.59	3.47	0	41	169	62	30	0
	视频会议工具	3.56	3.64	0.006	29	50	71	138	0
	电子日历	3.92	3.14	0	25	57	73	130	0
	合作编辑工具	3.55	3.35	0	21	105	76	85	0
	集成/元搜索引擎	3.37	3.24	0	16	50	73	126	0
以小组为单位查询在线信息	分享和交换信息的简便性	3.50	3.50	0	136	177	7	23	0.007
	语音交流的简便性	3.36	3.91	0	51	111	89	89	0
	视频交流的简便性	2.73	3.80	0	33	88	106	112	0
	屏幕共享的简便性	3.25	3.39	0	54	109	85	89	0.001
	协同检索的简便性	2.65	3.46	0	70	162	10	36	0
	共同浏览的简便性	2.68	3.22	0	76	162	62	37	0
	合作编辑的简便性	4.69	4.29	0.047	97	165	39	34	0

表 2-12 是统计回归测试的结果，显示了中国组和美国组的相反意见，即在表中，对于某个学术任务涉及的资源，我们只给出了那些两组中一组具有显著性正向回答结果，而另一组具有显著性负向回答结果的情况。从表 2-12 中可见，中国组认为重要而美国组认为不重要的资源与任务有：查找文章时的网上出版社数据库和在线学术搜索引擎；准备课业时的基于社区的问答系统；以小组为单位查询在线信息时语音交流的简便性。相反，美国组认为重要而中国组认为不重要的资源与任务有：准备课业时的在线学术论坛；准备研究论文时的在线学术论坛；以小组为单位查询在线信息时屏幕共享的简便性。

表 2-12　两国比较的统计回归测试结果

学术任务	信息资源	国家	逻辑回归	
			正向意见的概率（>0.5 作为正向，<0.5 作为负向）	p 值（≤0.5 时具有显著性）
查找文章	网上出版社数据库	美国	0.35	0
		中国	0.59	0
	在线学术搜索引擎	美国	0.37	0
		中国	0.60	0
准备课业	基于社区的问答系统	美国	0.36	0
		中国	0.57	0.02
	在线学术论坛	美国	0.58	0.02
		中国	0.37	0
准备研究论文	在线学术论坛	美国	0.57	0.01
		中国	0.38	0
以小组为单位查询在线信息	语音交流的简便性	美国	0.33	0.02
		中国	0.57	0
	屏幕共享的简便性	美国	0.57	0.01
		中国	0.33	0

第四节　用户对多语言网络学术信息的需求与行为分析

一、用户对多语言网络学术信息的需求

在第二节调查中，我们描述了一项关于学术用户对数字图书馆多语言信息

处理需求与期望的调查。研究结果对三个拟定研究问题提出了以下回答。

(1) 总体而言，学术用户围绕其学术活动具有多种多语言需求。检索学术资源数据库或网络信息时，他们常常需要多语言信息。他们经常使用网络翻译资源和工具，但是翻译的质量并不理想。用户希望数字图书馆提供多种多语言功能，尤其侧重于特定领域和特定语种的翻译功能。他们还希望交互式多语种检索界面中具有更多功能。

(2) 然而，学术用户的母语极大地影响了他们的多语言需求与期望。中文调查对象表现出强烈的多语言需求与明显更多的多语言信息处理经历，因此，他们对自己查找多语言信息的能力也明显更加自信。中文调查对象还希望数字图书馆拥有更多的与多语言相关的功能和更加优质的翻译工具。相反，英文调查对象在其学术活动中多语言信息需求明显较少，因此，对数字图书馆的多语言功能期望较少。然而，当其确有多语言需求时，往往认为检索、阅读和理解外文信息更加困难。第三组的调查对象与中文调查对象类似，所以他们有多种多语言需求与期望，不过他们的需求不如中文组那么强烈或具体。

(3) 潜在群组可以通过聚类方法确定，并且该组在其多语言需求与期望上表现出明显的不同。三个经确定的潜在群组再次表明，一些用户群体表现出强烈的多语言需求，并要求更多的多语言功能；而另一些群组的多语言需求并不迫切，而且提出的多语言功能要求较少。另一项关于潜在群组的有趣发现是，各组均明确定义了难以通过预定义标准获得的用户多维特征。因此，这种方法有望成为研究数字图书馆用户的非常有趣的工具。

我们的研究同时对数字图书馆多语言信息处理的发展提出了一些重要观点。对围绕学术资源数据库设计其服务的数字图书馆提供者而言，我们的研究明确表明，尽管网络信息十分普遍，学术用户仍然经常使用学术资源资料库，正如他们使用网络获取多语言信息一样。此外，研究工作应关注于这些数据库中多语言支持的发展，而目前这方面的支持还远远不够。

对专门开发网络信息和关注于网络搜索引擎的数字图书馆提供者而言，我们的结果表明，许多学术用户在其学术活动中，依赖于网络和网络搜索引擎帮助他们获取多语言信息。用户使用网络翻译工具的确相当频繁，然而大多数都对翻译质量感到不满。

多语言检索功能与界面应作为数字图书馆系统的核心部分加以研究、设计和开发。当提及有关具体功能和特征的问题时，调查对象对许多设计要素表达出明确和强烈的偏好，包括：关键但目前较缺乏的用于专业翻译和分类的工具和资源；按照语种和领域检索、组织和筛选多语言信息的更加互动的方法等。

然而，这些观点并不是本研究最重要的发现。本研究发现的主要信息是，就数字图书馆多语言信息处理而言，用户的许多特征能够影响用户的需求与期望，即使是由相对同质人群组成的学术用户。例如，学术用户使用的语言及其所在国家（环境）可以显著改变他们对数字图书馆多语言信息的动机、行为和期望。反过来，这些动机、行为和期望也极大影响了用户对数字图书馆多语言检索功能与界面的看法。另一个例子是用户群体中无法总是通过预定义分类标准确定的潜在群组。潜在群组中的一些人具有强烈的多语言需求，因而对数字图书馆多语言期望很高。但是，一些用户在其活动中并不经常使用多语言信息，他们没有强烈的需求或很高的期望，所以他们不需要数字图书馆具有多种多语言功能。

因此，我们的研究证明，多语言是数字图书馆的一个重要研究主题，它在数字图书馆中的发展远不尽如人意。在数字图书馆多语言研究中纳入用户观点十分关键，因为用户的特征，如语言及其潜在群组，能够显著影响他们的多语言需求与期望。

二、用户对多语言网络学术信息的行为

在第三节的调查中，我们描述了一项关于学术用户（主要是大学生）与新型网络学术信息资源的交互行为的调查。研究结果对三个拟定研究问题提出了以下回答。

（1）关于大学生个人学术任务，研究结果证实了我们所提出的“大学生在不同学术任务中有不同信息行为”的假设。这其中，电子在线资源是最普遍、最重要的资源。例如，维基百科已成为大学生在查询概念任务时最重要的资源，甚至超越了纸质百科全书的网络版。这证明，即使维基百科在学术界看来仍有许多质量上的问题，但 Web2.0 工具已被广泛接受。大学生认为维基百科的质量有低有高，但足以满足其任务要求。当然，这也呼唤针对维基百科自身不能保证所有主题信息质量的问题，应增加更多规范控制。

另一个例子是搜索引擎是学生多样化学术任务中最重要的资源。搜索引擎在一般的信息行为中是十分重要的，我们的研究显示，搜索引擎正迅速成为学生查找文章最重要的工具。同时，搜索引擎在包括准备课业和备考的复杂学术任务中也是最重要的资源。

然而，我们的研究发现并不是所有流行的网络资源都担任着重要的角色。例如，虽然社交网络站点受到了大学生的广泛欢迎，但这些站点并未发展成为他们执行个人学术任务的有效工具。他们事实上常被贴上不重要资源的标签。

对于一些特定的学术任务，我们研究发现传统的资源仍然扮演着与新网络

资源相当甚至更重要的角色。例如，图书馆资源在寻找图书和问题答案中仍旧扮演着最重要的角色。包括图书馆目录和面对面的参考咨询对于两种类型的学术任务都分别起到了最重要的作用。另一个例子是，尽管出版商提供的传统数据库没有文章搜索引擎重要，却仍然在重要程度的最顶端。

(2) 关于大学生的协作学术任务，在准备小组项目/任务和准备合著研究论文两项团队任务中，尽管绝对数值不同，对于资源的重要程度的排序却是相同的。这显示了在两项任务中，即使是本质和目标不同的两项任务，他们也有相同的协作的方面，即如何有效地交换信息和想法。学生的选择受到其日常所用的通信工具的影响。因此，电子邮件和即时通信是两种最重要的资源。这一点也被我们关于小组工作重要性特征的问题所证明，调查证明分享和交换文件的便捷程度是最重要的特征。

(3) 来自不同国家的调查对象之间有着显著的差异：①在查询定义、图书、文章和具体问题一类的个人简单问题时，中国大学生更多地依赖于传统的图书馆资源。②在复杂任务中，中国大学生或者给出与美国大学生无显著差异的分数，或给出明显高于其他资源的分数，比起美国的同龄者，似乎中国大学生认为这些资源在完成其复杂任务中更重要。③中国大学生在其协作式任务中更喜欢即时通信，这反映出即时通信在中国更流行。

总之，大学生在不同的学术任务中有不同的信息行为，且来自不同国家的大学生具有不同的信息行为。调查结果肯定了我们在不同学术任务、不同学生分组差异方面的假设。这是我们研究的主要成果，同时也指出，针对不同任务中的学生我们应当采取不同的对策，研究他们在某项具体任务中的行为。

第五节　本章小结

本章就两类网络学术信息资源——数字图书馆和新型网络学术信息资源，展开了多语言用户需求与行为调查。第二节的调查显示，用户对多语言学术信息有较强的需求，不同类型用户对数字图书馆提供的多语言学术信息服务有不同程度的要求，用户提出的具体需求将指导数字图书馆的建设。第三节的调查显示，无论是为了完成个人学术任务还是团队学术任务，大学生普遍认为新型网络学术信息资源比较重要，且不同国家的用户对网络信息资源使用的偏好也不同，但这些新型网络学术信息资源的质量有待制约。

在下一章，我们将重点针对新型的多语言网络学术信息资源，分析其表示方法，即标签的质量，并提出规范控制和挖掘利用的方法。

本章参考文献

[1] Borgman C L. Scholarship in the Digital Age：Information，Infrastructure，and the Internet [M] . Cambridge，Mass：MIT Press，2007.

[2] Anderson P. All that glisters is not gold：Web 2.0 and the librarian [J] . Journal of Librarianship & Information Science，2007，39 (4)：195-198.

[3] Ingwersen P，Järvelin K. The Turn：Integration of Information Seeking and Retrieval in Context [M] . Heidelberg：Springer，2005.

[4] Fisher K E，Julien H. Information behavior [J] . Annual Review of Information Science and Technology，2009，43 (1)：2-73.

[5] Majid S，Tan A T. Usage of information resources by computer engineering students：a case study of Nanyang Technological University，Singapore [J] . Online Information Review，2002，26 (5)：318-325.

[6] Becker N J. Google in perspective：understanding and enhancing student search skills [J] . New Review of Academic Librarianship，2003，9 (1)：84-100.

[7] Dalgleish A，Hall R. Uses and perceptions of the World Wide Web in an information-seeking enviornment [J] . Journal of Librarianship and Information Science，2000，32 (3)：104-116.

[8] Drabenstott K M. Do nondomain experts enlist the strategies of domain experts? [J] . Journal of the American Society for Information Science and Technology，2003，54 (9)：836-854.

[9] Kerins G，Madden R，Fulton C. Information seeking and students studying for professional careers：the cases of engineering and law students in ireland [J] . Information Research，2004，10 (1)：208.

[10] Mittermeyer D，Quirion D. Information literacy：study of incoming first year undergraduates in quebec [C] . The Conference of Rectors and Principals of Quebec. Universities，Montréal，2003.

[11] Lindsay W，McLaren S. The internet：an aid to student research or a source of frustration? [J] . Journal of Educational Media，2000，25 (2)：115-128.

[12] Liu Z. Perceptions of credibility of scholarly information on the Web [J] . Information Processing and Management，2004，40 (6)：1027-1038.

[13] Maybee C. Undergraduate perceptions of information use：the basis for creating user-centered student information literacy instruction [J] . The Journal of Academic Librarianship，2006，32 (1)：79-85.

[14] Ajiboye J O，Tella A. University undergraduate students' information seeking behaviour：implications for quality in higher education in africa [J] . The Turkish Online Journal of Educational Technology，2007，6 (1)：40-52.

[15] The Electronic Publishing Initiative at Columbia (EPIC) Online Survey of College Students：

Executive Summary [EB/OL] . http://www.epic.columbia.edu/eval/find09/find09.html. [2011-4-28] .

[16] Martin J. The information seeking behavior of undergraduate education majors: does library instruction play a role? [J] . Evidence Based Library and Information Practice, 2008, 3 (4): 4-17.

[17] Colon-Aguirre M, Freberg K, Allard S. Perceptions and uses of google scholar among undergraduate students [C] . "Science Communication and Information Research" 33rd Annual Research Symposium College of Communication and Information. The University of Tennessee, Knoxville, 2011.

[18] Zaheer S, Zaheer A. Country effects on information seeking in global electronic networks [J] . Journal of International Business Studies, 1997, 28 (1): 77-100.

[19] Souchon A L, Diamantopoulos A, Holzmüller H H, et al. Export information use: a five-country investigation of key determinants [J] . Journal of International Marketing, 2003, 11 (3): 106-127.

[20] Liao Y, Finn M, Lu J. Information-seeking behavior of international graduate students vs. American graduate students: a user study at Virginia Tech 2005 [J] . College & Research Libraries, 2007, 68 (1): 5-25.

[21] Valentine B. Undergraduate research behaviour: using focus groups to generate theory [J] . Journal of Academic Librarianship, 1993, 19 (5), 300-304.

[22] Griffiths J R, Brophy P. Student searching behavior and the Web: use of academic resources and Google [J] . Library Trends, 2005, 53 (4): 539-554.

[23] Seamans N H. Student perceptions of information literacy: insights for librarians [J] . Reference Services Review, 2002, 30 (2): 112-123.

[24] Whitmire E. Disciplinary differences and undergraduates' information-seeking behavior [J] . Journal of the American Society for Information Science and Technology, 2002, 53 (8): 631-638.

[25] De Rosa C, Cantrell J, Cellentani D, et al. Perceptions of libraries and information resources [C] . OCLC Online Computer Library Center, Inc. Ohio, Dublin, 2005.

[26] Nicholas D, Huntington P, Jamali H R, et al. Student digital information-seeking behaviour in context [J] . Journal of Documentation, 2009, 65 (1): 106-132.

[27] Korobilia S, Malliaria A, Zapounidoub S. Factors that influence information-seeking behavior: the case of greek graduate students [J] . The Journal of Academic Librarianship, 2011, 37 (2): 155-165.

[28] Poltrock S, Dumais S, Fidel R, et al. In information seeking and sharing in design teams [C] . Paper Presented at The ACM Conference on Supporting Group Work (GROUP' 03), Sanibal Island, FL. 2003: 239-247.

[29] Reddy M, Jansen B J. Learning about potential users of collaborative information retrieval system [C] . Joint Conference on Digital Libraries Pittsburgh, PA, 2008.

[30] Talja S. Information sharing in academic communities: types and levels of collabora-

tion in information seeking and use [J] . New Review of Information Behavior Research，2002，3：143-159.

[31] Talja S. Supporting scholars' collaboration in document seeking，retrieval and filtering，proceedings of the workshop on computer supported scientific collaboration [C] . Eight European Conference on Computer Supported Cooperative Work. Helsinki，Finland，2003.

[32] Sonnenwald D H，Maglaughlin K L，Whitton M C. Designing to support situation awareness across distances：an example from a scientific collaboratory [J] . Information Processing and Management：an International Journal，2004，40 (6)：989-1011.

[33] Blake C，Pratt W. Collaborative information synthesis [C] . Asist 2002. The 65th Asist Annual Meeting，2002，3：44-56.

[34] Hansen P，Järvelin K. Collaborative information retrieval in an information-intensive domain [J] . Information Processing and Management，2005，41：1101-1119.

[35] Reddy M，Jansen B J. A model for understanding collaborative information behavior in context：a study of two healthcare teams [J] . Information Processing and Management，2008，44 (1)：256-273.

[36] Sonnenwald D H，Pierce L G. Information behaviour in dynamic group work contexts：interwoven situational awareness，dense social networks and contested collaboration in command and control [J] . Information Processing and Management，2000，36 (3)：461-479.

[37] Procter R，Goldenberg A，Davenport E，et al. Genres in support of collaborative information retrieval in the virtual library [J] . Interacting with Computers，1998，10：157-175.

[38] Hodgkinson D M. Collaborative behavior amongst LIS students [J] . Education for Information，2006，24：125-138.

[39] Lazonder A W. Do two heads search better than one? Effects of student collaboration on web search behaviour and search outcomes [J] . British Journal of Educational Technology，2005，36 (3)：465-475.

[40] Corich S，Kinshuk，Hunt L M. Using discussion forums to support collaboration [C] . Third Pan Commonwealth Forum on Open Learning，2004.

[41] Larkin-Hein T. On-line discussions：a key to enhancing student motivation and understanding? [C] . 31st ASEE/IEEE frontiers in Education Conference，2001.

[42] Arms W. Digital Libraries [M] . Cambridge：MIT Press，2000.

[43] Gey F C，Kando N，Lin C Y，et al. New directions in multilingual information access：SIGIR2006 workshop report [C] . ACM SIGIR Forum. 2006，40：31-39.

[44] Borgman C L. Multi-media，Multi-cultural，and Multi-lingual digital libraries，or how do we exchange data in 400 languages? [J/OL] . http：//www. dlib. org/dlib/june97/06borgman. html. [2011-10-15] .

[45] Bian G W，Chen H H. Cross language information access to multilingual collections on the internet [J] . Journal of the American Society for Information Science，2000，51：281-296.

[46] Evans D A. R&D to practice-challenges to multilingual information access in the real

world [C] . A Workshop of SIGIR 2006. Seattle，WA，2006.

[47] Magnus J R，Polterovich V M，Danilov D L，et al. Tolerance of cheating：an analysis across countries [J] . The Journal of Economic Education，2002，33 (2)：125-135.

[48] Ramirez J M，Andreu J M，Fujihara T. Cultural and sex differences in aggression：a comparison between Japanese and Spanish students using two different inventories [J] . Aggressive Behavior，2001，27 (4)：313-322.

第三章

多语言网络学术信息标签规范与挖掘

本章将主要探讨 Web2.0 环境下的网络学术信息资源——图书标注系统、学术论文标注系统、学术博客中的社会标签，通过中英文学术资源网站的社会标签规范性测评实验，分析多语言网络学术信息标签的规范控制方法，以及社会标签对多语言网络学术信息检索的作用。

第一节　Web2.0 环境下的网络学术信息资源

信息和网络技术的发展对学术交流产生了巨大的影响，出现了多种新型的网络学术信息资源，产生了多种形式的学术交流。

一、图书标注系统

自古以来就有很多种图书标注方法[1]，如在书眉上批注读书心得、批语、订误、校闻和音注等，称为眉批；以书为对象，实事求是地、有识见地分析书籍的形式和内容，探求创作的思想性、学术性、知识性和艺术性，从而在作者、读者和出版商之间构建信息交流的渠道，称为书评；对图书的主要内容进行摘录，称为书摘；等等。然而，这些传统的标注图书的方法都无法使读者与他人分享自己的标注。于是在Web2.0环境下，社会标签作为一种社会性网络服务的工具被用于图书标注，并相应产生了一些图书标注系统。

在图书标注系统中，用户可以通过社会标签来收集、分类、聚合感兴趣的图书信息。同时，也能方便地与其他人分享自己的个人收藏，并从其他用户的收藏中进行信息采集，快速找到自己感兴趣主题的图书。还可以把具有相同兴趣的用户聚集在一起，使这些用户能够方便地找到能与之分享喜好的朋友。此外，图书标注系统还具有通过标签云显示热门图书，根据标签进行个性化检索等功能。

正是因为社会标签具有用户组织和分享标签，以及在任何一台联网电脑上都能进入标注网址的能力，图书标注网站通常非常吸引读者。目前的图书标注系统主要可以分为四类：社会编目（social cataloging）网站、网上书店、读书和书评网站，以及图书馆自建标注系统。

（一）社会编目网站

社会编目即允许用户编制个人藏书目录，使其为所有用户所知，并同有类似喜好的用户相连接。目前较流行的相关英文商业社会编目网站主要有：面向大众用户的社会编目网站LibraryThing（http：//www.librarything.com）、BookJetty（http：//www.bookjetty.com）、Gurulib（http：//www.gurulib.com）等；面向图书馆社会编目网站WorldCat（http：//www.worldcat.org）等。其中，LibraryThing是全球最大的存储和共享个人图书馆目录和书单的社会编目网站。截至2010年12月，其拥有超过124万用户、5786万余种在编图书、7000多万条标签，支持MARC及DC元数据集，通过Z39.50协议从包括美国国会图书馆、澳大利亚国家图书馆、大英图书馆等690所图书馆及Amazon网站获得书目信息。用户可免费编制小于200条记录的个人目录。

（二）网上书店

网上书店不仅可用于图书的在线销售，对图书的管理也更加合理化、信息化。目前，很多网上书店都开始使用社会标签这一工具管理图书信息以及用户信息。如大型的英文网上书店Amazon（http：//www.amazon.com）等，以及中文的网上书店如当当网（http：//www.dangdang.com）等，都提供用户对图书标注的功能。

（三）读书和书评网站

网络出版改变了人们的阅读习惯，越来越多的读者倾向于在线阅读。读书和书评网站就是为了用户阅读、收藏、评论、分享自己感兴趣的图书而建立的。这一类网站通常具有图书标注功能，是形成阅读社群的主要场所。此类英文网站主要有 Goodreads（http：//www. goodreads. com）、Shelfari（http：//www. shelfari. com）、aNobii（http：//www. anobii. com）、Bookcrossing（http：//www. bookcrossing. com）、weRead（http：//weread. com）、BooksWeLike（http：//bookswelike. co. uk）等，中文网站主要有豆瓣网（http：//www. douban. com）、门户网站读书频道（新浪、凤凰等）、谷歌图书（http：//books. google. com）、4020 电子书（http：//www. 4020. cn）、好书网（http：//www. haoshu. com）等，它们都具有大量的用户对图书标注所形成的社会标签。

（四）图书馆自建标注系统

图书馆自行开发的社会标注系统分为两类：一类是高校图书馆开发的学术性社会标注系统，如宾夕法尼亚大学图书馆开发的 PennTags、密歇根大学图书馆的 Mtagger 等；另一类是公共图书馆开发的大众性社会标注系统，如美国密歇根州 Ann Arbor 地区图书馆及康涅狄格州 Darien 图书馆的社会联机公共检索目录（social online public access catalog，SOPAC），田纳西州 Nashville 图书馆的青少年网络标签应用、Lewis&Clark 公共图书馆专门为读者开发的书签程序等。其中，PennTags 和 SOPAC 在这类系统中最具代表性。PennTags[2] 允许宾夕法尼亚大学社区成员标注站点、图书馆数据库中的文章及图书馆 OP AC 和视频目录中的记录，点击页面底端的“Add to PennTags”链接或使用 UPenn 工具栏/PennTags 书签收藏网页，用户便能在任何网页上将标签加入到个人标签空间。Ann Arbor 地区图书馆[3] 整合其 OPAC 的标注系统，建立了 SOPAC，标签显示在每条记录的右上方，目录主页的右侧还提供了“热门标签”的标签云，任何注册该图书馆账户的用户都能创造书签。此外，众多图书馆也在 Flickr、Delicious 等知名社会标签网站上建立了应用。据不完全统计[4]，包括美国国会图书馆在内的 230 余个图书馆在 Flickr 上建立本馆账户，展示图书馆活动及馆员工作的场景。Flickr 也建立了“图书馆与图书馆员”（libraries and librarians）专题，截至 2010 年 12 月 11 日，该专题已有 3543 名会员，36 413 张图片。

二、学术论文标注系统

学术论文作为一种特殊的网络信息资源，在传统的数据库中采用的是分类标引和主题标引等专业性较强的描述手段。而在 Web2. 0 环境下，学术标注模式已然发生了变化：从用户自己管理学术资源转变为用户分享各自的学术资源，出现了一些供用户标注与共享学术资源的系统。CiteULike、Bibsonomy 和 Connotea 是国外较为著名的三个学术论文标注系统，三者特点鲜明，各有优势。

（一）CiteULike

CiteULike[5]是一个免费的网络工具，可以对用户阅读的网上学术文章和书籍信息进行保存、分享、组织等，形成个人资料库。支持标签、RSS 订阅、设定优先权、内容输出到 BibTeX、EndNote 文献管理系统和由 BibTeX 输入内容，并支持按标签和作者查询以及用户组等服务。CiteULike 使用简单，注册后无需安装插件，如果是 PubMed、ScienceDirect 等学术数据库中的文章，收藏时点几下鼠标就可自动添加作者、期刊名、文章卷期、页码、出版商、摘要等信息，形成标准的引文格式。CiteULike 支持的学术网站较多，学术论文储存量大，约有 4 834 163 篇文章，每天新增 5314 篇。

（二）Bibsonomy

Bibsonomy[6]是一个分享书签和书单的系统，当用户在网上发现了一个书签或者出版物，可以存储在 Bibsonomy 的服务器上。用户可以自行添加标签以方便查找，可以随时随地找到自己的资料，也可以同其他人分享书签和出版物。Bibsonomy 支持标签、RSS、BibTeX 等功能。较为特别的是，它提供标签（tags）、作者（authors）、联系（relations）、群组（groups）、热门（popular）的快速入口，并利用字体、颜色表明受关注程度。

（三）Connotea

Connotea[7]是英国自然出版集团（Nature Publishing Group）所提供的一款免费的在线文献管理工具，主要针对研究人员、临床医生和科学家，旨在让这些特殊行业的人员能够快捷简便地查找阅读相关的工作资料。用户可以在 Connotea 中将书目数据存放在个人数据库中，链接到原文，并同其他用户分享书目和链接。用户还可以对文章添加评论和标签。同 Bibsonomy 一样，利用字体和颜色表明标签的热门度。

相比较以上几个学术论文标注系统而言，CiteULike 更为突出：支持的学术网站更多，数据库储藏量更丰富，网站更新迅速；支持群用户，利用标签聚集相同的用户群组，交互性更强；实现与学术数据库的无缝链接，更为便捷。因此，在本章的实验中，我们选取 CiteULike 作为实验工具。

三、学术博客

作为新环境下重要的信息组织形式之一，博客通过用户参与，发表新知识，和其他用户内容链接，进而非常自然灵活地组织网络信息及内容。博客不仅是用户发布个人信息的场所，近年来也被广泛用于学术交流，成为网络学术信息交流非常重要的组成部分。

根据博客在网络中双向互动、超文本链接、动态更新、容易获取等特点，其对学术交流有着以下积极影响[8-10]。

（1）增强学术交流的交互性。博客的盛行为网络用户提供了友好的交流平台，对于学者来说，进行学术交流更为便利和快捷，能在网络帮扶下，快速捕捉博主的学术动态。对于普通用户来说，也可通过博客中自由评论等方式与博主交流观点，从而达到集思广益的效果，进而更加有利于扩展学术思路以及学术成果的影响范围。

（2）加快学术交流速度。网络的更新速度很快，因而时效性很强。在以博客为平台的学术交流模式中，此特点体现得尤为明显。一旦博主通过发布最新博文或者接收到最新评论，人们通过网络及时获取相关信息，往往可以提供比传统媒体更新、更及时、更接近真实、基于自身体验和观察的第一手资料。博客的出现使得学术界的各种信息能得到更为及时有效的传递。

（3）丰富开放存取学术信息资源。博客是开放存取的一种重要的模式，其对信息资源的共享和交流的注重使得学术交流更加自由化、开放化、公益化。以博客为平台传播的学术信息资源和开放存取期刊、电子预印本、开放仓储等一样都具有“科学信息的免费获取、便捷快速的获取形式、学术信息的实效交互性、学术信息的传播自由性”[11]等特性，丰富了开放存取学术信息资源。

以博客为平台，发布及讨论学术内容，具有学术交流价值的博客称为学术博客。学术博客一般有以下三种类型。

（一）学术机构建立的博客

一些学术机构，如图书馆、专业学会等建立了某个研究领域的博客，从而成为学术博客的一种。例如，华东师范大学图书馆的博客“编目精灵”（http：//catwizard. net）专注于文献编目领域，紧密跟踪国内外文献编目研究领域的进展，系统介绍国外编目研究报告；上海图书馆数字图书馆研究所的博客“数图研究”（http：//www. kevenlw. name）专注于数字图书馆领域，系统跟踪国外数字图书馆研究进展。在后面我们的实验数据中，统计得到的中文学术博客中有 45 个学术机构建立的博客。

（二）学术会议建立的博客

由于博客可作为一种比较好的交流方式，现在一般专业学术会议召开前后，会建立相关博客，将学术论文贴在相应模块中，或者展开某一个专题的讨论。这类博客也是学术博客的一种。例如，中国研究生媒体联席会议的博客（http：//cpmjc. blog. 163. com）是搭建中国研究生媒体交流与合作的稳固平台，该会议每年召开一次，在该博客中发表相关学术论文，使得会议成员互助合作，进行充分的学术交流。

（三）专家建立的博客

专家个人建立的博客数量众多，其发表的博文多具有较高的专业学术价值。此类博客博主在某领域属于专家，博文具有广泛的影响力，被引用的次数较多，成为某领域典型的学术博客的一种。例如，科学网（http：//www. sciencenet. cn）就是一个以学术交流为主的博客社区；再如新浪博客中的“图林博客圈”（http：//q. blog. sina. com. cn/library）集聚了图书馆学领域内关于图书馆学术、图书馆事业、图书馆文化、图书馆生活、图书馆资讯等方面专家的博文。

第二节　社会标签——网络学术信息表示的新方法

社会标签[12]，又称协同标签（collaborative tagging），是 Web2. 0 时代信息服务的特征之一，其前身可追溯至 1996 年 4 月推出的 itList。随着博客和个人化网络的发展，传统的集成化门户网站已不能满足用户的信息获取，双向沟通等网络互动交流形式成为发展趋势，社交性书签服务应运而生。2003 年年末，美国 Delicious 网站率先推出社会标签服务，并创造了“social bookmarking”这一概念，使利用社会标签为网页及其他资源标注迅速成为潮流。

社会标签作为 Web2. 0 的核心应用之一，是一种用户驱动和群体交互式的标引机制，允许用户对资源赋以个性化标签，并可通过标签的聚合和相关度来实现信息组织。社会标签以自由分类法为基础，实现了大众参与信息组织的过程，促使用户从网络信息资源的创造者、消费者，转变为信息资源的描述者、组织者。社会标签大量采用自然语言，打破受控语言的限制，从而实现了对图片、视频等非文本信息的标引。社会标签允许用户从多样化、个性化的角度揭示、组织、管理信息资源，浅显的标签词汇便于其他用户的理解和查找，提高了被标注信息的利用率。此外，信息用户可以通过相同的标签建立群组，分享感兴趣的内容，交流心得。社会标签共享的不是资源本身而是对资源的描述，其设计初衷是为用户提供一个组织、存储、管理和检索个性化信息的简便方法。随着社会化网络的兴起，社会标签以其能共享、浏览、检索其他用户标注的资源等功能，成为社会性网络服务（social networking services，SNS）的主要工具之一。

社会标签被广泛应用于图书、网页、视频、图像、光盘等各类型资源的标引和聚类，学术资源的组织与描述便是其中之一。

一、社会标签在网络学术信息表示中的作用

（一）图书标注的作用

1）有利于更全面、准确地揭示图书的内容和形式特征

标签通常是简短、易懂的语词，形式灵活；某一本书下的多个标签之间呈平行关系，具有同等权重；标签的数量通常无限制；添加标签的用户往往已通读过全书，对其内容较为了解，标引的准确度较高。

2）改进了内容交叉、重叠的图书的信息组织

系统通过匹配标签，将相似度较高的标签进行聚类、分组，并通过网络形成互链，使标签间的关联增强，用户可以输入不同的语词，从不同的角度查找到同一本书及与之相关的图书，图书间联系趋于紧密。

3）体现了集体智慧和以人为本的理念

标签的添加简便，从而充分发动了广大网络用户的力量，是一种网络协作式、表达个人想法的新型信息组织、揭示模式；通过了解他人使用的标签，每位用户都能找到志同道合的书友，分享自己的阅读心得和体会，并及时获取自己感兴趣领域的图书信息。

4）有助于查找同属某一主题或在某方面具有相似或相同点的图书

在系统中点击任意一个标签，就能一网打尽使用了该标签的所有图书。此外，标签中包含不少新的术语、名词，动态性强[13]。

（二）学术论文标注的作用

1）组织和揭示学术资源

传统的学术资源，尤其是学术论文的描述手段主要是分类法、主题法等。虽然受控词汇具有较强的专业性，但是由于词表的局限、专业人员知识有限等问题，往往不能全面揭示学术论文的内容，如科学数据、图形图表等。因此，由用户根据需要，提供个性化标签以描述学术论文的方法，更加直白、多样化，

也提供了多角度、深层次挖掘学术信息的可能，特别是针对隐性信息。

2）聚合学术资源和用户

利用相同的标签，能将具有相同特性，如学科领域、专业知识、形式特征等的学术资源聚合起来，点击标签的链接即可查询该类学术资源。此外，社会标签也反映了用户的兴趣及需求，将分散的用户联系起来，进一步扩大资源共享的范围。

3）挖掘学术热点与新领域

不同标签下标注的学术论文数量差别很大，热门度高的标签揭示了用户关注度高、兴趣浓厚的学科点。同时观察活跃用户收藏标签、标注文献的变化，也能发现学科热点和新的学科领域。

4）加强用户间的学术交流

在学术标签系统中，用户可以通过标签评价学术论文，推荐给其他用户。热门标签也能引导用户找到符合需要的学术资源。而社会标签简洁直白的表达方式，也能帮助其他用户加深对于学术资源的理解，促进学术交流。

（三）学术博客标注的作用

1）组织博文

用户对博文标注时，首先需要对博文内容进行主题分析，形成若干能代表博文主题的概念，其次用自然语言的词语把分析出来的主题概念标识出来，直接表达博文信息的主题内容。例如，中文博客“竹帛斋主”程焕文的博文《诚邀李英强来广东讲述立人乡村图书馆》的标签是“李英强、立人图书馆、乡村图书馆、免费服务、公共图书馆、教育”[14]，便将此篇博文的主要内容进行了清晰、简明的组织，使得读者能够迅速捕捉博文主要信息。再如英文博文 *Library Professional Development* 的标签为：“acrl（136）；ala（26）；amigos（12）；business（10）；CE（9）；copyright（39）；……”[15]，同中文博文相同，每个标签均有链接，可以将此文的相关信息组织起来，集中显现。

2）检索博文

用自然语言标注博文不仅能够揭示、组织博文，更有利于检索相关信息。在主题标引的基础上进行检索是从博文语义方面和文献客观描述形式来组织博文的。它可以直接从事物、问题和对象入手对博文进行特性和族性检索，直观性强、动态性好，便于随时检索到最新信息。读者只需点击任意标签，均可链接到相关信息。例如，上述中文例子中的标签“乡村图书馆”或英文例子中的标签“acrl”，均可检索出其相关网络信息。

二、社会标注与主题标引的比较

社会标签是用户对各种资源进行社会标注的结果。与传统的主题标引相比，虽然社会标注这一概念出现的时间尚短，但究其本质，二者都是以词为单位且以揭示信息资源内容与形式特征为目的的元数据创建方式。对二者进行比较分析，不难得出其各自的不同点[16,17]，如表 3-1 所示。

表 3-1　社会标注与主题标引的差异

比较项	社会标注	主题标引
控制形式	无	主题词表、本体库
控制机构	非专业人员	专业标引机构
受控程度	较低	较高
组配类型	后组式	先组式
专指度	较低	较高
自由度	较高	较低
等级	较松散	较严格
词的来源	自然语言	受控词汇
控制目的	管理和共享	科学和准确

由表 3-1 不难得出，主题标引使用主题词表中的主题词（即表达资源主题的若干规范词汇）来标识资源，这些词都是受控词汇，消除了自然语言中的歧义，保证了语义的准确性，并人工预先为类目或词汇之间建立、定义特定的关系，如等级关系、相关关系等，较好保障了信息检索的检全率和检准率。而社会标注由普通网络用户创造，目的是用于标引和检索网络环境下海量分布、动态变化的信息资源，并揭示其内外部特征，其完全使用自然语言，没有预先制定的词间关系，具有无序性和随意性[18]。因此，利用主题法思想对社会标签进行规范控制，是当今网络信息资源组织与检索的新要求。

在对学术信息资源进行社会标注和主题标引过程中，涉及几个相近的概念：社会标签、主题词、标引词和关键词。社会标签是用户基于自由分类法，利用自然语言揭示、组织信息资源的个性化标签，通常是词或词组。主题词又称叙词，基于主题词表，在标引和检索中用以表达资源信息主题的规范化的词或词组。标引词是图书馆员或专家从主题词表里面选出来的用于标引资源内容特征和形式特征的主题词。关键词则是作者为了文献标引工作从论文标题、摘要、正文中选取出来的用以表示全文主题内容信息款目的自由词。对这几个概念的辨析见表 3-2。

表 3-2　社会标签、主题词、标引词、关键词比较

		社会标签	主题词	标引词	关键词
不同点	提供者	任何用户	特定专家	图书馆员或专家	作者
	描述对象	网络信息资源	文献资源	文献资源	文献资源
	语言性质	自然语言，基于自由分类法	受控语言，基于主题词表	受控语言，基于主题词表	自然语言，基于文献标题、摘要、正文
	规范性	不规范	规范性强	规范性强	不规范
	动态性	动态变化	静态周期长	静态周期长	静态周期长
	结构	平面无阶层结构	显示词之间的等级结构、相关关系	显示词之间的等级结构、相关关系	平面无阶层结构
相同点	以某种信息资源标引语言（受控语言/自然语言）为基础；以词或词组为主要形式；以揭示、组织信息资源为目的；反映信息资源的内容或形式特征				

如表 3-2 所示，社会标签、主题词、标引词和关键词的不同点体现在以下方面。

（1）提供者：社会标签充分展示了大众参与信息资源创建与组织的特点；主题词和标引词同为受控语言，对使用者专业能力要求较高，仅由专业人员提供；关键词是自由词，但提供者身份特殊，仅为作者。

（2）描述对象：社会标签的描述对象多样化，为一切网络信息资源，可以是文本信息，也可以是音频、视频、图片等资源；主题词、标引词、关键词的描述对象较为单一，专门针对文献资源，如图书、论文、报告等，但当文献资源电子化后，也可在网上获取。

（3）语言性质：社会标签和关键词都使用自然语言；主题词和标引词都是基于主题词表的受控语言。

（4）规范性：社会标签单凭提供者的判断和兴趣需要，规范性较差；关键词往往出自文献的标题、摘要、正文等处，有一定的要求；主题词和标引词在词性、词义、词量上受主题词表的控制，具有规范性、唯一性、专业性的特点。

（5）动态性：社会标签是动态变化的，用户可以任意对网络信息资源提供标签，也可以修改、删除已创建的标签，标签的数量也没有限制；主题词随着主题词表的修改而变化，但变化幅度很小，且主题词表修改周期长；标引词和关键词相对于某一篇被标引文献而言是不变的。

（6）结构：自由分类法没有等级体系结构，而主题词表等级结构严格，这决定了社会标签和主题词、标引词结构的不同。

社会标签、主题词、标引词和关键词在形式、内容、目的上有其共通之处。其相同点表现在：①以某种信息资源标引语言（受控语言/自然语言）为基础；②以词或词组为主要形式；③以揭示、组织信息资源为目的；④反映信息资源的内容或形式特征。

第三节　中英文学术资源网站的社会标签规范性测评实验——以图书情报领域为例

社会标签被应用于学术资源的组织与描述，成为网络学术信息表示的新方法。但这种表示方法的规范性如何还有待考证。本书将以图书情报领域（library and information science，LIS）为例，从图书标注系统、学术论文标注系统、学术博客这三类网站中分别选取若干有代表性的中英文网站，对比其社会标签与主题词表的重合度，来研究网络学术信息标签的规范性，并对比这三类学术资源网站的中文标签与英文标签表示方法的异同。

一、图书标注的规范性测评

为探究学术图书标注的规范性情况，笔者于 2010 年 7 月至 8 月以图书情报领域为例，进行了中英文学术图书标签与主题词表对比实验，并运用 SPSS 和 Excel 软件对实验结果进行统计分析。

（一）实验目的

我们的主要研究目标是探讨社会标签与受控语言的标引和组织之间的关系。本研究的创新之处在于，我们的主要研究对象是图书情报领域中的社会标签和主题词间的关系。现有文献大多只是基于一般网络情境下的研究。然而，在不同的领域会有一些具体的要求和存在一些在一般网络情境下不会被揭示出来的问题。图书情报领域具有用受控词汇手动标引的悠久传统，还有许多发达的图书标注系统如 LibraryThing，它有许多在线用户，这些新用户是领域内的专家也是有经验的网络用户。因此，第一个研究问题是：

R1. 当社会标签与传统的受控词汇如美国国会图书馆主题词表（library of congress subject heading，LCSH）被应用于图书情报领域中的图书标注时，它们将呈现怎样的关系？

另外，我们是基于两种不同语言（英语和汉语）来研究它们的关系。社会标签是全球范围的网上活动，尽管现有的有关社会标签与受控词汇关系的研究已经很多，但有关基于不同语言的比较的研究几乎没有。因此，第二个研究问题是：

R2. 社会标签与传统的受控词汇如美国国会图书馆主题词表（LCSH）应用在图书情报领域中的图书标注，英语标注和汉语标注之间有何不同？

最后，我们要探究将社会标签用于丰富和更新受控词汇的可能性，所以第三个研究问题是：

R3. 在哪些方面可以使得社会标签和专家创建的主题词之间相互补充?

(二) 数据采集方法

尽管我们的研究专注于图书情报领域，但需要收集的数据仍然很多。因此，我们采取了有针对性的抽样策略[19]。根据对 iSchools 的研究兴趣的统计结果[20]我们选取了图书情报领域的 50 个英文检索词（见附录 5），这些关键词代表了图书情报领域中当前的研究重点。用这 50 个关键词来有目的地创建我们的数据集能最大限度地扩展“识别新出现的主题时能充分考虑到情境因素和文化规范”[19]的能力。以下是数据的收集过程。

第一，获取中英文社会标签。在英文社会标签方面，我们使用了英文图书标注系统——LibraryThing（http：//www. librarything. com）来获取英文标签。LibraryThing 是一个在线服务网站，它帮助人们轻松地对他们的图书进行网上编目，并与他人共享目录成果。我们在 LibraryThing 上对这 50 个关键词进行搜索，找到了图情领域中我们认同的 500 本英文图书，并保证其中的每本书都含有至少一个标签。在中文社会标签方面，我们使用了中文图书标注系统——豆瓣（http：//www. douban. com）来获取中文标签。豆瓣是最大的中文社交网络和标注网站，其中图书部分被称为“豆瓣读书”，这项历史悠久的服务目前已拥有数百万的用户。我们将这 50 个关键词翻译成中文（见附录 5），并在豆瓣上进行搜索。同样的，我们也收集了 500 本中文书，并要求每本书都含有至少一个标签。

第二，获取相应的中英文主题标引词。我们使用了所获取图书的 ISBN 项作为其唯一标识，然后分别在美国国会图书馆的 OPAC 检索英文书籍和在中国国家图书馆的 OPAC 检索中文书籍。再根据每本书的 MARC 记录获取主题标引词。图 3-1 显示了部分美国国会图书馆使用的 USMARC 记录和中国国家图书馆使用的 CNMARC 记录的示例。

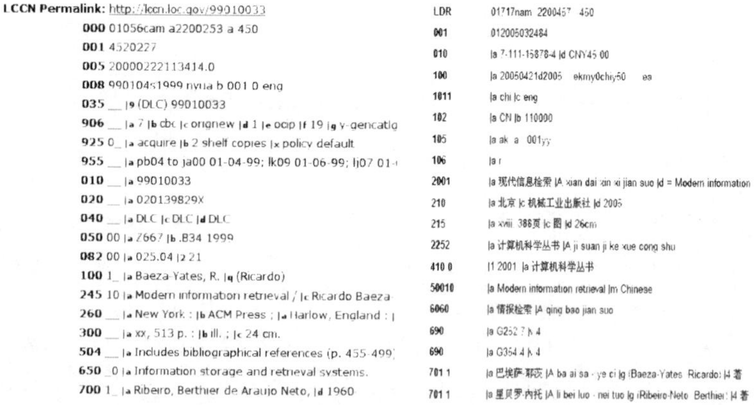

（a）USMARC 记录的一个示例　　（b）CNMARC 记录的一个示例

图 3-1　图书 MARC 记录

我们只把焦点放到USMARC的650字段（主题标引字段）和CNMARC的606字段（主题标引字段）。这两个字段的主题词通常是由编目专家基于公认的主题词表如美国国会图书馆主题词表（LCSH，http：//authorities.loc.gov/cgi-bin/Pwebrecon.cgi? DB=local&PAGE=First）和中国分类主题词表（CCT，http：//cct.nlc.gov.cn/login.aspx）来选定的。MARC记录没有606或650字段的书将被其他含有该字段的书替换。我们承认606和650字段不是CNMARC或USMARC中记录的主题信息的唯一字段，但由于我们是从大数据集合中进行抽样，我们可以专注于通过MARC记录的606字段或650字段来提取主题信息。

(三) 数据分析方法

在对收集到的数据进行分析之前，我们先对数据进行了预处理。在社会标签方面，我们手动地将标签分为客观标签（objective tags）和主观标签（subjective tags）。客观标签被定义为描述一本书的内容或主题的术语，例如，“信息检索”和“网页设计”是两个客观标签。而主观标签通常是描述个人主观情感（如“喜欢”“收藏夹”）、个人状态（如“阅读”“未读”“2009年阅读”和“拥有”）、书的物理特征（如“精装”和“平装书”），以及版本信息（如“第一版”）等的术语。我们一共收集了5241个英文标签（包括3403个客观标签和1838个主观标签）和2628个中文标签（包括1972个客观标签和656个主观标签）。

无论是来源于LCSH还是CCT，我们所获得的MARC字段都可以进行细分。这些子部分包括有关主题、时间顺序、地理和信息构成的子字段。每个子字段中包含的术语被视为单独的关键词。类似于社会标签的分类方法，我们将标引词进一步分为与内容相关的标引词和与形式相关的标引词（这里简称为内容标引词和形式标引词）。由于子字段的存在，我们不需要对其进行手工分类。我们将USMARC的650字段和CNMARC的606字段的所有术语视为内容标引词，而将除此之外的子字段的所有术语视为形式标引词。我们一共收集了1705个英语标引词（其中包括1107个内容标引词和598个形式标引词）与1494个中文标引词（其中包括1069个内容标引词和425个形式标引词）。

此外，对于那些与内容标引词不匹配的客观标签，我们将它们直接与LCSH和CCT进行比较。任何与主题词表直接匹配的标签也会被记录。我们一共确定了属于此类别的1125个英文标签和699个中文标签。

我们主要采用以下定量方法进行数据分析：描述性信息统计方法（如百分比、标准差、最大值和最小值）、相似分析方法（如Jaccard系数）和相关分析方法（如Spearman系数）。

（四）实验结果分析

1. 整体集合层面上社会标签和标引词的分析

从1000本图书中收集到的社会标签和标引词中，删除不符合的，我们最终确定了3781个不重复的社会标签和1116个不重复的标引词。从表3-3中可以看到，英文图书中不重复的社会标签的数量远远大于标引词的数量（2507∶721）。同样的，中文图书中社会标签的数量与标引词的数量的比为1274∶395。我们认为造成这个结果的原因可能存在几个方面。由于社会标签是不受控制的，它们是由许多未经训练的用户来进行创造的，且对于每一本图书的标签分配也没有数量限制。相比之下，标引词是由受过专业训练的信息专业人员基于受控的主题词表来进行选择的，且每一本图书的标引词的数量往往会有一定限制。

表3-3　整体集合层面的不重复的标签与标引词数量

项目	英文图书	中文图书
所有标签	2507	1274
客观标签	1637	854
主观标签	1078	471
主观标签和客观标签中的重叠标签	208	51
所有标引词	721	395
内容标引词	529	352
形式标引词	218	58
内容标引词与形式标引词中的重叠词	26	15

表3-3也揭示了无论是英文图书还是中文图书，客观标签的数量大于主观标签的数量，在英文图书中是1637∶1078，在中文图书中是854∶471。同时，两种语言中内容标引词的数量大于形式标引词的数量，英文图书是529∶218，中文图书是352∶58。这表明：无论是使用社会标签的普通网络用户还是使用标引词的图书馆专业人员，相比而言他们都更关心一本图书的内容。当然，我们也意识到我们通过手动分类的方式将社会标签分为客观标签和主观标签会存在一些不一致性，这也是导致两种语言中客观标签和主观标签产生重叠的重要原因。然而，在所有的标签中，重叠标签只占8.3%，因此，我们不认为这种不一致会导致我们的结果无效。有意思的是，我们从表3-3中可以看到内容标引词和形式标引词中也存在重叠的词，这表明，即便是专业人员的标引也会存在不一致的问题。当然，在这种情况下，重叠的部分所占的百分比小很多，重叠的主题词只占全部主题词的3.6%。

在英文和中文图书中，无论是所有标签、客观标签还是主观标签，它们在英语图书中的总数都几乎是在中文图书中的两倍。这当中的原因可能有多个。第一，英文图书的来源是LibraryThing，而中文图书的来源是豆瓣网。也许LibraryThing 的用户更为活跃，更倾向于给每一本书分配更多的标签。第二，LibraryThing 可能比豆瓣拥有更多的用户，所以在 LibraryThing 与豆瓣网中，LibraryThing 的一本图书有更多标签的概率比较大。第三，也可能是由于不同语言具有不同特点，相对于中文而言，英文的语言特性可能需要我们用更多的单词来描述同样数量的信息，从而导致英文标签比中文标签多。同时我们也发现，英文标引词同样比中文标引词多，因此，我们倾向于认为导致这种差异的原因可能是不同语言特征的差异性，以及 USMARC 与 CNMARC 的编目著录规则的差异性。有关这个问题还需要进一步的研究。

2. 个体图书层面上社会标签和标引词的分析

除了从整体集合角度进行研究，我们也从单本图书的个体层面进行分析，通过计算平均值、标准差、最大值、最小值来对每本图书的所有标签、客观标签、所有标引词和内容标引词来进行分析，结果如表 3-4 所示。

表 3-4　每本图书的标签和标引词数量

项目	平均值		标准差		最大值		最小值	
	英文	中文	英文	中文	英文	中文	英文	中文
所有标签	10	5.28	9.94	2.59	31	11	1	1
客观标签	6.81	3.95	6.93	2.34	30	8	0	0
所有标引词	3.41	2.99	2.14	1.13	15	6	0	0
内容标引词	2.21	2.14	1.49	0.97	12	5	0	0

从表 3-4 中可以看出，每本图书的社会标签的数量多于标引词，客观标签的数量也多于内容标引词。社会标签的差异性也比标引词显著，这可以从标准差、最大值与最小值之间的较大差值反映出来。从平均值可以看出，每本图书的客观标签在所有标签中所占比例较大（英文图书为 68%，中文图书为 75%）；每本图书中内容标引词占所有标引词的比例略低（英文图书为 65%，中文图书为 72%）。

相比英文图书和中文图书可以看出，每本中文图书的标签的平均数是 5.28，远低于每本英文图书标签的平均数 10；同时每本中文图书的客观标签的平均数是 3.95，同样低于英文图书的平均数 6.81；它们之间标准差的比值是 9.94∶2.59，最大值的比值是 31∶11，这反映了每本英文图书标签的数量比中文图书变化更大。

3. 整体集合层面上社会标签与标引词重合率的分析

我们从整体集合层面对社会标签和标引词之间的重合率进行了进一步分析。在词语的比较过程中，重复词被定义为表面形式相同的词，没有任何语义层次的匹配和进一步的自然语言处理。例如，社会标签“library administration”和标引词“library administration”被认为是重复的，但标签“computers”和标引词“computer”被认为是不同的，即便它们有相同的含义。

首先，我们将出现频率最高的客观标签与内容标引词进行比较。表 3-5 揭示了排名前 20 位出现频率最高的客观标签和内容标引词。

表 3-5 排名前 20 位出现频率最高的客观标签和内容标引词（括号内的数字表示频率）

	英文图书	中文图书
客观标签	library science (61); library (41); information technology (41); computers (38); business (36); libraries (35); information (32); technology (32); ebook (31); history (30); information science (29); internet (29); management (28); librarianship (28); computer science (27); cataloging (25); computing (24); programming (22); database (22); science (20); computer (20)	图书馆学（46）；管理（44）；图书馆（40）；知识管理（32）；历史（28）；计算机（24）；信息（23）；互联网（22）；信息管理（22）；商业（18）；竞争情报（18）；文献学（18）；艺术（18）；目录学（18）；搜索引擎（17）；知识产权（17）；信息检索（17）；社会学（17）；经济学（16）；文化（15）
内容标引词	information technology (35); human computer interaction (24); data mining (24); metadata (22); management information systems (20); electronic commerce (17); computer networks (16); computer security (16); database management (15); information storage and retrieval systems (14); knowledge management (14); digital libraries (12); information literacy (11); business enterprises (11); information services (10); information organization (10); web sites (10); internet in public administration (9); electronic government information (9); library administration (9); cataloging (9); information retrieval (9); internet (9)	中国（73）；企业管理（64）；情报检索（41）；信息管理（30）；现代（25）；知识经济（24）；计算机网络（21）；信息工作（19）；市场竞争（18）；世界（17）；互联网络（17）；电子商务（16）；管理信息系统（15）；基本知识（15）；知识产权法（14）；图书馆工作（14）；古籍（12）；数字图书馆（12）；信息系统（11）；美国（11）；知识产权（11）

在英文客观标签与内容标引词之中，多数是唯一的客观标签或是唯一的内容标引词。只有 3 个术语——“information technology”“cataloging”和“internet”同时属于这两种类型。我们知道标引词往往是由多个单词的短语组成，在表 3-5 中只有 3 个英文的内容标引词是单个单词的术语。与此相反，表 3-5 中的大多数英文客观标签只包含单个的词，其中只有 4 个是多词短语。这反映了客观标签和内容标引词之间仍存在不同用途。标签依旧主要用于对网上信息资源进行组织和分类以供个人使用，而标引词是专业人士用来分类和标引的专业工具。我们从表 3-5 可看出标签是不受控制的，“computers”“computing”和“computer”基本上表示相同的含义，但以不同的形式存在。

在中文客观标签与内容标引词之间，我们观察到二者存在一些相似性但也存在差异性。首先，表 3-5 中大多数客观标签和内容标引词是唯一的，同时属于这两种类型的只有两个术语：“情报检索”和“知识产权”。然而，客观标签和内容标引词的长度没有显示太大的差别。表 3-5 中的客观标签的平均长度是约 3 个字符，而内容标引词的平均长度是 4 个字符。

我们也观察到英文图书和中文图书的相似性。表 3-5 中的客观标签所包含的术语涉及更广泛的学科，如“图书馆科学”“历史”“商业”“艺术”“社会学”“经济学”等学科。然而，表 3-5 中的内容标引词往往是指更具体的主题，例如图书情报领域中的子字段或子研究领域，如“电子商务”“数字图书馆”“信息素养”等。将表 3-5 中的中文客观标签和英文客观标签进行比较，它们有很多共享的标签，如“图书馆学”“图书馆”“计算机”“商业”“信息”“历史”“互联网”和“管理”。这表明可能是由于在相同的知识领域进行标注，英语用户和中文用户共享此领域词汇库的很大一部分。至于中英文的内容标引词，也有很多共享的，如排名前 20 位出现频率最高的术语中，“管理信息系统”“电子商务”“计算机网络”“数字图书馆”“信息检索”和“互联网”同时出现在中英文中。这些词语代表了图书情报领域中的热门话题。

我们对整体集合层面上的社会标签与标引词的重合率的第二个分析角度是将社会标签和标引词视为两组术语来进行对比。我们统计了标签或标引词在中英文图书集合中使用的次数，按照使用频率进行排序。通过这种方式，我们获得了几个排名列表，每个列表将最常用的术语置于顶部，最少使用的列于底部。在这里，首先我们使用 Jaccard 系数来检查社会标签与标引词这两组之间的术语相似性。其中，引入的数字 n 指集合的规模的数量大小，式 3-1 用来比较使用频率排名前 n 位的社会标签与用频率排名前 n 位的标引词：

$$\text{Jaccard}^{(n)}(X,Y)=\frac{|X\cap Y|}{|X\cup Y|} \tag{3-1}$$

其中，n 是词语的数量，X 是排名前 n 位常用的标签，Y 是排名前 n 位常用的标引词。$X\cap Y$ 是 X 和 Y 的交集，$X\cup Y$ 是 X 和 Y 的并集。

如图 3-2 所示，当 n 取值 10，20，50，100，150，200，250，300，350，400，450，500，550，600，650，700 时所有标签与所有标引词的 Jaccard 系数（中文图书止于 $n=350$，是由于其术语的数量较少）。从图 3-2 中我们可以看出，英文图书的 Jaccard 系数总是小于 0.2，揭示了社会标签和标引词之间的重叠词相对较少。有意思的是，我们可以看到 Jaccard 系数在 $n=20$ 时最小，当 $n=50$ 时达到顶峰，然后随着 n 的逐渐增加而减少。这表明由最终用户最常使用的标签与由专业人员最常使用的词语二者之间有很大差别。

图 3-3 显示的是当 n 取值 10，20，50，100，150，200，250，300，350，400，450，500 时客观标签与内容标引词的 Jaccard 系数（中文图书止于 $n=$

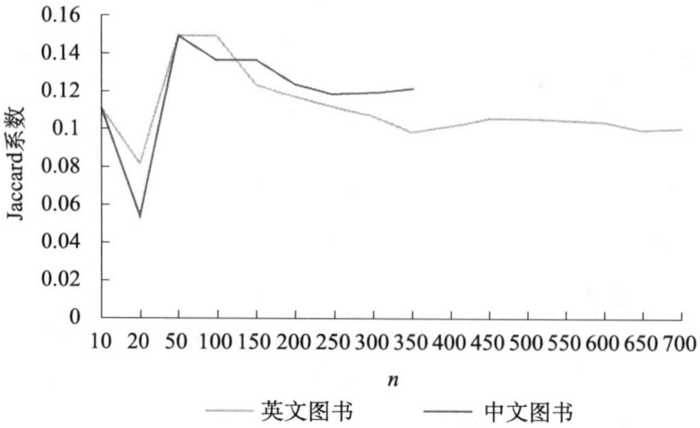

图 3-2 所有标签和标引词在不同排名的 Jaccard 系数

300，是由于其术语的数量较少）。可见，使用频率最高的客观标签和内容标引词二者的重叠术语少于所有标签和标引词之间的重叠术语，这可以从 n= 10、n=20 时图 3-3 和图 3-2 中的 Jaccard 系数进行对比反映出来。不过，在图 3-3 中，英文图书在 n=50 时 Jaccard 系数为 0.2，达到顶峰，这远高于图 3-2 中的 Jaccard 系数。这表明当 n= 50 时，在英文图书中，相对于所有标签，内容相关的标签具有更多的重叠术语。但这在中文图书中并没有得到反映。在 n= 50 时 Jaccard 系数达到顶峰后，图 3-3 中的 Jaccard 系数值的变化趋势与图 3-2 较为相似。

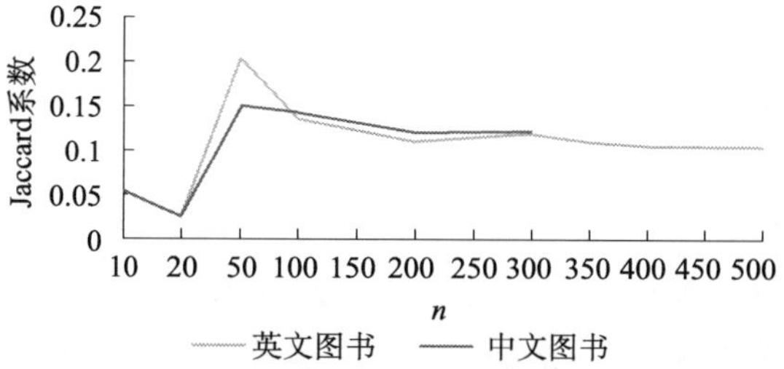

图 3-3 客观标签和内容标引词在不同排名的 Jaccard 系数

当我们对英文图书和中文图书进行比较时，无论是所有标签或是客观标签，当 n 取值在 10～50 时，中文图书的 Jaccard 系数的值略低于英文图书；当 n 取值大于 50 时，中文图书的 Jaccard 系数的值则略高于英文图书。

对社会标签与标引词的重合率进行检测的第三方面是观察两组集合所分享的词语的相关性。我们用 Spearman 相关系数来检查重复的社会标签和标引词的排名情况。Spearman 系数值在 [−1，1]，用绝对值来指示关联的强度和用正负两级指示关联的方向。一般情况下，我们将绝对值等于或小于 0.3 视为弱相关，0.3～0.5 视为中度相关，0.5 以上视为强相关。

表 3-6 揭示了社会标签和标引词之间的各种重叠词的 Spearman 相关系数。从所有社会标签的角度来看，社会标签和标引词之间的重叠词较少（英文图书中的 206 个或所占比例 8.22%，中文图书中的 132 个或所占比例 10.36%）。这一现象同样在客观标签（英文图书中的 160 个或所占比例 9.77%，中文图书中的 117 个或所占比例 13.70%）和主观标签（英文图书中的 29 个或所占比例 2.69%，中文图书中的 13 个或所占比例 2.76%）中有所体现。这反映了约有 92%的英文标签和 90%的中文标签在标引词中将无法找到。然而，由于标引词的规模相对较小，重叠部分的百分比较大：英文标引词占 28.57%，中文标引词占 33.42%，英文内容标引词占 30.25%，中文内容标引词占 33.24%，英文形式标引词占 13.30%，中文形式标引词占 22.41%。社会标签和标引词的两个排名（重叠词的排名是根据它们在所有的标签和标引词中的出现频率高低来进行的）的 Spearman 相关系数在英文图书中是 0.3446，在中文图书中是 0.4519。这表明了社会标签与标引词之间呈现正向相关和中度相关，且从统计上的显著相关性可知（$p=0$）。

表 3-6　在整体集合中重叠词的统计信息

项目	维度	英文图书	中文图书
所有标签和标引词	重叠词的数量	206	132
	重叠词占所有标签的比例/%	8.22	10.36
	重叠词占标引词的比例/%	28.57	33.42
	Spearman 系数	0.3446（$p=0$）	0.4519（$p=0$）
客观标签和内容标引词	重叠词的数量	160	117
	重叠词占客观标签的比例/%	9.77	13.70
	重叠词占内容标引词的比例/%	30.25	33.24
	Spearman 系数	0.3291（$p=0$）	0.4486（$p=0$）
主观标签和形式标引词	重叠词的数量	29	13
	重叠词占主观标签的比例/%	2.69	2.76
	重叠词占形式标引词的比例/%	13.30	22.41
	Spearman 系数	0.1544（$p=0.425$）	0.5877（$p=0.035$）

从表 3-6 中我们还可以看出，社会标签和标引词在描述内容时有更高的一致性。英文图书中的客观标签与内容标引词之间有 160 个重叠词，而在中文图书中有 117 个。它们代表了 9.77%的英文客观标签和 13.70%的中文客观标签，或 30.25%的英文内容标引词和 33.24%的中文内容标引词。不过，主观标签与形式标引词之间的重叠术语要少得多，英文图书中的主观标签与形式标引词之间有 29 个重叠术语，而在中文图书中有 13 个，它们只代表了 2.69%的英文主观标签和 2.76%的中文主观标签，或 13%的英文形式标引词和 22%的中文形式标引词。这一点反映在两种语言的客观标签与内容标引词的 Spearman 系数上（英文图书 Spearman 系数为 0.3291，中文图书 Spearman 系数为 0.4486），信度

也是较高的（$p=0$）。而在主观标签与形式标引词方面，英文中的相关性是较小的，信度也是较低的，但在中文中的相关性是较强的，并且是高于95%的信度。导致与这一现象的确切原因值得我们进行进一步的研究。当然，我们也意识到书的内容是一个相对清晰的焦点，而主观感受或与形式相关的属性特征则是相对含糊的，这会导致重叠词所占百分比的差异。

我们将英文图书和中文图书进行比较时，发现所有英文图书的重叠词的数量较多。另外，中文图书的Spearman系数均高于0.4，虽是中度相关但却非常接近强相关，且在主观标签和形式标引词中的Spearman系数呈现强相关，中文图书的所有系数都有高于95%的信度。相反地，在英文图书的所有标签和标引词、客观标签和内容标引词的比较中，它们都有接近于0.3的中度相关系数值，信度高于95%。然而，英文的主观标签和形式标引词的系数较低，信度只有57.5%。

4. 个体图书层面上社会标签与标引词重合率的分析

我们对客观标签和内容标引词之间的重叠词进行了进一步的分析，以LCSH与CCT为标准判定它们是否是受控的词汇术语。如表3-7所示，尽管通过比较客观标签与我们收集到的内容标引词，我们可以找到只有少数几个客观标签是内容标引词（英文图书中的比例是0.44，中文图书中的比例是0.38）。然而，并不是所有与内容标引词重叠的客观标签都是不受控的，仍然有一部分客观标签是与LCSH或CCT这些主题词表中的标引词，如每本英文图书仍有2.25个英文客观标签，中文图书有1.4个中文客观标签是受控词，这使得客观标签和受控词中的重叠词的总数达到每本英文图书2.7个和每本中文图书1.77个。

表3-7　在个体图书层面重叠词的统计信息

项目	平均值		标准差		最大值		最小值	
	英文	中文	英文	中文	英文	中文	英文	中文
客观标签与内容标引词的重叠词	0.44	0.38	0.68	0.58	5	2	0	0
不是内容标引词却是受控词汇的客观标签	2.25	1.4	2.76	1.34	21	7	0	0
客观标签与受控词汇中的所有重叠词	2.7	1.77	3.01	1.49	22	7	0	0

我们对每本书的社会标签和标引词进行了进一步的比较。由于图书的内容是一本书的最重要的组成部分，我们只观察客观标签与内容标引词之间的关系。在这一部分的研究当中，我们仍使用Jaccard系数，以式3-1来计算重叠词。在式3-1中，n是指图书的数量，X是指一本书的客观标签的总数，Y是指同一本书的内容标引词的总数。因为Jaccard系数的值的区间为[0，1]，所以我们将Jaccard系数分成10个区间，每个区间的增幅为0.1，且将统计的图书的数量划

分到每个区域。图 3-4 显示了 Jaccard 系数值的分布曲线。英文图书和中文图书有超过 60%的样本（在 500 本实验样本中超过 300 本图书）在 0～0.1，约有 10%的书在 0.2～0.3，几乎没有书是在 0.6 以上的区间内。所有的这些数据再次表明了客观标签和内容主题词有相对较低的重合率，这表明了最终用户和信息专业人员一般使用不同的术语来描述图书的内容。

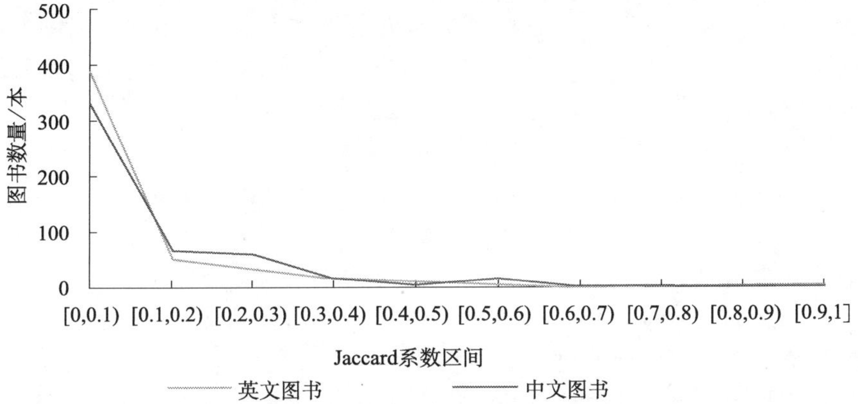

图 3-4　用 Jaccard 系数衡量的单本书的客观标签和内容标引词的重合率

内容标引词是专业人员用来描述图书内容的词，然而，客观标签在主题词表中仍是受控词汇。这是表 3-7 中我们研究客观标签和受控词汇之间的重叠词的原因。在这里，我们将进一步研究重叠词中被认定为受控词中的客观标签的百分比的分布曲线（即假设 A 指每一本书中的客观标签和内容标引词重叠词的数量，B 指不是内容标引词，但却是 LCSH 或 CCT 主题词表中的受控词汇的这一类客观标签的数量，它们的总和 $A+B$ 则是所有属于受控词汇的客观标签的数量，N 是所有客观标签的总数）。图 3-5 中显示的是属于受控词汇的客观标签占总标签的百分比分布，即 $A+B/N$ 在 10 个区间的值的分布。

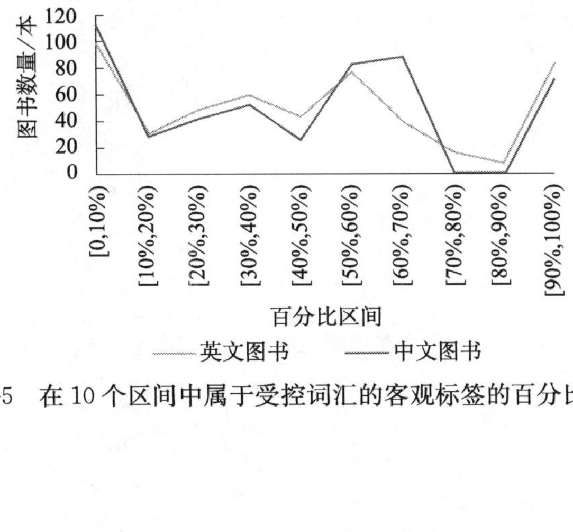

图 3-5　在 10 个区间中属于受控词汇的客观标签的百分比分布

如图 3-5 所示，99 本英文图书（19.8%）和 113 本中文图书（22.6%）在它们的客观标签和受控词汇之间没有或有很少的重叠词（< 10%）。然而，也有 82 本英文图书（16.4%）和 71 本中文图书（14.2%）中几乎所有的（≥90%）的客观标签都是受控词汇，一共有 221 本英文图书（44.2%）和 241 本中文图书（48.2%）有更多（≥50%）的客观标签是受控词汇而不是非受控词汇。这表明，这些在主题词表中属于受控词汇的客观标签，是当我们利用标签来进行编目和标记时不能被忽略的重要资源。当我们比较英文图书和中文图书时，除区间 [40%，50%)，[60%，70%) 和 [70%，80%) 以外，每个区域中的两种语言的图书数量往往非常接近。其中最大的差异出现在区间 [60%，70%)。

5. 社会标签和标引词之间的其他语义关系

在上述分析中，我们只注意到社会标签和标引词中的重叠的词。然而，二者之间可能还存在其他语义关系。从文献[21]中的语义关系中受到启发，我们确定了以下几个语义关系：

(1) 同义词（synonym ，SN）：一个社会标签和一个标引词是同义词（相当于主题词表中的用代关系 USEDFOR 的用法）。

(2) 上位类术语（broader term，BT）：一个社会标签是一个标引词的上位类术语。

(3) 下位类术语（narrower term，NT）：一个社会标签是一个标引词的下位类术语。

(3) 相关术语（related term，RT）：一个社会标签是一个标引词的相关术语。

(4) 不相关术语（not related term，NR）：一个社会标签与一个标引词没有明显的关系。

然后我们利用上述关系对未重叠的社会标签和标引词进行手动分类。由于所有这些关系都与内容相关，我们只比较客观标签和内容标引词。表 3-8 列出了目前已经确定的关系的数量和所占的百分比，以及有对应关系的图书的数量和所占的百分比。在这里需要指出的是，一个标签可能不止一次被计算，因为当与不同的标引词进行对比时它可能存在多个关系。

表 3-8 显示的同义词（SN）、上位类术语（BT）和下位类术语（BT）是在主题词表中明确定义的语义关系，但在我们的研究中它们的实例都相对较少。总体而言，它们在英文图书中仅有 329 个（10.6%），在中文图书中仅有 672 个（34.7%）。“相关术语”关系通常包含在主题词表中，但与同义词（SN）、上位类术语（BT）和下位类术语（BT）相比，它的意思相对含糊。我们确定了英文图书中相关术语关系有 1209 个（38.9%），中文图书有 620 个（32%）。500 本英语图书有 286 本（57.2%），500 本中文图书中有 339 本（67.8%）存在这种关系。相关术语的例子如“信息查询”和“信息检索”，前者是指在某一特定情境中获取信息的过程与活动，而后者是指是在大型的数据存储集合中查找特定信息的技术。

表 3-8　其他语义关系

图书	同义词（SN）		上位类术语（BT）		下位类术语（NT）		相关术语（RT）		不相关术语（NR）	
	SN 的数量	书的数量	BT 的数量	书的数量	NT 的数量	书的数量	RT 的数量	书的数量	NR 的数量	书的数量
英文图书	93 (3.0%)	67 (13.4%)	159 (5.1%)	120 (24%)	77 (2.5%)	46 (9.2%)	1209 (38.9%)	286 (57.2%)	1570 (48.5%)	347 (69.4%)
中文图书	263 (13.6%)	202 (40.4%)	212 (10.9%)	164 (32.8%)	197 (10.2%)	139 (27.8%)	620 (32.0%)	339 (67.8%)	645 (33.3%)	289 (57.8%)

在实验中发现的最常见的关系是不相关术语。我们在英文图书找到 1570 个实例（48.5%），在中文图书中找到 645 个实例（33.3%）。500 本英文图书有 347 本（69.4%），500 本中文图书中有 289 本（57.8%）存在这种关系。我们对在这种关系下的标签进行取样并将其分为以下八大类。

（1）任务管理标签。是那些指示用户，提醒他们对于这本书想要完成或是已经完成的标引工作。此类别中的标记的典型标签是“to read”“how to be perfect”“sort - nature study”等。

（2）代码标签。是那些只对个人用户或者类似个人用户有意义的标签。通常这些标签看起来像是课程代码、标准代码，或者技术代码。例如“LIS5270”“BS7799”“TP-650.180”“msu class 545”等。

（3）缩写标签。是由用户自己用来表示一些领域的术语所成的非标准化的缩写。通常不使用这些标签，它们很难理解。例如，用标签“eb”来表示“ebooks”（电子书），用“gd”来表示“graphic design”（平面设计）等。

（4）地理位置标签。是描述与一本书相关的地理位置的标签，如“香港（中国）”“纽约”“美国”“俄罗斯”等。

（5）特有标签。是指只有用户自己才知道这些标签所表达的含义的一类标签。某些标签的含义很难猜测。例如，“*el”“#lingusitic torpedo”“rob-05-ft”等。

（6）外国语言标签。属于另一种不相关的标签，如“informática”“jürgen müller”“politiques développement de”等。这是因为这本书的内容是双语言的，或者用户是双语的。

（7）排版标签。是输入错误的标签，如“informacion”。当用户创建一个标签时，可能由于粗心而打错字。

（8）其他标签。不属于上述类别的标签便属于其他标签。

以上表明，标签中使用的词汇有点类似主题词表中的词汇，但很多标签没有在主题词表中的明确定义的语义关系。因此，这一部分社会标签对用户构建词汇库时是很有用的，因为用户构建的词汇库可以看做是传统受控词汇的补充。它们的结合将有益于用户词汇和专家词汇。我们在本书的下一章将探讨如何有效利用用户的词汇。

二、学术论文标注的规范性测评

为探究学术论文标注的规范性情况，笔者于 2010 年 7 月至 8 月以图书情报领域为例，进行了用户的学术论文标注与学术论文数据库标引对比实验。由于尚没有中文学术论文标注系统，实验仅做在英文标签部分。实验选取英文学术论文标注系统 CiteULike 和 Bibsonomy，如前所述，CiteULike 优势明显，在实验过程中，以 CiteULike 为主要实验工具，Bibsonomy 作为补充；所用学术论文数据库为 EBSCO 数据库中的图书馆、信息科学与技术摘要数据库（library，information science & technology abstracts）；并运用 SPSS 和 Excel 软件对实验结果进行统计分析。

（一）实验设计

1. 实验目的

学术论文标注的规范性评价实验的目的是找到如下研究问题的答案：

R1. 学术论文标注的社会标签与学术数据库的标引词的重合率有多大?

R2. 学术论文标注的社会标签与作者的关键词的重合率有多大?

2. 实验步骤

（1）社会标签的抓取。为了获取有代表性的图情领域的学术论文社会标签，我们根据对 iSchools 的研究兴趣的统计结果[20]选取了图书情报领域的 50 个英文检索词（见附录 5）。用这 50 个图书情报领域的英文检索词在 CiteULike 和 Bibsonomy 网上共检索 500 篇学术论文，作为实验样本，并获取这些学术论文的所有社会标签。

（2）区分客观标签与主观标签。社会标签分为两类：一类是与学术论文内容相关的标签，称为客观标签；另一类是与用户主观判断相关的标签，称为主观标签。客观标签代表了用户对学术论文内容的表示，因此被用于本实验与主题词进行比较。而主观标签代表的则是用户的喜好、评价等主观意见，因此不用于比较实验。

（3）学术论文数据库标引元数据的获取。按照获得的 500 篇英文论文的名称，我们在 EBSCO 摘要数据库里面进行检索，提取这些论文相对应的标引词（数据库标引元数据）与关键词（论文作者写作时标引的词）。

（4）区分内容标引词与形式标引词。标引词也分为两类：一类是描述学术论文内容特征的标引词，称为内容标引词；另一类是描述学术论文形式特征的标引词，称为形式标引词。同样，本实验中我们只统计内容标引词。

(5) 客观标签与内容标引词的比较。我们将每篇论文的客观标签先进行去重处理，再与该论文的内容标引词进行重合比较，记录下那些重合的词。

(6) 未重合的标签与主题词表的比较。对于没有与数据库标引元数据匹配上的标签，我们再添加到美国国会图书馆主题词表（LCSH）中进行检索，计算并记录那些重合的词。

(7) 客观标签与关键词的比较。我们将每篇论文的客观标签先进行去重处理，再与该论文的关键词进行重合比较，记录下那些重合的词。

3. 评价指标

为了统计客观标签与内容标引词和关键词的匹配程度，我们选择运用计算语言学与统计学计算相关度的典型方法 Dice 系数及 Jaccard 系数来计算其重合率。其计算方法见式 3-2 和式 3-3，设 X、Y 分别为两个对象的特征集合，则其重合率的 Dice 系数和 Jaccard 系数的计算公式如下：

$$\text{Dice}(X, Y) = \frac{2|X \cap Y|}{|X| + |Y|} \tag{3-2}$$

$$\text{Jaccard}(X, Y) = \frac{|X \cap Y|}{|X \cup Y|} \tag{3-3}$$

此外，我们还用最大值、最小值、平均值、标准差等统计指标来考量学术论文的社会标签。标准差的计算公式见式 3-4。

$$S_{N-1} = \sqrt{\frac{\sum_{i=1}^{N} (X_i - \overline{X})^2}{N-1}} \tag{3-4}$$

其中，S_{N-1} 代表标准差的值，N 代表样本个数，X 代表样本数值，$\overline{X}$ 代表样本平均值。

(二) 实验结果分析

1. 学术论文标注的社会标签与学术数据库的标引词的重合率

为研究学术论文的社会标签与数据库的标引词的重合率，主要是客观标签与内容标引词的重合率，我们计算了其 Dice 系数和 Jaccard 系数，即以二者匹配项的个数作为相似度计算的依据。Dice 系数和 Jaccard 系数的值是一个在（0，1）区间的数值，0 代表完全不相关，1 代表完全相关，相关度值越大，则二者联系越紧密。

图 3-6 和图 3-7 分别显示了学术论文客观标签与内容标引词重合的 Dice 系数和 Jaccard 系数在（0，1）区间的分布。可见，两项系数均有超过 80％的样本（即 500 篇论文中的 400 余篇）落在 0～0.1 这个区间，而相关度超过 0.5 的样本几乎没有。学术论文的社会标签同标引词的重合率比较低，说明用户给的标签

与图书馆员给的标引词一致度很低。

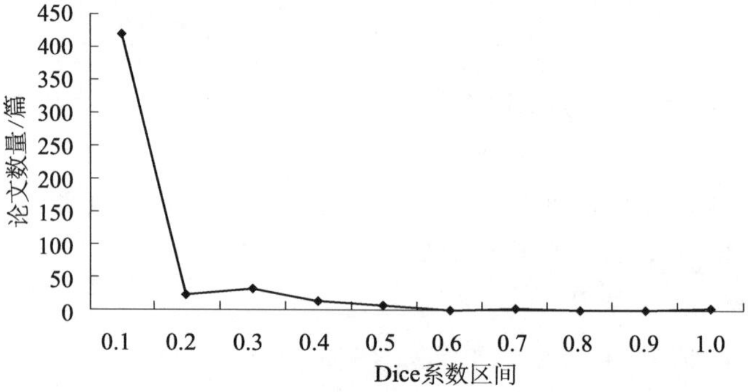

图 3-6　学术论文的客观标签与内容标引词重合的 Dice 系数分布

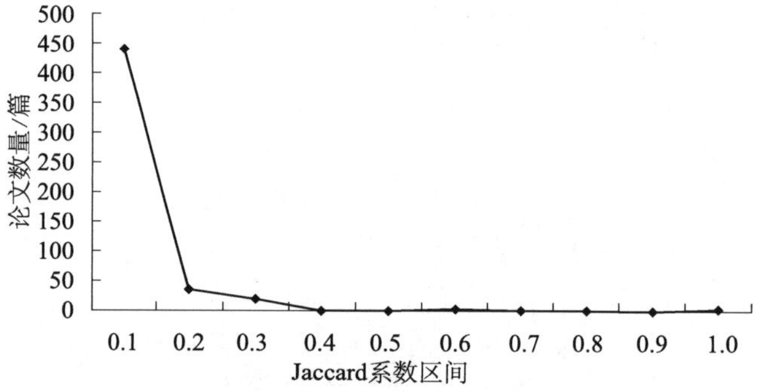

图 3-7　学术论文的客观标签与内容标引词重合的 Jaccard 系数分布

此外，我们还计算了每篇论文的规范标签与非规范标签的比例。设每篇论文的客观标签的总数为 N，与数据库标引词匹配上的客观标签数为 A，未与数据库标引词匹配上但与主题词表中的主题词匹配上的客观标签数为 B，则 $A+B$ 均可视为是规范标签，因为这些标签都是受控词汇。我们采用三种计算方法来检验学术论文社会标签的规范性：A/N 代表是标引词的客观标签的百分比；B/N 代表是主题词表中主题词的客观标签的百分比；$(A+B)/N$ 代表所有规范标签的百分比。图 3-8～图 3-10 分别显示了这三种方法的结果分布。

如图 3-8 所示，由于社会标签与标引词的重合率很低，导致这类重合的标签占总客观标签的百分比也很低，超过 80％的样本落在 0～0.1 这个区间。由图 3-9 可以看出，非标引词但是主题词的标签的百分比仍然大多数在 0～0.1 这个区间（约 60％），但在其他区间均有分布，甚至在 0.9～1.0 这个区间里有约 10％的样本。这充分说明了尽管社会标签与标引词匹配度很低，但并非都不规范，它们有可能仍然是主题词表里的受控词。图 3-10 则显示了所有规范的客观标签占总客观标签的百分比，超过一半的样本是在 0～0.1 区间，超过 10％的样本在

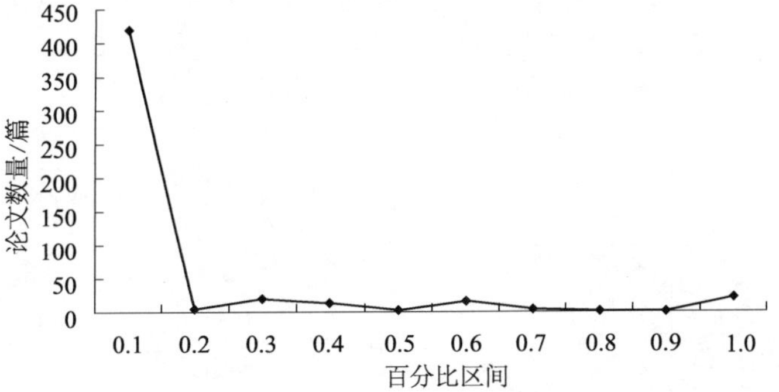

图 3-8　与内容标引词匹配的客观标签占总客观标签的百分比分布

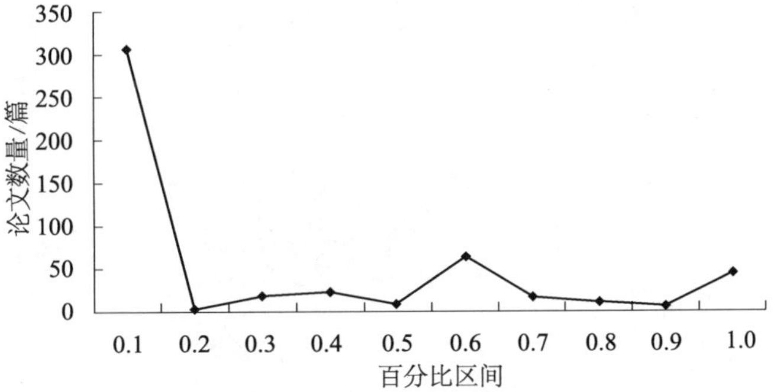

图 3-9　与主题词表中的主题词匹配的客观标签占总客观标签的百分比分布

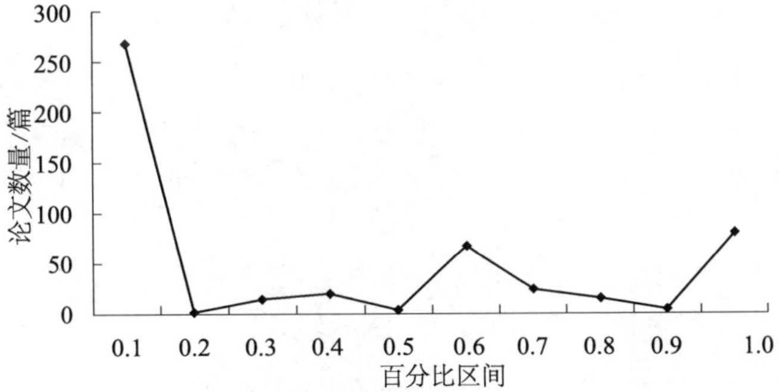

图 3-10　规范的客观标签占总客观标签的百分比分布

0.5～0.6 区间，另外约 15%的样本在 0.9～1.0 区间，说明大多数样本的标签的规范性仍不高。

2. 学术论文标注的社会标签与作者的关键词的重合率

学术论文与其他资源不同的是，除了图书馆员给的标引词外，还有作者给的关键词。尽管关键词同社会标签一样，都是非受控词，但它们分别代表着作者和读者的观点。图 3-11 和图 3-12 分别显示了社会标签与关键词重合的 Dice 系数和 Jaccard 系数在（0，1）区间的分布。

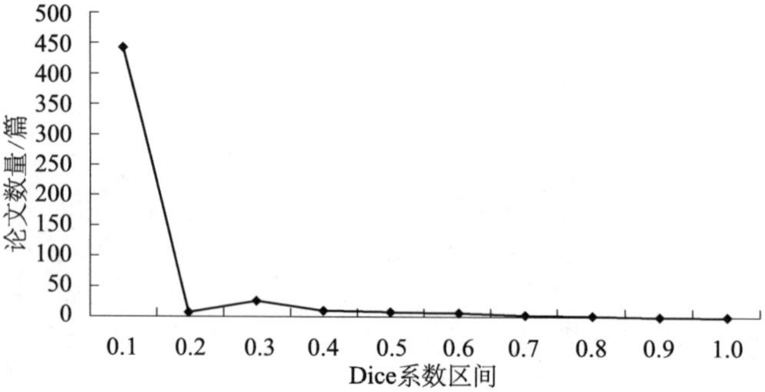

图 3-11　学术论文的客观标签与关键词重合的 Dice 系数分布

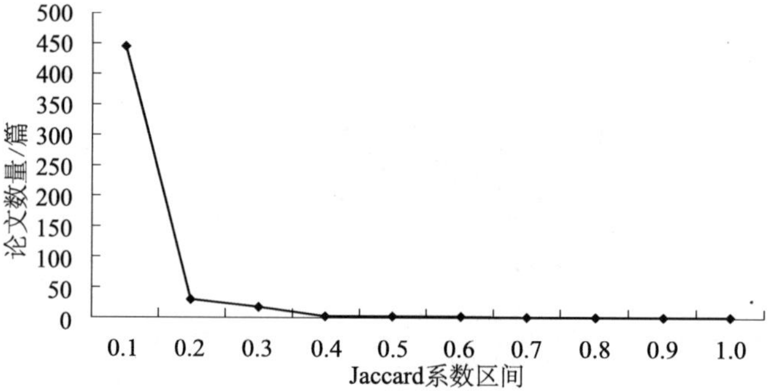

图 3-12　学术论文的客观标签与关键词重合的 Jaccard 系数分布

图 3-11 和图 3-12 均显示了两项系数均有约 90％的样本在 0～0.1 区间，而相关度超过 0.4 的样本几乎没有。可见学术论文的社会标签同关键词的重合率比较低，说明用户给的标签与作者给的关键词一致度很低，且比与标引词的重合率更低。

此外，我们对社会标签、标引词、关键词进行了综合分析，考察其整体的平均值、标准差、最大值及最小值。实验结果见表 3-9。

表 3-9　学术论文实验数据统计

项目	平均值	标准差	最大值	最小值
总标签	2.218	2.244 226	16	0
客观标签	1.864	1.939 336	16	0
总标引词	6.754	2.924 138	14	0
内容标引词	6.53	2.922 638	14	0
关键词	2.502	2.736 599	15	0
规范的客观标签	0.87	1.236 186	9	0

续表

项目	平均值	标准差	最大值	最小值
与内容标引词重合的客观标签	0.19	0.462 956	2	0
与主题词表重合的但不是内容标引词的客观标签	0.682	1.131 121	9	0
与关键词重合客观标签	0.16	0.504 886	4	0

表 3-9 反映出以下四点问题：①对于学术论文标注而言，用户给的标签数与作者给的关键词数相当（总标签数的平均值为 2.218，总关键词数的平均值为 2.502），但都比学术论文数据库中的标引词要少（总标引词数的平均值为 6.754），这说明了读者与作者对论文的标注习惯基本一致。②在用户的标签中，客观标签数（1.864）与总标签数（2.218）基本一致；在图书馆员的标引词中，内容标引词数（6.53）与总标引词数（6.754）也基本一致，说明无论读者、图书馆员还是作者，在学术论文标注上都只看重信息内容的揭示。③标签与标引词和关键词的重合率都很低（标签与标引词的重合率平均值为 0.19，与关键词的重合率平均值为 0.16），反映出读者、作者、图书馆员对相同学术资源的揭示有着不同见解。④规范的客观标签数平均值只有 0.87，说明标签的规范性不高，但其中，与主题词表重合的但不是内容标引词的客观标签（平均值为 0.682）比与内容标引词重合的客观标签（平均值为 0.19）要多，说明这部分标签是值得有效利用的。

三、学术博客标注的规范性测评

为探究学术博客标注的规范性情况，笔者于 2010 年 7 月至 8 月以图书情报领域为例，进行了中英文学术博客标签与主题词表对比实验，并运用 SPSS 和 Excel 软件对实验结果进行统计分析。

高质量的学术博客对于网络学术信息资源是一个有益补充，笔者认为获取学术博客主要有两种方法。

（1）博客引文。学术论文是科学研究成果的文字表述，而引文则是反映学术利用与影响的重要判断依据[22]。结合学术论文本身所具有的学术性、科学性、创新性等特点，共同决定了其引文的可靠性和学术性。因此，学术论文后引用的博客通常具有较高的学术价值，可以认为是获取高质量学术博客的一种方法。在本文实验部分，我们对中英文图书情报领域的期刊引文进行了统计，发现英文学术论文很少引用博客，而中文学术论文中有不少博客引文。因此，实验中我们采用博客引文方法获取中文学术博客。

（2）博客搜索引擎。搜索引擎是获取网络信息资源的有利工具，而目前有很多搜索引擎都推出了专门针对博客这一类型资源的垂直搜索。如英文博客搜索引擎有 Google Blog，Technorati 等，中文博客搜索引擎有百度博客搜索引擎、搜搜博客、有道博客搜索、搜狗博客搜索等。在实验中，我们采用博客搜索引擎方法获取英文学术博客。

（一）实验设计

1. 实验目的

学术博客标注的规范性评价实验的目的是找到如下研究问题的答案：

R1. 学术博客标注的社会标签与主题词表中的主题词的重合率有多大？

R2. 中文和英文学术博客社会标签有什么相同和相异之处？

2. 实验步骤

（1）中文学术博客及其标签的获取。为了获取高质量的图情领域的中文学术博客的社会标签，我们采用博客引文方法，以《中文社会科学引文索引2010—2011 年来源期刊目录》中的 20 种图书馆、情报与文献学期刊为研究对象，统计这 20 种期刊 2005～2009 年发表的论文的博客引文作为实验样本，并获取这些学术博客的所有社会标签。

（2）英文学术博客及其标签的获取。为了获取有代表性的图书情报领域的英文学术博客社会标签，采用博客搜索引擎方法。根据对 iSchools 的研究兴趣的统计结果[20]选取了图书情报领域的 50 个英文检索词（见附录 5）。用这 50 个图情领域的英文检索词在博客搜索引擎 Technorati（http：//technorati. com）和 Google Blog（http：//blogsearch. google. com）上共检索到 500 篇学术博客，作为实验样本，并获取这些学术博客的所有社会标签。

（3）区分客观标签与主观标签。社会标签分为两类：一类是与学术博客内容相关的标签，称为客观标签；另一类是与用户主观判断相关的标签，称为主观标签。客观标签代表了用户对学术博客内容的表示，因此被用于本实验与主题词进行比较。而主观标签代表的则是用户的喜好、评价等主观意见，因此，不用于比较实验。

（4）标签与主题词的比较。将每篇中文学术博客和英文学术博客的客观标签先进行去重处理，再将中英文客观标签分别添加到分类主题词表（Web 版）和美国国会图书馆主题词表中进行检索，计算并记录那些重合的词。

3. 评价指标

实验主要用最大值、最小值、平均值、标准差等统计指标来考量学术博客的社会标签。

（二）实验结果分析

下面对依据上述方法获得的相关数据进行分析。本实验中英文学术博客获取的方式不同，因此分开分析。

1. 社会标签数量

1）中文学术博客

中文学术博客采用博客引文的方式获取，统计结果见表 3-10。在 484 篇有博客引文的图书馆学情报学期刊论文中，共有 6205 条引文，其中有 834 条是博客引文（占 13.44%），现即以这 834 篇博客引文为样本进行标签对比实验。从表 3-10 数据可以看出，图书馆学情报学期刊论文引用博客资源的总量还不多，但数量增长很快。由此可知，学术博客在网络学术信息资源中日渐凸显重要作用，学者对其学术性、科学性、可靠性产生了信任和认可，也因此促进了学术博客标注规范性的需要。

表 3-10　20 种图书馆学情报学核心期刊论文引用博客数量变化情况

年份	2005	2006	2007	2008	2009	总计
有博客引文的文章数/篇	41	67	129	120	127	484
有博客引文的文章所有引文数/篇	467	932	1696	1499	1611	6205
博客引文数/篇	65	120	269	190	190	834
博客引文占全部引文的百分比/%	13.92	12.86	15.86	12.68	11.79	13.44

在每篇学术论文中，作者给出的关键词是对论文内容的提炼和反映，而标签是用户为博文添加的，分为客观标签和主观标签，前者是与博客内容相关的标签，后者是用户主观判断的标签。笔者分别对其数据进行了统计，见表 3-11。提取 484 篇有博客引文文章的关键词，共计 1781 个。同样，获取博客引文所有的标签，并进行数量统计，总计只有 308 个标签，可见当前中文博客引文标签数量还很少。从表 3-11 可以发现，在仅有的 308 个标签中，客观标签数量（282 个）远远多于主观标签数量（26 个），这说明中文博客标注的客观性较好，少有主观色彩标签的干扰。

表 3-11　中文博客引文的标签分析

年份	2005	2006	2007	2008	2009	总计
有博客引文文章的关键词数	141	285	468	420	467	1781
博客引文的所有标签数	3	17	82	78	128	308
博客引文的客观标签数	3	14	75	71	119	282
博客引文的主观标签数	0	3	7	7	9	26

2）英文学术博客

英文学术博客采用博客搜索引擎的方式获取，共 500 篇博文。我们统计了这些博客的标签数量，见表 3-12。英文学术博客总的标签的平均值为 36.782，最大值为 227，可见英文用户对于学术博客标注具有相当高的热情。其中，客观标签的平均值为 35.572，最大值为 221，二者相差无几，表明英文博客社会标签中客观标签居多，很少有主观标签，博客标注的客观性较强，这与中文学术博客标签是一样的。

表 3-12 英文学术博客的标签分析

维度	标准差	最大值	最小值	平均值
总标签	16.25	227	1	36.782
客观标签	15.71	221	1	35.572

2. 标签与主题词的重合率

1）中文学术博客

如表 3-13 所示，为了探究用户给予的社会标签在组织和检索学术博客时规范性究竟如何，我们将每篇博文的客观标签与《分类主题词表》进行匹配，得到完全匹配的客观标签数量为 80 个，占总客观标签的 28.37%。由此可知，当前中文博客引文规范性欠佳，匹配率不高。而与引用该博客文章的关键词完全匹配的客观标签只有 10 个，说明用户赋予的标签与有该博客引文的文章作者所要表达的思想及内容相近度较低。

表 3-13 中文学术博客标签与主题词的匹配情况

年份	2005	2006	2007	2008	2009	总计
与词表中主题词完全匹配的客观标签数	0	2	15	25	38	80
是主题词的客观标签占总客观标签的百分比/%	0	14.29	20	35.21	31.93	28.37
与关键词完全匹配的客观标签数	0	0	4	2	4	10

2）英文学术博客

我们将每篇英文博文的客观标签与美国国会图书馆主题词表进行匹配，得到每篇博文与主题词匹配的标签占总客观标签的百分比，见图 3-13。由图 3-13 可知，在（0.2，0.3）区间上主题词的客观标签占总客观标签的百分比最高，即标签与主题词的匹配率多集中在 20%～30%。这就说明英文学术博客社会标签的规范性也处于较低水平，在规范性控制上有较大的上升空间。

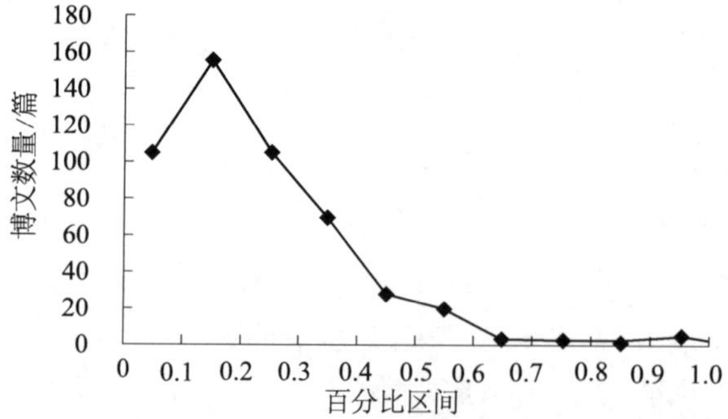

图 3-13 与词表中主题词匹配的客观标签占总客观标签的百分比分布

3. 中英文学术博客标签对比分析

通过实验我们发现，中英文学术博客标签的相同点体现在以下两个方面。

（1）社会标签客观性较强。由实验数据可知，中英文博客标签里的主观标签与客观标签在总标签中所占比例相差悬殊。用户主观判断的标签很少，在赋予社会标签时，用户十分注重与博客内容的相关性，从而体现了博客中社会标签较强的客观性。

（2）社会标签的规范性均有待提升。尽管用户标注的标签客观性很强，但是毕竟多为自然语言，与受控语言比起来，规范性不足。诚然，自然语言相对于受控语言来说，具有易用性，其标引易于实现自动化，可对博文进行专指标引。但自然语言由于不受规范化的控制，不能反映概念语词之间的一一对应关系，也不能反映概念关系的隐含性，因而选词没有严格限制，词量过多、过杂，一个概念可以通过几个不同的词汇来表达，反而会分散主题，影响标注的一致性。由于中英文博文标签中主题词的客观标签所占百分比均不高，所以急需提升博文中社会标签的规范性。

中英文学术博客标签的差异性体现在以下两个方面。

（1）社会标签数量和出现频次不同。对样本进行数量分析后发现，中文博客标签总量虽然很少，但在学术论文中的引用率逐年上升，然而标签几乎无出现频次的统计；而英文博文则几乎不会被学术论文引用，但其标签数量多，标签后附有频次统计。这说明英文博客标注的社会参与度很高，而中文博客才刚刚起步。

（2）社会标签的重视程度不同。随着中文博客日渐兴起和不断扩张的影响力，学术交流中对博客认可度不断提升，但较之英文博客的影响力仍旧相去甚远。这也源自于国内外用户对社会标签的重视程度不同，在国外，社会标签的使用率很高，人们认为这是积极参与、表达自我认识的一种重要的表达方式。因此，英文博客社会标签数量丰富、出现频次集中，而中文博客标签少之又少。

第四节　网络学术信息表示的规范控制方法

近年来，国外学者对社会标签的规范性研究主要集中在以下两个方面。

1. 利用主题词表对社会标签进行规范控制

2006 年，斯坦福大学的学者[23]提出了将标注系统中的标签转换成可导航的、具有等级结构的标签分类词表的简单但非常有效的算法，并建立了初步的模型进行解释说明。Yi 和 Chan[24] 对 Delicious 和美国国会图书馆主题词表（LCSH）进行了词汇的匹配实验，探究将 LCSH 引入社会标签的规范控制方法。Thomas 等[25]分析了 LibraryThing 最热门的 10 本图书（2008 年 9 月）的全部标签，统计表明“标签变体”占到 36%，从而得出这是导致标签混乱无序的首要因素，其余因素包括拼写错误、语种繁杂、使用行话俚语等，并基于此提出链接专业主题词表供用户参考、允许用户反复编辑标签等优化措施。

2. 利用元数据对社会标签进行规范控制

Chen 等[26]在 2008 年都柏林核心及元数据应用国际研讨会会议论文中以 Flickr 标签为例证，通过实验提出了一种利用丰富的社会语义来增强主题元数据的方法。Hunter 等[27]提出了把通过传统的编目方法生成的权威元数据和社区标注的标签合并的方法，激发参与者标注和注释的热情等。

相较于国外，目前我国对社会标签规范性控制的研究仍处于起步阶段，仅见于介绍社会标签性质及其实际运用或检索的零星论述，研究深度和广度也较薄弱，尚未形成系统的理论体系。如丛鲁丽[28]提出了一种新的算法 FSVMC，对网络文档进行标引实验，试图为用户提供优化后的社会标签。靳延安等[29]从情报检索的角度阐述了对社会标签进行规范控制的重要性等。姚晓峰[30]通过对 LibraryThing 用户标签和图书馆主题分类的比较研究，认为结合这两种方式，以用户标签来提高信息发现能力，以受控词表来配置图书馆的资源，应该是一种很好的方法。

结合前人的研究成果，以及根据本章针对图书标注、学术论文标注、学术博客标注所做的测评实验，我们认为对网络学术信息表示的规范控制应该根据资源类型，制定有针对性的规范性控制方法。

一、图书标注规范性控制

分析上述实验结果，我们认为针对图书标注，社会标签与受控的主题词的重合率不高，即社会标签在对图书内容，尤其是专业图书内容揭示的专指度上同主题标引的差距较大，但社会标签又在揭示图书内容方面具有很大的作用。因此，社会标签的规范性控制尚待加强，我们提出了下列具体措施，以期合理利用社会标签为图书资源的组织与检索服务。

（一）规范并指导用户标注图书

在调查中笔者发现用户进行图书标注所形成的社会标签的字数迥异，格式也参差不齐，有的由数字和字母组成，有的由缩写或异体构成，有的则标记为“××的书”等短语。根据 Guy 和 Tonkin[31] 的研究结果，大部分社会标签都是名词、复合词，有的还含有标点符号。因此，需根据标签特征对其进行监控，改进系统纠错算法，及时剔除同主题无关的标签，在用户标注图书的过程中给予用户以指导，向用户推荐使用时间长且使用率高的可靠标签等。

（二）连接社会标签与主题词表

在实验中笔者发现，作为各自独立的信息系统，社会标签与受控的主题词表之间具有关联性，合理利用这一有机的联系，建立二者的紧密连接，可使用户通过庞大的用户社区和标签库将任意两个标签相连，系统亦能在完成此操作后，通过后台比对及人工判断，将合适的主题词作为首选词推送给用户供其替换。还可以将具有相似概念范畴的社会标签与主题词表建立各种关系，如等级关系、包含关系等，可用于图书检索中的扩大或缩小检索范围。

（三）合并图书编目生成的元数据与图书标注生成的标签

图书编目通常由专业的图书馆员完成，生成的元数据较权威，而图书标注则由普通用户完成，生成的标签不太规范。在实验中，我们得出的结论验证了二者之间的重合率很低这一事实。然而，用户标签并不是没有利用价值，若能有效地将元数据与社会标签进行结合，生成编目数据推荐系统，将加速图书馆编目工作的完成，以及有利于编目数据的共建共享。

（四）建立个性化半自动标引

即依照用户习惯将社会标签与主题词表结合形成的半规范标引。在实验中笔者发现，用户在使用标签时为了方便往往采用简写和缩略的形式，如将“数字图书馆”缩写为“数图”，将复合词“compound tags”写为“compound-tags”“CompoundTags”等异体，比较混乱。采用基于用户的个性化半自动标引，用户便能根据图书的大致分类选择创建一个预先确定的分层格式的含有该图书所属类目的词典或元数据集，建立个性化标签。词典或元数据集可随着用户喜好和习惯逐渐添加词表，剔除或替换不规范的标签。

作为一种集网络资源的组织、管理形式与知识发现、共享、协作方式于一身的Web2.0应用，社会标签虽存在着一些问题，但我们有理由相信，经过规范调整控制，社会标签必将更好地发挥其“用户-对象-标签”的交互优势，在图书标注上拥有广阔的发展前景。

二、学术论文标注规范性控制

分析上述实验结果，我们认为学术论文的社会标签与主题词、关键词的重合率不高，因此需要对学术论文标注进行规范性控制，我们提出了下列建议。

（一）结合社会标签与标引词和关键词

我们的实验结果证明了学术论文的社会标签与标引词、关键词的重合度均较低，而三者均为对学术资源的内容揭示，只是分别来自论文读者、图书馆员和论文作者。若能将三者结合起来，将会从不同的角度、从更宽广的层面来揭示学术信息资源。笔者建议学术论文标注系统在用户进行标注的时候，自动与学术数据库建立关联（摘要信息即可），获取其标引词与关键词，供用户标注时参考。这样一方面可以对学术论文的社会标签起到规范化作用，另一方面还可以有效建立起标签、标引词与关键词之间的联系，有助于更好地揭示学术信息资源的内容。

（二）建立社会标签之间的关系

我们的实验结果显示，学术论文的社会标签基本上都是客观标签，说明用户在标注的时候只注重揭示文献的内容特征，这是学术论文标注与其他资源标注所不同的地方。而这些学术论文的标签最大的不规范问题在于标签混乱，标签之间没有关联，若能将这些标签之间建立起各种关联，如同主题词表那样，则能很好地揭示学术资源，甚至学科之间的关联，这也是学术论文标注最需要解决的问题。现在，有一些学术论文标注系统开始关注这一点，如图 3-14 所示，Bibsonomy 就将具有相同范畴的社会标签之间建立关系，但是，目前这些关系还很简单，且系统并未说明是何种关系。笔者建议学术论文标注系统参考主题词表，建立标签之间的各种更丰富的关系。

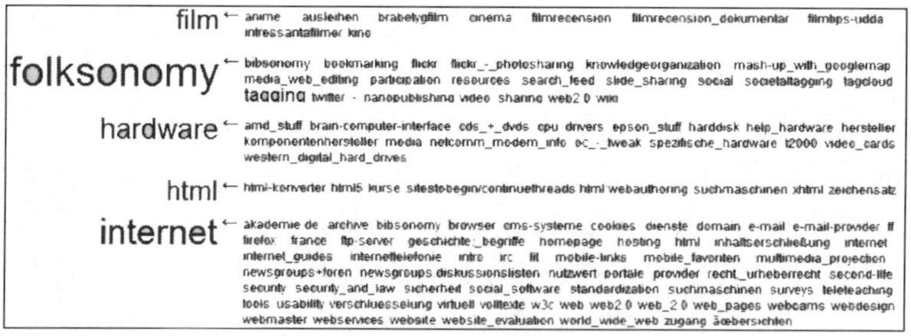

图 3-14　Bibsonomy 的标签的关联

尽管社会标签目前仍然不规范，但其所具有的交互优势以及对于学术论文内容的揭示作用不可忽视。通过有效规范控制，社会标签将能在学术资源标注方面发挥更大的作用。

三、学术博客标注规范性控制

学术博客不像图书、学术论文等正式出版的学术信息资源，它毕竟是一种新兴的非正式的网络学术资源。因此，现在对学术博客标注规范性的要求还较其他资源低。但是通过调查发现，中文图书馆学情报学期刊引用博客资源的总量虽然还不多，但数量增长很快，所以对学术博客的标签规范性控制必须尽快引起足够重视，来引导和加强学术博客向正式网络学术信息发展。

学术博客与其他学术信息相比，有两个点鲜明的特色：一是学术博客通常是某领域内的系列博文，不像图书或学术论文为单篇孤立的文献，因此适合对标签重复利用。二是学术博客的标签通常是博主自己给予的，不像图书或学术论文的标签是读者加的，因此实现学术博客标注的规范化有其迫切性也有其可行性。

（一）编制规范标注词汇列表

主题词表是信息组织和检索中实现规范化的一个重要工具。为提高学术博客标注的规范性，可考虑建立标注规范词汇列表。此列表中的规范词可以来自于传统主题词表，或是规范后的标注。如此一来标注规范词汇列表可使博主在自我理解博文的基础上，加强标签标注的规范意识，降低自我赋词规范难度，从而加深对相应博文信息内容特征的正确分析程度，利于博文标注更为规范。此外，中文学术博客需要同英文学术博客一样，在标签后面加上该标签出现的频率，便于识别高频标签，提高标签重用性。

（二）建立标签推荐系统

鉴于学术博客通常是某领域内的系列博文，且博客的标签通常为博主赋予，可以建立基于监督学习的标签推荐系统。以博主以前文章的标签作为训练数据，来预测相关博文的标签，推荐给博主标注参考。这种自动标注不仅通过标签推荐增强了学术博客标注的规范性，也有利于该博主与其他博主的标签的结合，形成由标签构成的自由分类法。

规范性工作是实现信息资源组织和检索的规范化、标准化的一项重要措施，它在提高检索效率、确保标记质量、增强交流科学性、学术性等方面，都起着十分重要的作用。在 Web2.0 网络环境中，学术博客标注的社会标签规范性研究成为博客信息资源持续发展与共建共享的关键。

第五节 本章小结

本章的研究对象为能够提供学术信息的新型网站，主要包括图书标注系统、学术论文标注系统、学术博客。我们从这三类网站中分别选取若干有代表性的中英文网站，并以图书情报领域为例，对中英文学术资源网站的社会标签规范性进行了测评实验，提出网络学术信息表示的规范控制方法。

实验结果发现，对同一类型的学术资源网站，其社会标签与主题词表的重合度并不高，且中文网站与英文网站的表示方法也存在异同。但是，人们在标签中使用的词汇与主题词表中的词汇的使用有类似之处，这一部分社会标签对最终用户构建专业领域词汇库是很有用的。因此，从新型网络学术资源网站中抽取出来的社会标签对多语言网络学术信息的获取将会具有一定的帮助作用。

在下一章，我们将探讨如何有效利用用户的词汇，并形成一套最终用户构建的词汇库，并与专家构建的词汇库相结合，以辅助某个领域学术资源用不同的语言去描述与检索。

本章参考文献

[1] 百度百科 [EB/OL]. http://baike.baidu.com [2011-04-11].

[2] PennTags [EB/OL]. http://tags.library.upenn.edu [2011-04-11].

[3] AADL [EB/OL]. http://www.aadl.org/catalog [2011-04-11].

[4] Flickr [EB/OL]. http://www.flickr.com/groups/librariesandlibrarians/discuss/169806 [2011-04-11].

[5] CiteULike [EB/OL]. http://www.citeulike.org [2011-04-13].

[6] Bibsonomy [EB/OL]. http://www.bibsonomy.org [2011-04-13].

[7] Connotea [EB/OL]. http://www.connotea.org. [2011-04-13].

[8] 李墨珺. 博客质量的评价及其对学术交流的影响 [J]. 情报资料工作，2008 (2): 61-63，79.

[9] 江小云，谭芳兰. 学术博客——一种基于OA的新型学术交流模式 [J]. 南华大学学报（社会科学版），2008 (5): 111-116.

[10] 林忠. 学术博客与传统学术交流模式的差异辨析 [J]. 情报资料工作，2008，(1): 41-44.

[11] 孙红娣. 开放存取——网络时代学术信息交流的新模式 [J]. 情报资料工作，2005，(5): 46-49.

[12] 维基百科 [EB/OL]. http://en.wikipedia.org [2011-04-11].

[13] 常唯. 论网络环境下用户标注的价值与应用 [J]. 图书情报工作，2008，(1)：9-12.

[14] 诚邀李英强来广东讲述立人乡村图书馆 [EB/OL]. http://blog.sina.com.cn/s/blog_4978019f01017hoa.html [2011-04-15].

[15] Library Professional Development [EB/OL]. http://libprofdev.wordpress.com/ [2011-04-15].

[16] 张凌超，蓝飒. 社会标注进展研究 [J]. 情报科学，2009，(11)：1753-1757.

[17] Joseph T T. Social Tagging and the Next Step for Indexing [EB/OL]. http://dlist.sir.arizona.edu/2091/01/sigcr06tennis.pdf [2011-04-11].

[18] 熊燕. 网络信息资源的分众分类研究 [J]. 图书馆学刊，2010，(5)：39-42.

[19] Wildemuth B M. Applications of Social Research Methods to Questions in Information and Library Science [M]. Westport Library Unlimited，2009.

[20] Wu D，He D，Jiang J，et al. Academic research in iSchools：state and implications [C]. Proceedings of the 2011 iConference (iConference '11). New York，2011：203-210.

[21] Kipp M E I. Complementary or discrete contexts in online indexing：a comparision of user，creator and intermediary keywords [J]. Canadian Journal of Information and Library Science，2006，29 (4)：419-36.

[22] 吴钢. 博客对图书情报学传统学术交流影响的实证分析 [J]. 情报资料工作，2009，(3)：71-73.

[23] Heymann P，Garcia-Molina H. Collaborative creation of communal hierarchical taxonomies in social tagging systems [R/OL]. http://ilpubs.stanford.edu：8090/775/ [2011-04-11].

[24] Yi K，Chan L M. Linking folksonomy to library of congress subject headings：an exploratory study [J]. Journal of Documentation，2009，65 (6)：872-900.

[25] Thomas M，Caudle D M，Schmitz C M，To tag or not to tag? [J]. Library Hi Tech，2009，27 (3)：411-434.

[26] Chen M，Liu X，Qin J. Semantic relation extraction from socially-generated tags：a methodology for metadata generation [C]. Proceeding of the International Conference on Dublin Core and Metadata Applications (DC-2008). Berlin，2008：117-127.

[27] Hunter J，Khan I，Gerber A. Harvana：harvesting community tags to enrich collection metadata [C]. Proceedings of the 8th ACM/IEEE-CS Joint Conference on Digital libraries (JCDL '08). New York，2008：147-156.

[28] 丛鲁丽. 基于大众分类法的中文博客分类方法 [J]. 情报杂志，2009，(9)：50-52，40.

[29] 靳延安，李瑞轩，文坤梅，等. 社会标注及其在信息检索中的应用研究综述 [J]. 中文信息学报，2010，(4)：52-A62.

[30] 姚晓峰. 用户标签和图书馆主题分类的比较研究——以 Librarything 为例 [J]. 图

书馆学研究，2010，(4)：63-66.

[31] Guy M, Tonkin E. Folksonomies - Tidying up Tags? [J/OL] . http://www.dlib.org/dlib/january06/guy/01guy.html [2011-10-15] .

第四章

多语言网络学术信息翻译资源与测评体系构建

本章将主要探讨多语言网络学术信息检索的关键技术，特别是专业领域翻译资源的构建与测评体系的构建。

第一节　多语言网络学术信息检索的关键技术

要实现多语言网络学术信息资源的有效利用，离不开多语言网络学术信息的检索。这其中，跨语言信息检索（CLIR）技术、机器翻译技术、信息检索系统评价体系等是关键技术。

一、跨语言信息检索技术

跨语言信息检索指以一种语言的查询检索出另一种语言文档信息的检索方法。查询语言称为“源语言”（source language），要检索的文档语言称为“目标语言”（target language）[1]。学者 Kazuaki 认为[2]，跨语言信息检索还可更细分为两类检索：双语言信息检索（bilingual information retrieval，BLIR）和多语言信息检索

(multilingual information retrieval，MLIR)。在双语言信息检索中，文档的语言是与查询语言不同的另一种单一语言（如图 4-1 中的示例，查询语言为中文，文档语言为英文，称为汉英检索)；而在多语言信息检索中，文档是由 2 个或 2 个以上与查询的语言不同的文档集构成（如图 4-1 中的例子，查询语言为中文，文档语言为英文、日文、阿拉伯文，检索的时候这几种语言的文档同时被检索)。总之，多语言信息检索要比双语言信息检索复杂得多。此外，跨语言信息检索的英文表示还有 cross-lingual information retrieval，cross-linguistic information retrieval，translingual information retrieval 等，这些表示与 CLIR 没有区别。尽管在跨语言信息检索的术语统一问题上还没有达成完全一致，但现在比较公认的是以“跨语言”（cross-language）作为该研究领域显著特征的最佳描述。

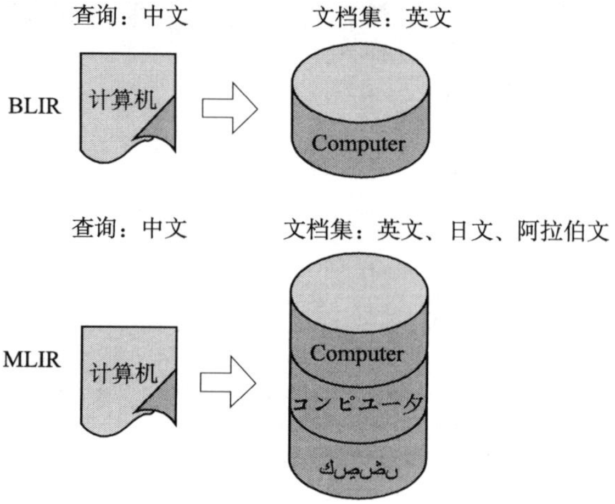

图 4-1 跨语言信息检索的概念

跨语言信息检索涉及许多相关研究领域。这些相关领域可以分为信息科学、人工智能及其他领域三大类，其中的信息检索、自然语言处理、人机交互等是其主要研究领域。这是因为跨语言信息检索实则为信息检索领域的一个分支，其中又包含大量语言处理问题，且跨语言信息检索系统又最终必须以帮助用户为目标。

一般认为，跨语言信息检索是信息检索与机器翻译相结合的技术。跨语言信息检索是信息检索的一个分支，除了要解决一般信息检索问题之外，关键是要在查询和文献表示匹配之前采取措施使二者的语言统一，最终转化为单语言检索模式。因此，传统的信息检索理论和技术同样适用于跨语言信息检索。跨语言信息检索需要结合机器翻译技术，尽管两者都涉及不同语言之间的翻译，但跨语言信息检索对翻译的要求比机器翻译宽松许多。机器翻译不但要求每个词或词组的翻译都尽量准确，而且生成的句子或篇章都要句法正确和文字通顺，而跨语言信息检索却同时可保留多个翻译，只需在多语种文本中匹配到与查询相同的文本集合。

此外，跨语言信息检索最终是面向用户，而用户往往不能识别系统检索出来的目标语言文献，因此需要通过翻译技术提供给用户相关的译文。跨语言信息检索需要融入用户研究，用户在跨语言信息检索的各个环节都发挥作用，如检索需求的表示、查询的形成、检索结果的选择、查询的重定向等。

（一）跨语言信息检索的翻译策略

跨语言信息检索的实质是单语言的用户查询与多语言的信息（文档）表示之间的匹配，目前的主要解决方法是在单语言信息检索系统的基础上增加一个语言转换机制（查询翻译、文档翻译等）。跨语言信息检索综合了多种信息处理成果，在进行语言转换之前还要进行一些文本预处理，如语言识别、信息抽取、信息过滤、信息标引、文本分类等。翻译策略的选择是跨语言信息检索技术的核心问题，其实现方法主要有以下四种。

1. 查询翻译

查询翻译（query translation）策略是目前最常用的策略。这种方法将用户输入的查询翻译为系统支持的其他语言，然后进行单语言检索。查询翻译策略的优点在于能够快速执行。但是，由于查询的上下文极其有限，且每种语言中都有很多词是多义词，对应于每个意思，又可能有多个另一种语言的翻译，其确切意思往往要依据周围语境才能判断。而查询通常很短，提供的语境很少，难以据此判断哪个翻译是针对用户需求的。因此，查询翻译策略的主要缺点在于语义排歧上的困难。多数研究者采用查询翻译策略进行跨语言信息检索研究和实验，本书也不例外。

2. 文档翻译

文档翻译（document translation）将待检索的文档集全部翻译为与查询相一致的源语言形式。由于具有完整的文献语境，有可能利用语境信息较好地实现语义消歧。在跨语言信息检索中，翻译文档全文的做法还可以为用户提供文档译文，帮助用户理解检索出的文档并判断它们的相关性。但是，全部文档集的翻译实际上是纯粹的机器翻译应用的问题，如果没有大量人工的介入，文档翻译中严重的不准确势必影响跨语言检索的质量，而且采用文档翻译方法所需的处理时间较长，计算量过于庞大，会导致数据库中的数据量成倍增加使得文档集合的规模受限，特别是对于支持两种以上语言的系统来说，成本很高。因此，极少有系统采用翻译文档的策略，目前只在某些专业领域的小型文档集合中使用文档翻译方法来进行跨语言信息检索。

3. 中间语言翻译

中间语言翻译（inter-lingual translation）技术将查询和文档整合为一种中间语

言（也可以称为第三方语言），如潜语义标引（latent semantic indexing，LSI）、基于多语种叙词表、基于多语本体的跨语言信息检索技术都是这种方法的典型代表。由于多语受控词表或多语本体中的每个词都与一个概念相对应，通过为每个概念赋予一个独立于语言的标识就可以在不同语言的词语之间建立起对应关系，特别是在遇到源语言和目标语言之间无法进行直接翻译的情况下，即两者进行直接翻译的语言资源（如双语词典等）不存在时，只能借助于中间语言将源语言翻译成目标语言（源→中间→目标）或将源语言和目标语言均翻译成中间语言（源→中间←目标）。例如，Cindor 系统[3]以 WordNet 的同义词群“synsets”为基础，通过将几种语言的同义词都链接到表示对应概念的“synset 号”上，建立了一个名为“概念中间语言”的概念表示知识库。这样，系统就可以将文档标引词和查询检索词都转换为“synset 号”，从而跨越语言障碍来获取信息。

4. 不翻译

除了上述三种通过翻译来实现跨语言信息检索的方法外，还有学者提出了不进行任何翻译，只通过使用一些词形处理手段就可以达到同样目的的方法，即同源匹配（cognate matching）技术。这种技术提出的主要依据是印欧语系中的英语、法语等有共同的起源，它们中的很多词有相似的拼写形式或者读音，如将英语词汇、法语词汇、英法双语文件等映射到一个向量空间中时，可进行语义上的比较与匹配。如康奈尔大学的 Buckley 等[4]开发了一个英语→法语程序，该程序将英语单词视为可能拼错的法语单词，从而可借助该程序实现英语查询与法语文献之间的匹配。

（二）跨语言信息检索在学术信息检索中的应用

跨语言信息检索在多语言学术信息检索中有重要的应用，产生了一些跨语言信息检索在数字图书馆中的应用项目。除了马里兰大学的国际儿童数字图书馆，以及欧洲国家的一些多语言文献和文化遗产获取项目外，最近的一个例子是于 2010 年 6 月 11 日在芬兰首都赫尔辛基举行的 ICSTI（国际科技信息理事会）夏季会议上发布的世界科学跨语言检索平台 World Wide Science（http：//worldwidescience. org/multilingual）。据介绍[5]，该平台中 94%的文献在别处是检索不到的，即使在 Google 上也只能检索到 6%左右。这是因为 World Wide Science 联盟的成员单位都是专业图书情报机构或科技信息事业的领导机构，如美国能源部科技信息局（OSTI）、美国国会图书馆、大英图书馆、加拿大科技信息研究所、韩国科技信息研究所、中国科技信息研究所等。该平台还可以自动进行跨语言跨库检索，如图 4-2 所示，中文检索词“针灸”被自动译为英语、法语、日语、俄语、德语、西班牙语等后进行跨库检索，并将检索结果合并展示。如图 4-3 所示，检索结果共有文献 709 篇，其中收藏针灸相关文献较多的单位包括：中国科技信息研究所的中文科技期刊数据库、美国联邦政府的 Science. org 科技文献平台、瑞典开放存取期刊名录（DOAJ）、英国电子版目录、印度 Institute of Science 的硕博士学位论文数据库、日本 J-stage 等。如果用户不懂任何外语，可点击“翻译结果”一键就把检索结果的标题甚至文摘微软的翻译软件翻译成中文。图 4-4 显示的是对前 2 条德语检索结果的标题和摘要的中文翻译。

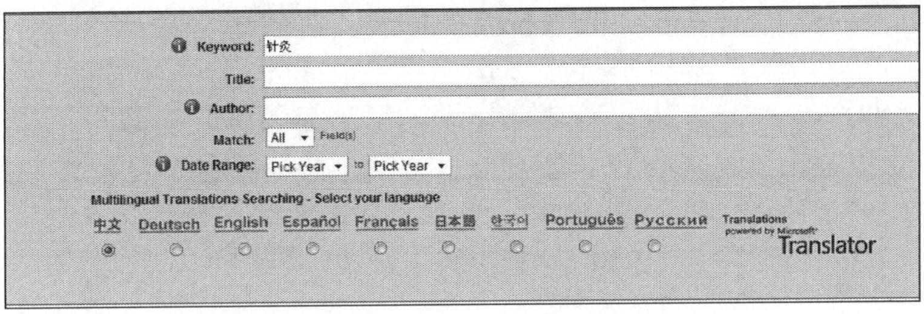

图 4-2　WorldWideScience 的跨语言检索界面

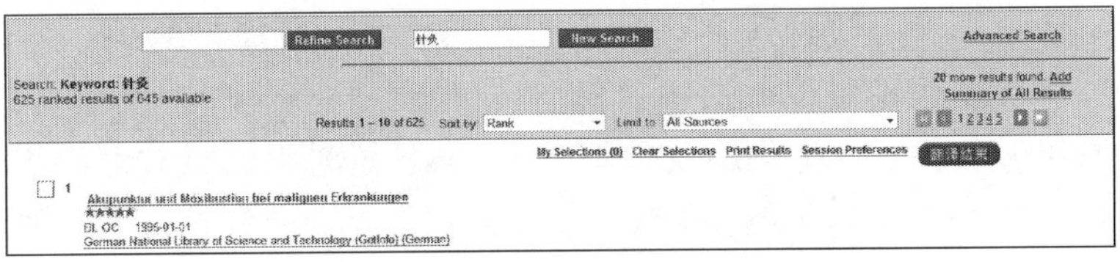

图 4-3　WorldWideScience 的跨语言检索结果界面

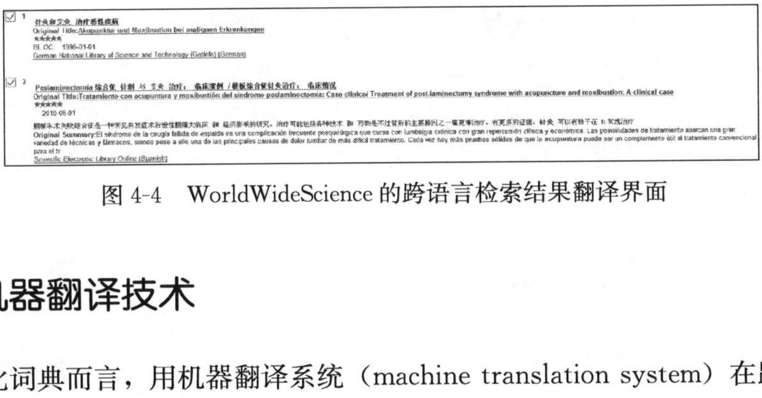

图 4-4　WorldWideScience 的跨语言检索结果翻译界面

二、机器翻译技术

相比词典而言，用机器翻译系统（machine translation system）在跨语言信息检索中作为翻译资源更直接，因为现在已有一些现成的在线机器翻译系统可以使用，如基于规则的 SYSTRAN 系统和基于统计的 Google Translate 等。

在跨语言信息检索中利用机器翻译系统可以很简单：用户只需将查询（在查询翻译策略中）或文档（在文档翻译策略中）提交给机器翻译系统获得一个翻译后的版本，然后这个被翻译了的版本被用于单语言信息检索中即可。但是，这中间存在一些问题，如错误翻译、唯一翻译、近似翻译、无翻译或无合适翻译等。这些问题影响着机器翻译在跨语言信息检索中的应用。这些问题并不仅仅是在基于机器翻译的查询翻译中才出现，这些问题也出现在其他翻译方法中，如用词典翻译。所不同的是，如果我们用一些开放的资源和工具，我们可以对该资源进行针对跨语言信息检索的特殊处理，这与直接应用机器翻译系统是不同的，因为机器翻译系统通常是无法更改的。

机器翻译与跨语言信息检索在翻译方面的一个重要不同是句法结构。句法结构对机器翻译来说很重要，如句法结构在基于规则的 SYSTRAN 系统中很重要，在基于统计的机器翻译系统中也很重要。但在跨语言信息检索中，句法结构对正确选择一些查询表达式有一定作用，但是翻译后的查询的句法结构对检索结果并没有很重大的影响。例如，跨语言信息检索中翻译“清华举行住房改革”，其关键是对“清华”和“住房改革”的翻译准确，但具体是翻成“Tsinghua University”还是“University of Tsinghua”，是“housing reform”还是“reform on housing”或是“reform housing”在大多数信息检索的系统里是没有太大区别的。

机器翻译被用于一些跨语言信息检索的实验中，所得到的结果基于不同的测试文档集、机器翻译系统以及语言对（lanauge pair）有很大不同，其检索结果可以达到单语言检索结果的 50%～100%。通常，对于已经被大量研究的语言对，如欧洲语言，当前的机器翻译系统可以达到很好的效果，使得跨语言信息检索的效果可以达到单语言检索的 80%～100%。但对于一些资源贫乏的语言，如菲律宾语，或两个非常不同的语言，如英文和中文、中文和阿拉伯文，用机器翻译的跨语言信息检索的效果有时只能达到单语言检索的 50%，这样的结果不比用一个简单的双语词典好多少。

上述机器翻译和跨语言信息检索中翻译的不同反映出一个值得研究的问题：在查询翻译时，并不需要太重视翻译的质量，而应使翻译结果尽可能地包含更多的翻译选项。

三、跨语言信息检索评价体系

20 世纪 90 年代初起，检索评价的范围不断扩大，评价水平不断提高，评价指标体系也日趋合理和完善。1992 年开始的文本检索会议 TREC 使信息检索评价进入了大规模、真实文本的时代，评价结果更具权威性和应用性。在跨语言信息检索领域，比较著名的测试文档集是欧洲跨语言评价论坛 CLEF 和日本国家科学信息系统中心信息检索系统测试集会议 NTCIR。

CLEF 和 NTCIR 语料基本沿用了 TREC 语料的格式和定义，主要包括测试文档集合（documents）、检索主题集合（search topic statements）、标准答案（ground-truth）三部分。

(一) 测试文档集合

测试文档集合通常是来自各种语言的真实的语料，以新闻语料居多，如来自《人民日报》和新华社电讯稿的中文全文资料，来自墨西哥报纸的西班牙文语料，以及来自法国新闻社的法语电讯稿语料等。

(二) 检索主题集合

检索主题集合一般用自然语言描述，以区别于检索系统中采用某种检索语言形成的结构化的查询式，通常采用一种简单的、SGML 风格的结构格式，主要包含 4 个元素：主题序号（number）、主题标题（title）、主题简述（description）、主题描述（narrative）。图 4-5 和图 4-6 分别展现了 GEOCLEF2008 的一个英文检索主题实例和 NTCIR-6 的一个日文检索主题实例。

```
<topic lang="en">
  <identifier>10.2452/94 -GC</identifier>
  <title>Demonstrations in German cities</title>
  <description>Documents mentioning demonstrations in German cities</description>
  <narrative>Relevant documents   contain information about participants, and number of
participants, reasons, type (peaceful or riots) and consequences of demonstrations in German
cities.</narrative>
</topic>
```

图 4-5　CLEF 的检索主题实例

```
<TOPIC>
<NUM>014</NUM>
<ONUM>NTCIR4-014</ONUM>
<SLANG>CH</SLANG>
<TLANG>JA</TLANG>
<TITLE>環境ホルモン</TITLE>
<DESC>環境ホルモンによって引き起こされる人間への影響と脅威に関する記事を探したい</DESC>
<NARR>
<BACK>日本は環境ホルモンについて強い懸念を抱いてきた。日本の科学界は，1998 年，関連研究
を行うために環境ホルモン学会を設立した。「環境ホルモン」という言葉は，日本の横浜市立大
学の井口泰泉教授による造語で，「外因性内分泌かく乱物質」のことであり，通常，人工的な化
学合成物質のことである。こうした人工的な化学合成物質の一部は，環境を汚染し，食物連鎖を
通じて人（または動物）の体に戻っていく。こうした物質は天然のホルモンのふりをして，人体
の基本的な生物学的調整機能にさらなる影響を及ぼす。環境ホルモンが人体に及ぼす既知の影響
と脅威は何なのかを知りたい。</BACK>
<REL>環境ホルモンによって引き起こされる病気や脅威に関する文書を適合とする。環境ホルモン
の定義とその特徴の紹介は適合しない。</REL>
</NARR>
<CONC>環境ホルモン，日本，井口泰泉，内分泌，天然のホルモン，環境，食物連鎖</CONC>
</TOPIC>
```

图 4-6　NTCIR 的检索主题实例

（三）标准答案

以前的测试集数据量少，相关性判断（relevance judgment）通过人工判断来实现。随着测试集数据量的扩大，像 TREC、CLEF 和 NTCIR 这种测试平台都采用相关池（relevance pooling）技术来产生一个相关文档集合，即标准答案。操作方法是：针对某一个检索主题，所有参与检索实验的系统分别提交检索结果，将这些结果的前 n 个文档（通常 $n=100$）汇集起来得到一个可能相关的文档池（pool），然后由检索评价专家进行人工判断，最终得到该检索主题的标准答案。

然而，这些国际性跨语言信息检索测评体系基本都是针对新闻语料，还未见有专门针对某个领域的学术信息检索的测试集合与评价标准的语料出现。在本章后半部分，我们将以图书情报领域为例，构建一个该领域的学术信息文档集合，并设计一套该领域的检索主题，通过该领域的专家针对每个检索主题对文档集合检索出的结果进行相关性判断，建立一套图书情报领域标准的测试集与评价标准，可以用于专业学术信息检索的评价。

第二节　翻译资源及其构建方法

多语言网络学术信息的检索离不开翻译，需要一定的翻译资源来完成查询翻译或文档翻译。跨语言信息检索系统的翻译资源主要有双语词典、双语语料库、机器翻译系统、多语叙词表、多语本体等。翻译资源的准确性和覆盖度对跨语言信息检索结果的精确度至关重要。然而，现实中可获得的翻译资源还不足以满足用户追求高精度的信息检索结果，因此需要通过一些技术手段来获取优质的翻译资源或者对已有翻译资源进行扩充，以满足跨语言信息检索的需求。在此，我们介绍的是通用翻译资源的构建方法，即不涉及专业领域的翻译资源构建，而多语言学术信息的检索更多地涉及专业领域的翻译资源构建，有其一些独特的方法，我们将在本章下一节讨论领域翻译资源的构建。

一、双语词典

在跨语言信息检索中，由于简洁、高效、易获取等优点，双语词典被广泛应用于查询翻译。在大多数情况下，跨语言信息检索系统中采用的双语词典并不是真正意义上的词典，而是词语列表，称为双语机读词典。

双语词典常常可以从网上一些免费的多语言资源获得，如 Freedict（http：//www. freedict. com）。但以这种方式获取的词典通常覆盖率有限，而且基于这类词典产生的跨语言信息检索系统的效用也不是很好。此外，通过这类方法获取的翻译资源通常只适用于那些有很多网络资源的语言对。

另一种方法是利用印刷出来的双语词典。这种词典一般都为人们阅读和使用设计，有比较复杂的结构和很多详细的用法信息。由于词典中许多信息和结构通常都重复出现，我们可以利用机器学习和光学字符识别（optical character recognization，OCR）来提取相关的翻译知识。但是这种自动方法通常会带来一定错误或噪声，若处理不好也会影响跨语言信息检索系统的有效性。不管如何，由于存在大量印刷出来的双语词典，这类研究方法还很热门。

研究表明最有效的词典是带有翻译概率的双语词典，这样可以给各个翻译不同的权重。此种词典通常是利用现代计算语言学技术结合双语语料库获得。目前有很多关于自动获取翻译概率词典的研究，如杨沐昀等[6]比较了常用的 4 种基于共现的统计模型的性能，并以对数相似性模型为基础引入迭代策略，提高了候选汉英翻译词对的计算精度。Melamed[7]提出了一种半自动化的词典生成策略，即从平行文本中自动获取翻译关系，人工的核心作用是对词典自动构建算法进行验证和调节。实验证明这种方法比单纯的手工方法或全自动方法具有更高的效率和准确性。Jin 和 Wong[8]提出了一种基于统计的自动词典构建方法。这种方法从生语料（未经加工、标注的语料）中自动获取词语信息，通过局部统计信息（字符串在某一文档中的频率）、全局统计信息（字符串在文档集合中的频率）和上下文统计信息（一系列字符串构成一个句子的概率）来识别合法的汉字。他们的研究证实这种方法是高效的，并且有助于解决跨语言信息检索中的未登录词问题。

对于带有翻译概率的词典的利用也有不同的方法。在向量空间模型的框架里，一个有效利用翻译概率的方法叫做概率结构化查询（probabilistic structured query）[9]。这项技术在结构化查询的基础上引入一个权重值（即翻译概率），来计算一个标引词的 tf 和 df。这样做的好处是可以减少低概率翻译的影响，从而突出那些高概率翻译的影响。另外，从文档词到查询词的翻译概率也经常被应用在基于语言模型的跨语言检索系统中。在跨语言信息检索系统中计算词的权重时，双向的翻译概率可以被同时使用。一种方法是用查询翻译生成结果，然后与文档翻译生成的结果合并，这样的方法被研究人员证明比其中的任何一个更有效。例如，Wang[10]在计算词权重时，把双向的翻译概率都利用起来。这项技术先找到一些具有相同意义的词作为同义词，然后以同义词组为基础去生成翻译资源来匹配文档和查询，这个同义词组可以通过 WordNet 得到，或通过统计方法从平行语料库中得到。跨语言的同义词组还可以用 EuroWordNet 或统计方法得到。这项技术在法语和中文的跨语言信息检索实验中被证明可以生成与单语言检索结果相当的结果。

二、双语语料库

对于跨语言信息检索而言，语料库是另外一个重要的翻译资源。现代语料库是计算语言学和自然语言处理的基础工程，广泛应用于各种语言处理领域。在跨语言信息检索中，通常采用的是双语语料库或多语语料库，主要分为两种类型：平行语料库（parallel corpus）和可比语料库（comparable corpus）。平行语料库指同一文献的两种或多种语言的对译，根据对应程度又可分为词对齐（word alignment）、句子对齐（sentence alignment）和文件对齐（document alignment）。其中，词对齐是最细致的双语语料库，语料库中不同语言词汇间的关系经过人工或机器建立连接，供查询翻译使用；句子对齐是相似的对应粒度较大的双语语料库。可比语料库指两种或多种语言描述的同一主题（或事件）的文献。它的定义较平行语料库宽松，因此比较容易获取。

平行语料库可以通过人工建立，也可以从其他资源中自动抽取或自动构建。现实世界中存在着许多人工生成的平行语料库，且从不同资源中可以得到。例如，联合国相关规则和文件是用几种常用正式语言发表的；欧盟的正式文件也是用几种常用欧洲语言发表的；加拿大国会的文件都是用英语和法语同时书写的；香港的相关法律文件同时有中文稿和英文稿；澳门的法律文件有中文版和葡萄牙文版；对于某些特定的语言，《圣经》还是一个建立平行语料库的可取资源。此外，平行语料库还可以从互联网上抓取。例如，Resnik[11]和 Nie 等[12]用简单有效的技术，如通过锚文本（anchor text）和 HTML 结构作为抽取规则，从网上找寻平行的网页来生成平行语料库。其中一个简单的规则是如果一个网站的中文网页含有“English Version”“in English”之类的锚文，则这一网站就有可能含有平行网页。同样，如果英语网页里含有“中文版”这样的锚文，则该网站也可以作为候选网站。然后，通过文件名的相似性可以快速确定哪些文本可能是平行的，因为平行网页通常有相似的文件名，如 file _ e. html 和 file _ c. html。这种方法提供了一种自动获得平行语料的途径。

除了提供一个词的翻译外，平行语料库还能提供翻译概率，这些翻译概率可以通过词对齐技术获得。词对齐技术也是在统计机器翻译中常用的重要技术。基于平行语料库中的词语在句子中的位置和长度，可以和对应的外文文档中的词语逐一对齐，从而获得词对齐信息。如果在平行语料库中，两个词对齐的频率达到一定程度，就可以比较有把握地说这两个词互为翻译，而且它们对齐的频率可以用来计算翻译概率。通常用的词对齐的工具包是 GIZA++[13]。跨语言潜语义标引是另外一个用平行语料库来抽取翻译知识的方法，它基于一个平行的训练语料库使得文档对齐，基于他们的标引词生成一个高阶的标引词向量空间。互为翻译的两个文档在这个空间中被标识出来，利用奇异值分解技术把相对稀疏的高阶的标引词向量空间转换成相对紧密的潜语义空间。在这新生成的语义空间中，语义上相近的词将会排列的比较紧密，文档集中的每篇文章通过它们对应的标引词在潜语义空间中标识出来。当一个查询输入后，可以把查询也转换到潜语义空间中，通过普通的向量计算找到与查询相近的同一语言的文档，再通过翻译关系得到另一个语言的文档。

相比平行语料库而言，可比语料库的获得要容易得多。一个最简单的方法就是从互联网上大量存在的各种语言的新闻网页中获取。通常，就某一个热点新闻事件，网上会有各个国家媒体的新闻报道，它们谈论的是同一个主题。如图 4-7 所示，仅从新闻图片就可以判断，（a）和（b）分别来自 BBC 和新华网，用英语和中文描述的新闻则成为可比语料。

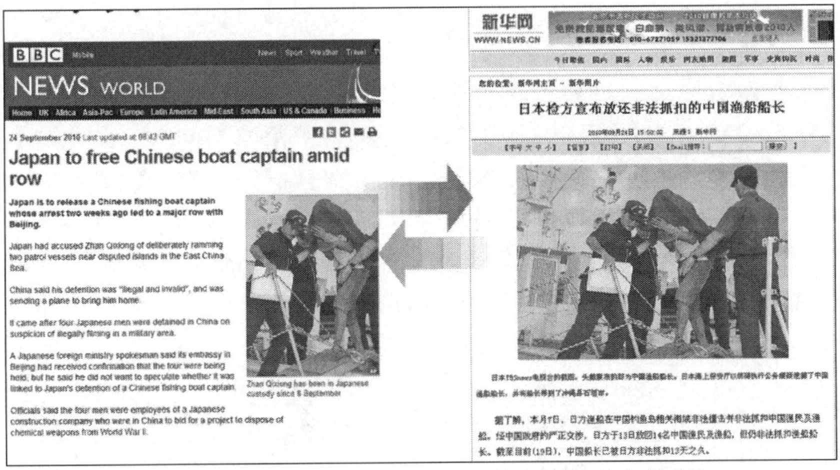

（a）来自 BBC 的新闻图片　　　　（b）来自新华网的新闻图片

图 4-7　可比语料示例

三、机器翻译系统

机器翻译系统也经常被应用于跨语言信息检索。机器翻译又称为自动翻译，是利用计算机把一种自然源语言转变为另一种自然目标语言的过程，通常是句子和全文的翻译。它是自然语言处理的一个分支，与计算语言学、自然语言理解之间存在着密不可分的关系。总的来说，机器翻译方法可以分为两大类：基于规则（rule-based）的方法和基于统计（statistic-based）的方法[14]。

基于规则的机器翻译系统由词典和规则库构成知识源，其处理过程是：对源语言的句子进行分析或理解，在语言处理的某一层面进行转换，按目标语言结构规则生成目标语言的句子。一般分为语法型、语义型、知识型和智能型机器翻译系统。语法型机译系统研究重点是词法和句法，以上下文无关文法为代表，早期系统大多数都属这一类型；语义型系统研究重点是在机译过程中引入语义特征信息，以 Burtop 提出的语义文法和 Charles Fillmore 提出的格框架文法为代表；知识型系统目标是给机器配上人类常识，以实现基于理解的翻译系统，以 Tomita 提出的知识型机译系统为代表；智能型系统目标是采用人工智能的最新成果，实现多路径动态选择以及知识库的自动重组技术，对不同句子实施在不同平面上的转换，这样就可以把语法、语义、常识几个平面连成一有机整体。著名的 SYSTRAN 系统就是一个典型的基于规则的机器翻译系统。

基于统计的机器翻译系统把机器翻译看成是一个信息传输的过程，用信道模型对机器翻译进行解释。这种思想认为，源语言句子到目标语言句子的翻译是一个概率问题，任何一个目标语言句子都有可能是一个源语言句子的译文，只是概率不同，机器翻译的任务就是找到概率最大的句子。具体方法是将翻译看做对原文通过模型转换为译文的解码过程。因此，统计机器翻译又可以分为模型问题、训练问题、解码问题。所谓模型问题，就是为机器翻译建立概率模型，也就是要定义源语言句子到目标语言句子的翻译概率的计算方法。而训练问题，是要利用语料库来得到这个模型的所有参数。所谓解码问题，则是在已知模型和参数的基础上，对于任何一个输入的源语言句子，去查找概率最大的译文。Franz Joseph Och 的 GIZA＋＋是在约翰·霍普金斯大学的机器翻译夏令营上实现的 GIZA 软件包上进行了优化，加快训练速度，特别是 IBM Model 3 到 5 的训练，并提出了更加复杂的 Model 6。直到现在，GIZA＋＋还是绝大部分统计机器翻译系统的基石。Moses 是目前维护较好的开源机器翻译软件，由爱丁堡大学研究人员组织开发。其发布使得以往繁琐复杂的处理简单化。目前，Google 的在线翻译已为人熟知，其背后的技术即为基于统计的机器翻译方法，基本运行原理是通过搜索大量的双语网页内容，将其作为语料库，然后由计算机自动选取最为常见的词与词的对应关系，最后给出翻译结果。

四、多语叙词表

多语言分类表、主题词表和叙词表的建设也是实现信息检索语言互操作的一个重要研究内容[15]。IFLA 分类和索引小组 2005 年起草的 *Guidelines for Multilingual Thesauri* 是对 ISO 多语言叙词表（ISO-5964-1985）的补充，对于建立多语言叙词表具有指导和促进作用。*Guidelines for Multilingual Thesauri* 提出了以下三种建立多语言词表的途径[16]。

（1）从底层开始建立新的叙词表。这种方法又可以分为：①从一种语言开始建立词表，然后增加其他语言；②同时开始多语言词表的建设。

（2）合并现有的词表。合并现有的两个或多个叙词表成为一个新的多语言信息检索语言，在索引和检索时使用新的检索语言；或将现存的叙词表或主题表目互相链接，在索引或检索时使用已有的词表。

（3）转换叙词表成为另一种或更多种语言。

开展词表之间映射和多语言词表建设的项目有 HILT project、UMLS 生物医学词表、AGROVOC 农业多语言叙词表、UC Berkeley DARPA Unfamiliar Metadata Project、Polish Project、CARMEN、MACS、Merimee、SAB/DDC、CAMed 等。

Lois 和 Marcia 总结归纳了如下六种构建方法[17]：

（1）演化/建模（derivation/modeling）：在现有的综合性的词汇集的基础上，将其改编成一个专业的词表。如 MeSH、Sears List of Subject Headings、CSH、FAST 的创建。

（2）翻译/改编（translation/adaptation）：主要用于不同语言的知识组织体系的转换，通过将现有词表从一种语言翻译成另一种语言来创建一个新的知识组织体系。如 RVM（LCSH 和 CSH 的法语改编本）、Rameau（RVM 的改编本）、YSA（芬兰的一个通用叙词表被翻译成瑞典的通用叙词表）等。

（3）人工映射（mapping - intellectual）：将不同知识组织体系中的词汇概念根据同义/等价的原则建立连接，需要专业人员的参与。如 MACS、Merimee、OCLC 的 LCSH/DDC、LCSH/MeSH 等。

（4）计算机辅助映射（mapping - computer-aided）：运用计算机技术辅助建立映射系统。如 WebDewey 等。

（5）链接（linking）：将词汇与其他词汇根据语义的关系，而不只是概念的等价性链接起来创建的知识组织体系。如 CAMed、ADL project 等。

（6）转换（switching）：通过建立一个转换语言或词表的中介来实现不同知识组织体系的转换。如 Megathesaurus、Renardus project 等。

五、多语本体

多语本体是继多语叙词表之后，在跨语言信息检索中发挥着重要作用的翻译资源。综合而言，构建多语本体的方法可分为以下两类。

1）以 WordNet 为基准，构建相应其他语言的映射

20 世纪 90 年代以后，各国开始竞相开发各自的与 WordNet 兼容的（compatible）单语、双语或多语本体。迄今为止，P. Vossen 主持了包含欧洲八种主要语言（法、德、西、葡等）的 EuroWordNet 的开发工作，并在荷兰成立了“全球 WordNet 联盟”（the Global WordNet Association，GWA）国际组织。俄、日、印、韩等国也在开发与 WordNet 兼容的本国语言的语义词典。2002 年 1 月，由“全球 WordNet 联盟”主办的“第一届全球 WordNet 国际会议”（the 1st International Conference on Global WordNet）在印度召开，参加会议的国家和地区有 30 多个。会议涉及如下专题：语义关系与词汇语义学（semantic relations & lexical semantics）、本体论与概念（ontologies，concept & toplevels）、双语与多语 WordNet 词典构造（building wordNets）、词义消歧与语义标注（disambiguation & semantic annotation）、WordNet 词典的其他应用等。张晶等探索了在英语本体 WordNet 和汉语本体 HowNet 的基础上，利用已有的双语机读词典 ECDic2K 和语义资源自动生成汉英双语本体的方法[18]。

2）将现有叙词表改造为多语本体

T2O（Thesaurus to Ontology Workbench）[19]是一个典型的将叙词表改造为多语本体的平台，包含 UNESCO、EuroVoc、TEE 等叙词表。如图 4-8 所示，多语本体的构建内容主要包括：术语调和（term conciliation）、本体完成（ontology completion）、本体调和（ontology conciliation）、本体翻译（translation of ontologies）、本体语言转换（inversion of ontologies to another language）、表转换到本体（transformation of tables into ontologies）、等级体系转换到本体（transformation of taxonomies into ontologies）等。其开发的工具 Biblio::Thesaurus 能够实现上述功能。

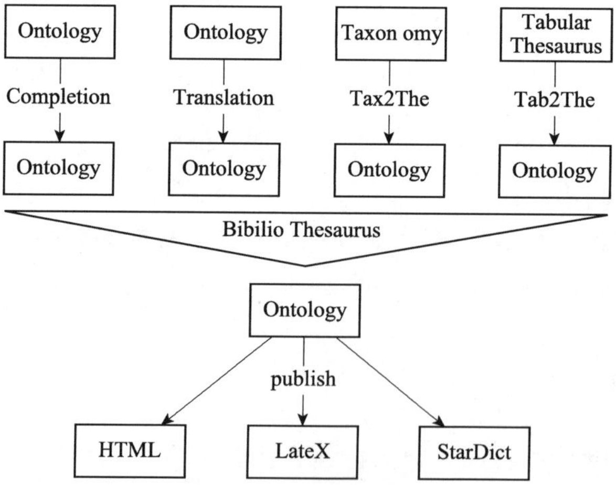

图 4-8　T2O 的体系结构

第三节　图书情报领域多语言学术信息的翻译资源构建

跨语言学术信息的检索与一般的跨语言信息检索不同。在多语言学术信息中涉及大量专业术语，而普通的翻译资源无法满足专业术语翻译的需要，因此，需要构建面向专业领域的翻译资源。此外，根据我们在调查研究部分“数字图书馆用户的多语言信息需求与期望调查”的结果显示，用户在进行多语言学术信息检索时，更关注的是专业术语的翻译，以下调查结果是有力的证据。

“对于数字图书馆应提供的多语言服务，84％的调查对象希望数字图书馆提供专业词汇的翻译功能；82％希望数字图书馆能够按照主题领域对资源分类；74％提出数字图书馆应提供多语言信息的检索功能；59％希望提供全文翻译；57％希望数字图书馆嵌入翻译软件；55％希望提供句子翻译；54％希望用户能够添加本领域的专业词库；52％希望用户能够对专业词汇翻译进行纠错。”

“提供句子、全文翻译不应该是重点，毕竟真正的理解还在阅读者，但是提供专业词汇的准确翻译确实很有必要的，因为准确的专业翻译可以帮助研究人员迅速找到问题所在。”

鉴于此，我们以图书情报领域为例，研究能够应用于跨语言学术信息检索的中英文学术信息翻译资源的构建。

一、专业术语翻译的特点

术语是专业领域中概念的语言指称[20]，是定义明确的专业名词，是领域专家用来刻画和描述领域知识的基本信息承载单元，是信息检索和信息提取的重要单元，是知识库中的核心成员。术语的产生和流通情况反映了相关领域的信息的基本发展面貌。术语学的产生、发展以及标准化进程，与人类对知识、信息共享的越来越强烈的需求密不可分，同时，术语学也为人类知识、信息共享提供了良好的理论基础和实践经验[21]。

要实现对不同专业领域术语的翻译，系统可以利用一个通用词典，但还必须根据所翻译文献所属的专业领域加挂对应的专业术语词典。一般来说，机器可读的专业词典都是以现有的面向人的专业词典为基础建立起来的。这些专业词典一般具有以下特点[22]：一是专业术语多，专业词汇量大；二是同一个术语在不同专业领域可能具有不同的意义，即“一词多域多义”现象；三是同一个术语在不同专业领域具有相同的意义，即“一词多域同义”现象；四是专业术语扩展迅速，可变性强，具有强大的生成能力。

专业词典的上述特点对于专业领域翻译资源的建设和应用造成很大的困难。按照目前主流的做法，机用专业词典基本上是人用专业词典的简单翻版，词典库中的词典都以单一个体形式存在，对应着不同的专业领域，彼此之间虽有隐性关系但没有任何显性的表示。这种词典组织和词典库建设方法存在着一些明显的不足：①“一词多域多义”现象引起的词汇歧义无法有效得到解决；②“一词多域同义”现象引起的冗余无法有效地消除；③不同专业词典库之间难以实现知识共享；④无法应对多专业机器翻译中经常碰到的未登录词处理问题；⑤难以实现高效准确的词典存储和查询。

针对上述问题，结合本书第三章第三节的研究对现有网络学术资源的用户标签进行的整合研究，形成有利于多语言学术信息检索的资源与工具。

首先，我们以图书情报领域为例，从不同类型的中英文网站中抽取三种类型的学术信息表示标签：一是学术信息资源的用户在使用某篇文章时进行的协同标记；二是文章作者在提供该资源时使用的关键词标记；三是利用信息抽取技术从全文或摘要信息中对该文章的主要术语进行提取。这三类标签涵盖了用户提供、作者提供、自动抽取形成的标签，能够比较全面地反映学术信息的表示结果。其次，我们对上述三类信息表示标签进行整合与映射研究。整合体现在按照中文和英文分别对三类标签进行合并；映射体现在对所形成的中英文词表进行翻译对照与关联。最后，将形成两个图书情报领域的语义词典：一是由网络学术信息资源作者提供或自动抽取术语形成的专业词典；二是由网络学术信息资源用户提供的社会标签所形成的标注词典。利用从中英文学术资源网站获得的两个领域语义词典，可以为多语言学术信息检索提供高效的翻译工具。

二、图书情报领域中英文专业词典构建

（一）图书情报领域专业词典调研

为了构建图书情报领域的中英文专业词典，我们首先对该领域已有的专业词典建设情况进行了调研。调研结果显示，印刷版的图书情报领域专业词典主要有：

（1）图书馆学情报学词典．周文骏．1991．书目文献出版社．

（2）英汉图书馆学情报学术语词典．崔红娟．2006．上海交通大学出版社．

（3）新编图书馆学情报学辞典．丘东江．2006．科学技术文献出版社．

然而，尽管这些印刷版的专业词典的术语都是经过专家甄选、翻译而成，

具有规范性与权威性，但对于跨语言学术信息的检索而言，这些印刷版词典具有以下局限性：①没有相应的机读词典，不适合网络信息自动检索；②词条无法动态更新，不利于最新专业信息的获取；③每个词条的翻译项较少，且不带翻译概率，无法设置权重，不利于提高信息检索的查全率和查准率。

鉴于此，我们希望利用现代计算语言学技术结合双语语料库获得适合图书情报学中英文学术信息检索的专业机读词典。

(二) 以翻译概率方法为基础构建机读专业词典

多年来，双语词典的获取和编撰一直依靠手工方式，更新的周期长而且代价高。目前一种尝试过做法是直接将现有的语言学词典转换成机读词典，但这种词典对每个输入词条的所有翻译均一视同仁，这对于信息检索而言是不利的。以上问题促使许多学者从事基于双语语料库的翻译词典自动获取研究，并取得了丰硕的成果[23-25]。这其中，翻译概率的引入已经被证明是一种有效提高查询翻译准确性的方法。统计词典是在双语语料库（通常是平行语料库）中，通过词对齐以及词频统计和词共现计算方法，得到的一个翻译模型：

$$\sum_{f_i} P(f_i \mid e) = 1 \tag{4-1}$$

其中，e 为某个检索词；f_i 为该检索词的第 i 个翻译；P（$f_i \mid e$）为给定检索词 e，当 f_i 为其翻译时的概率，检索词 e 的所有翻译的概率之和为 1。通过这种翻译概率方法可以赋予不同翻译以不同的权值（概率），从而区分重要的与不重要的翻译。

根据概率的统计定义“在相同条件下重复进行的 n 次试验中，事件 A 发生的频率稳定地在某一常数 p 附近摆动，且随 n 越大摆动幅度越小，则称 p 为事件 A 的概率，记作 P（A）”，跨语言信息检索中，我们将翻译概率的计算方法定义如下：

$$P(f_i \mid e) = \frac{F(f_i)}{F(f_i) + F(\overline{f_i})} \tag{4-2}$$

其中，P（$f_i \mid e$）为 f_i 为检索词 e 的翻译的概率；F（f_i）为在一定的样本空间中，f_i 为检索词 e 的翻译的频率；F（$\overline{f_i}$）为在一定的样本空间中，检索词 e 的翻译不为 f_i 的频率，即检索词 e 翻译为其他译项的频率。这种通过词频统计计算翻译概率的方法是机器翻译和跨语言信息检索领域常用的一种方法。

学术论文是比较权威的学术信息，目前很多中文核心期刊在录用稿件的时候都要求作者提供以下题录信息：中文标题、英文标题、中文摘要、英文摘要、中文关键词、英文关键词。这些由论文作者提供的双语学术信息表示标签，是非常好的构建领域翻译资源的双语语料。且通过计算语言学技术，我们可以对其进行概率统计，这样可以给各个翻译不同的权重（翻译概率）。

数据库提供商享有非常丰富的数字资源，例如，中国知网、万方数据库、维普数据库等国内著名的中文学术信息服务商拥有大量数字化的学术信息。通过调查我们发现，中国知网的“CNKI 翻译助手”符合我们构建专业词典的想法，其特点如下[26]：

“不同于一般的英汉互译工具，CNKI 翻译助手是以 CNKI 总库所有文献数据为依据，它不仅为您提供英汉词语、短语的翻译检索，还可以提供句子的翻译检索。不但对翻译需求中的每个词给出准确翻译和解释，给出大量与翻译请求在结构上相似、内容上相关的例句，方便您参考后得到最恰当的翻译结果。

CNKI 翻译助手汇集从 CNKI 系列数据库中挖掘整理出的 800 余万常用词汇、专业术语、成语、俚语、固定用法、词组等中英文词条以及 1500 余万双语例句、500 余万双语文摘，形成海量中英在线词典和双语平行语料库。数据实时更新，内容涵盖自然科学和社会科学的各个领域。”

于是，我们决定以 CNKI 翻译助手为基础进行图书情报领域中英文专业词典的构建。

（三）CNKI 翻译助手的下载与优化

通过网页解析，我们下载了 CNKI 翻译助手中与图书情报领域相关的几个类目下的词条及翻译——图书情报与数字图书馆、档案及博物馆、出版等，共计 19 552 条记录，存成如图 4-9 所示的 XML 格式。


```
<?xml version="1.0" encoding="UTF-8"?>
<record id="高级检索"><Words><entry freq="6" percentage="66.667%">advanced search</entry><entry freq="2"
An $$advanced search$$ algorithm-parallel genetic simulated annealing (PGSA)-was used to obtain the optir
</example></Node><Node id="2" url="http://dbpub.cnki.net/grid2008/detail.aspx?dbname=ssjd&amp;filename=S$
The database tools include $$advanced search$$ capabilities in coordinate, magnitude and colour space.&#x
</example></Node><Node id="3" url="http://dbpub.cnki.net/grid2008/detail.aspx?dbname=ssjd&amp;filename=S$
The database tools include $$advanced search$$ capabilities in coordinate, magnitude and colour space.&#x
</example></Node><Node id="4" url="http://dbpub.cnki.net/grid2008/detail.aspx?dbname=ssjd&amp;filename=S$
I describe here the subset of tools used to perform $$advanced search$$ requests on large texts.&#xD;
</example></Node><Node id="5" url="none"><core>advanced search</core><example>&#xD;
You also have one-click access to Google Image searching or to the $$advanced search$$ screen.&#xD;
</example></Node><Node id="6" url="none"><core>advanced retrieval</core><example>&#xD;
Audio matching may hence be considered as a sematically $$advanced retrieval$$ problem.&#xD;
```


图 4-9　CNKI 翻译助手下载

如图 4-9 所示，在该文件中，有＜record＞、＜Words＞、＜entry＞、＜example＞等几个标记，每个标记中还有若干属性。

（1）＜record＞表示一个中文词条；

（2）＜Words＞表示该中文词条的全部翻译；

（3）＜entry＞表示一个候选翻译，“freq”属性是该候选翻译出现的次数，“percentage”是该候选翻译占全部翻译的百分比；

（4）＜example＞表示一个候选翻译的例句。

下载的 CNKI 翻译助手仍然有许多噪声，并且 CNKI 翻译助手是用于术语翻译，而非跨语言信息检索。因此，要生成图书情报领域的中英文专业词典，用于跨语言学术信息检索，我们需要在 CNKI 翻译助手的基础上进行一些优化处理，主要包括以下四个步骤。

（1）翻译概率的调整。我们发现在下载的 CNKI 翻译助手中，有一些翻译尽管其属性“percentage”为 0，但仍然是有用的候选翻译，因此我们希望保留这部分候选翻译，并为其加上翻译概率。我们的处理措施是：若某词条有翻译概率不为 0 的候选翻译，则概率不为 0 的候选翻译占 90％；其余概率为 0 的候选翻译平分 10％；若某词条只有概率为 0 的候选翻译，则它们平分 100％；若某词条只有概率不为 0 的候选翻译，则保持原始翻译概率不变。对处理后的新的候选翻译按照概率从高到低进行重新排序。

（2）词典预处理。下载的词典存在大量噪声，因此要进行预处理。包括把所有符号替换成空格，'s 当做一个符号；把 2 个或 2 个以上连着的空格替换成 1 个空格等。

（3）候选翻译的词根还原。由于生成的是汉英词典，即词条为中文，需要翻译为英文。而在英文信息检索中，通常是对还原后的词根进行索引，各种词形的英文词对于信息检索来说是一样的。因此，我们用 Poter Stemmer 对词典的每个候选翻译进行词根还原（stemming）处理。词根还原后，就可能产生同一个词条中有相同的候选翻译。对于这样的情况，我们对词根还原后相同的候选翻译进行合并，其翻译概率相加。

（4）词典后处理。经过多次处理后的词典会产生新的噪声，最后我们对词典再次进行噪声处理。检查是否存在空翻译，若有，将该候选翻译去掉，该词条剩余的候选翻译按照原始翻译概率的比例重新分配。例如，原来词有 3 个翻译，其翻译概率分别为：a 0.6；b 0.3；c 0.1。经过处理后发现 c 变成了空格，那么把 c 去掉，由于 a 和 b 的原始概率比为 2∶1，那么 a 和 b 的概率分别变成 1＊2/3＝0.67 和 1＊1/3＝0.33。最后按照每个翻译的概率从高到低重新排序。

最终，我们得到图书情报领域汉英专业机读词典（带翻译概率），中文词条共有 19 552 条，其格式如图 4-10 所示。

```
高层管理者  senior manag//0.470590  top manag//0.294120 the top manag//0.235290 record19300.xml
医学图书情报学  medic//0.643203 book//0.137745  librari//0.083199 the book//0.012339  a medic//0
闲暇时间  leisur time//0.686490 spare time//0.124320  free time//0.097300 more leisur time//0.09
素质建设  qualiti build//0.346158 qualiti develop//0.207693 literaci construct//0.138465  constr
核心计划  core plan//0.500000 core program//0.500000  record12241.xml
现刊记到  regist of the present journal//1.000000 record13408.xml
成果信息  achiev inform//0.950000 achiev data//0.050000 record9362.xml
瓦尔登湖  lake//0.896220  jezioro//0.020000 lk//0.020000  lakeminnow//0.020000  warden//0.020000
大学图书馆建设  univ librari construct//1.000000  record7196.xml
一稿多投  multipl contribut with on manuscript//0.240003  multi contribut of on paper//0.180000
地方高校图书馆  local univ librari//0.587754  local colleg librari//0.183672  librari in local u
辅助决策  assist deci make//0.202882  assist deci//0.154098 aid deci//0.144403  deci sup port//0
```

图 4-10　图书情报领域汉英专业词典示例

例如“高层管理者”这一词条，其经过词根还原的候选翻译有三个：①“senior manag”，翻译概率为 0.470 590；②“top manag”，翻译概率为 0.294 120；③“the top manag”，翻译概率为 0.235 290。候选翻译的例句存放在 record19300.xml 文件中。

三、图书情报领域中英文标注词典构建

以上所构建的图书情报领域中英文专业词典用的是从不同类型的中英文网站中抽取文章作者在书写该文章时使用的关键词标记，以及利用信息抽取技术从全文或摘要信息中对该文章的主要术语进行提取。这两类标签涵盖了作者提供、自动抽取形成的标签。但为了能够比较全面地反映学术信息的表示结果及最新进展，还有第三种类型的信息表示标签可以用于领域词典的构建，即学术信息资源用户在使用某篇文章时进行的协同标记。

我们在研究中进行了中英文学术资源网站的社会标签规范性测评实验，从中英文图书标注系统、学术论文标注系统，以及学术博客中抽取了若干社会标签，并与主题词表进行比较。结果显示，尽管社会标签的规范性从总体上来说不高，特别是客观标签与内容标引词的重合率不高，但还有一部分客观标签尽管与内容标引词不合，但与主题词表重合。说明客观标签还是值得有效利用的，可以用来辅助专业领域翻译资源的构建，作为领域翻译资源构建方法的有益补充。

在本部分中，我们希望利用从中英文图书标注系统、学术论文标注系统，以及学术博客三类中英文网站中抽取的社会标签（其中的客观标签部分），构建图书情报领域中英文标注词典。当然，这种方式构建的由社会标签构成的标注词典只能作为上节构建的专业词典的补充。我们的构建步骤如下：

（1）把图书标注系统、学术论文标注系统、学术博客中找到的中英文社会标签（客观标签部分）进行汇总，合并相同的标签。只考虑客观标签部分是因为只有客观标签是与信息资源内容相关的，对信息检索有价值。

（2）把合并后的中文社会标签与上部分构建的图书情报领域中英文专业词典的词条进行对比，同时把英文社会标签与该词典中的候选翻译进行对比，找出未能成功匹配的标签。这样做的目的是与专业词典进行去重，只保留标签所特有的词条和翻译，这样形成的标注词典才能作为补充。

（3）用机器翻译系统 Google Translate 对剩下的中英文社会标签进行翻译。我们选择 Google Translate 是因为它是目前翻译效果比较好的统计机器翻译系统。我们把中英文社会标签分别翻译成英文和中文。

（4）人工甄选这些剩下的、经过 Google Translate 翻译的社会标签，把明显与图书情报领域不相关的去掉，对有明显错误的进行改正，去除噪声。

（5）对英文标签及其翻译进行转置处理。因为我们构建的标注词典是汉译英，所以需要对英文标签及其翻译转置，使其翻译变成词条，而词条作为翻译。

（6）将中文标签与英文转置后的标签合并，形成统一的中文词条。合并过

程中，若同一个词条有多个候选翻译，则分别对来自中文标签的翻译和英文标签给予不同的权重：若候选翻译是来自英文标签，其权重设为 0.6；若候选翻译是来自中文标签的翻译，其权重设为 0.4。这样做的原因是，候选翻译若是来自英文标签，这个翻译是用户给的，相比机器翻译中文标签所形成的翻译会更准确，因此给予更高的权重。合并后对所有候选翻译的翻译概率进行归一化处理，即等比例放大或缩小，使所有候选翻译的翻译概率之和为 1。

（7）最后进行人工清理。如对所有非英文的词进行翻译，去掉下划线等符号，改正打字错误，将连写的词拆开等。

（8）候选翻译进行词根还原。对最终形成的标注词典的所有候选翻译用 Poter Stemmer 进行词根还原（stemming）处理，并将候选翻译按照其翻译概率的大小从高到低排序。

最终，我们得到图书情报领域汉英标注词典（带翻译概率，并全部由社会标签构成）。通过与图书情报领域汉英专业机读词典比较去重后，还有中文词条 806 条，其格式如图 4-11 所示。

```
1 4G技术  4g//1.000000
2 低功率IPv6无线个人区域网络  6lowpan//0.500000 ipv6 over low power wireless person area network//0.500000
3 英美编目规则第二版  aacr2//0.500000 anglo american catalogu rule second edit//0.500000
4 图书馆馆长日  aaldai//0.500000  ask a librarian dai//0.500000
5 学术服务台  academ desk//1.000000
6 学术图书馆  academ librari//1.000000
7 学术搜索引擎优化  academ search engin optim//1.000000
8 学术搜索引擎垃圾  academ search engin spam//1.000000
9 学术图书馆员  academ librarianship//0.500000  academ librarian//0.500000
10 大学与研究图书馆协会  associ of colleg and research librari//0.500000 acrl//0.500000
11 DNS域名动态目录 activ directori dn domain name//1.000000
12 自动数据采集  adc//0.500000 automat data captur//0.500000
```

图 4-11　图书情报领域汉英标注词典示例

四、词典构建的特点

在本章中，我们重点叙述了如何构建用于跨语言学术信息检索的领域翻译资源。我们以图书情报领域为例，构建了该领域的机读的中英文专业词典和标注词典。

词典构建方面的创新性主要体现在：

（1）我们所构建的两种专业领域语义词典都是带有翻译概率的，是从平行语料库中生成的，而常见的领域翻译词典少有翻译概率，大多为翻译词条。故尽管翻译资源的应用表现为词典，其实是利用平行语料库和翻译概率的一种方式。

（2）将网络学术资源的用户标签用于构建学术信息翻译资源，这种构建翻译资源的模式以前未见。现有学术信息词典的构建主要来自专家所形成的专业词典，或从学术文章语料库中生成的领域词典，还没有从社会化标签里面生成词典的方法。当然，这种标注词典是否可以作为专业词典的补充，是否能够在跨语言学术信息检索中获得更好的效果，还有待我们在后面的实验中进行检验。

(3) 对于翻译资源的应用，我们将在后面的实验中采取三种词典（通用词典、专业词典、标注词典）多层次的综合应用，即先查专业词典和标注词典，再查通用词典，希望在三种词典的整合模式中获得良好的检索效果。

另外，尽管目前我们所构建的翻译资源是以图书情报领域为例，且是汉译英这种方向，但这种构建方法是与领域和语言无关的，可以扩展到其他学术领域和其他语种。

在下一章信息系统实现与实验研究中，我们将检验标注词典对专业词典的补充作用如何。在使用过程中，我们将查询翻译分三步处理：先用图书情报领域中英文专业词典翻译，找不到翻译的查询词再用图书情报领域中英文标注词典翻译，再找不到翻译的查询词最后用通用词典翻译。

第四节　图书情报领域多语言学术信息的检索测评体系构建

以 TREC 为代表的国际性信息检索测评体系基本都是用的新闻语料，还未见有专门针对某个领域的学术信息检索的测试集合与评价标准的语料出现。我们将参照 TREC 测评体系的构建模式，以图书情报领域为例，构建一个该领域的学术信息文档集合，并设计一套该领域的检索主题，通过该领域的专家针对每个检索主题对文档集合检索出的结果进行相关性判断，建立一套图书情报领域标准的测试集与评价标准。

一、测试文档集建立

在专业领域，比较常用且权威的学术信息是学术论文。因此，我们希望以学术论文为资源来建立测试文档集。

在本书第二章“数字图书馆用户的多语言信息需求与期望调查”中，我们通过用户调查了解到，用户在进行多语言学术信息获取时，认为只对学术论文的题录信息进行跨语言信息检索即可。针对问卷中的第 46 题“数字图书馆应将检索出来的外文信息的题录翻译成母语”，图 4-12 是该题的调查结果。64.19％的中文用户基本同意或完全同意，50.36％的其他国家用户基本同意或完全同意。

根据上述用户需求与期望，我们决定用学术论文的题录信息作为建立测试

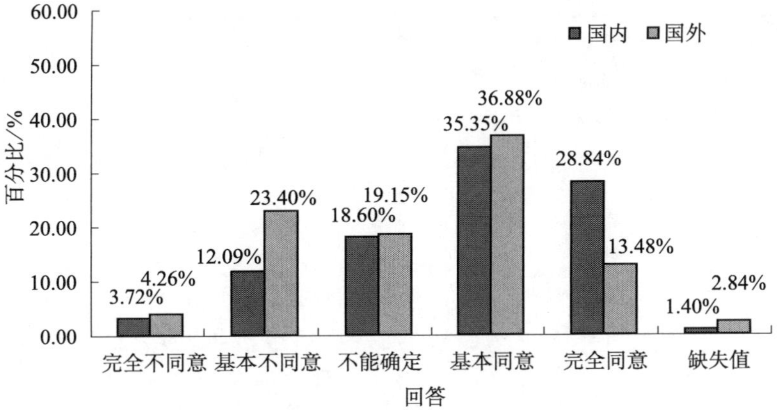

图 4-12 针对“数字图书馆应将检索出来的外文信息的题录翻译成母语”的回答

文档集的资源。

在图书情报学领域，通常认为被 SSCI（social science citation index）索引的期刊论文是高质量的学术信息。因此，我们选取 ISI 的 JCR（journal citation report）中社会科学版（JCR social sciences edition）下面的“信息学与图书馆学（information science & library science）”类目下的全部 66 种期刊，1956～2010 年的全部文章的题录信息。我们共下载了 207 320 篇文章的题录信息，每篇文章题录信息包括 51 个字段，如表 4-1 所示。

表 4-1 测试文档集包括的字段

字段缩写	字段全称	字段缩写	字段全称
PT	Publication Type	NR	Cited Reference Count
AU	Author	TC	Times Cited
BA	Book Author	PU	Publisher
ED	Editors	PI	Publisher City
GP		PA	Publisher Address
AF	Author Full Name	SN	ISSN
CA	Group Authors	BN	ISBN
TI	Title	DI	DOI
SO	Article Source	J9	29-Character Source Abbreviation
SE	Book Series Title	JI	ISO Source Abbreviation
LA	Language	PD	Publication Date
DT	Document Type	PY	Year Published

续表

字段缩写	字段全称	字段缩写	字段全称
CT	Conference Title	VL	Volume
CY	Conference Date	IS	Issue
CL	Conference Location	PN	Page Number
SP	Conference Sponsors	SU	Supplement
HO	Conference Host	SI	Special Issue
DE	Author Keywords	BP	Beginning Page
ID	Keywords Plus	EP	Ending Page
AB	Abstract	AR	Article Number
C1	Author Address	CR	Cited Reference
RP	Reprint Address	PG	Page Count
EM	Email	SC	Subject Category
FU		GA	Document Delivery Number
FX		UT	Unique Article Identifier

对下载的全部 207 320 篇文章的题录信息（图 4-13），我们首先进行文本预处理，包括：①对文档去停用词（stop word）。所谓停用词，指的是那些对检索不起作用的、常见的词，一般是虚词。通过前人研究的经验，我们从 Web 上下载了目前比较常用的英文停用词表，包含“about，according，after，again ...”等 571 个停用词[27]。②由于是英文文档，我们对其进行词根还原处理。我们使用的英文词根还原工具是 Porter Stemmer[28]。Porter Stemmer 是目前使用最广泛的词根还原工具，效果不错。

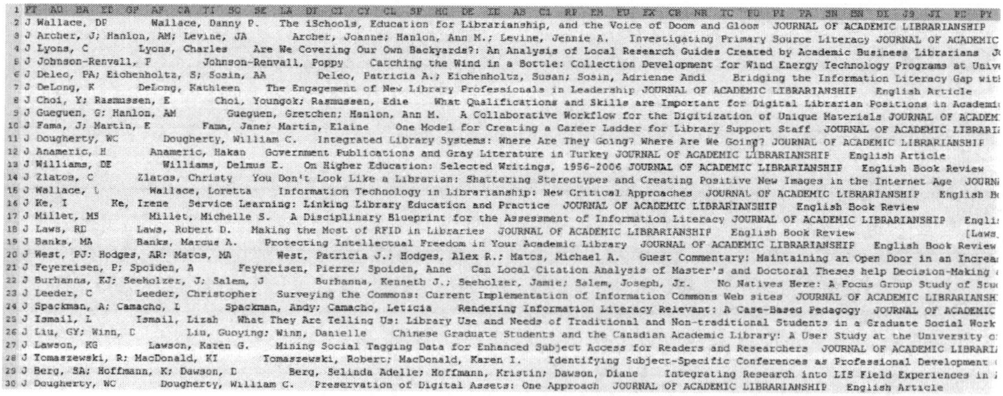

```
1 PT AU BA ED GP AF CA TI SO SE LA DT CT CY CL SP HO DE ID AB C1 RP EM FU FX CR NR TC FU PI PA SN EN DI J9 JI PD PY
2 J Wallace, DP    Wallace, Danny P.   The iSchools, Education for Librarianship, and the Voice of Doom and Gloom  JOURNAL OF ACADEMIC LIBRARIANSHIP
3 J Archer, J; Hanlon, AM; Levine, JA    Archer, Joanne; Hanlon, Ann M.; Levine, Jennie A.   Investigating Primary Source Literacy JOURNAL OF ACADEMIC
4 J Lyons, C    Lyons, Charles   Are We Covering Our Own Backyards?: An Analysis of Local Research Guides Created by Academic Business Librarians  J
5 J Johnson-Renvall, P    Johnson-Renvall, Poppy   Catching the Wind in a Bottle: Collection Development for Wind Energy Technology Programs at Univ
6 J Deleo, PA; Eichenholtz, S; Sosin, AA    Deleo, Patricia A.; Eichenholtz, Susan; Sosin, Adrienne Andi   Bridging the Information Literacy Gap wit
7 J DeLong, K    DeLong, Kathleen   The Engagement of New Library Professionals in Leadership JOURNAL OF ACADEMIC LIBRARIANSHIP  English Article
8 J Choi, Y; Rasmussen, E    Choi, Youngok; Rasmussen, Edie   What Qualifications and Skills are Important for Digital Librarian Positions in Academi
9 J Gueguen, G; Hanlon, AM    Gueguen, Gretchen; Hanlon, Ann M.   A Collaborative Workflow for the Digitization of Unique Materials JOURNAL OF ACADEM
10 J Fama, J; Martin, E    Fama, Jane; Martin, Elaine   One Model for Creating a Career Ladder for Library Support Staff  JOURNAL OF ACADEMIC LIBRARI
11 J Dougherty, WC    Dougherty, William C.   Integrated Library Systems: Where Are They Going? Where Are We Going? JOURNAL OF ACADEMIC LIBRARIANSHIP
12 J Anameric, H    Anameric, Hakan   Government Publications and Gray Literature in Turkey JOURNAL OF ACADEMIC LIBRARIANSHIP   English Article
13 J Williams, DE    Williams, Delmus E.   On Higher Education: Selected Writings, 1956-2006 JOURNAL OF ACADEMIC LIBRARIANSHIP   English Book Review
14 J Zlatos, C    Zlatos, Christy   You Don't Look Like a Librarian: Shattering Stereotypes and Creating Positive New Images in the Internet Age  JOURN
15 J Wallace, L    Wallace, Loretta   Information Technology in Librarianship: New Critical Approaches  JOURNAL OF ACADEMIC LIBRARIANSHIP   English B
16 J Ke, I    Ke, Irene   Service Learning: Linking Library Education and Practice  JOURNAL OF ACADEMIC LIBRARIANSHIP   English Book Review
17 J Millet, MS    Millet, Michelle S.   A Disciplinary Blueprint for the Assessment of Information Literacy JOURNAL OF ACADEMIC LIBRARIANSHIP   Engli
18 J Laws, RD    Laws, Robert D.   Making the Most of RFID in Libraries  JOURNAL OF ACADEMIC LIBRARIANSHIP   English Book Review            [Laws,
19 J Banks, MA    Banks, Marcus A.   Protecting Intellectual Freedom in Your Academic Library  JOURNAL OF ACADEMIC LIBRARIANSHIP   English Book Review
20 J West, PJ; Hodges, AR; Matos, MA    West, Patricia J.; Hodges, Alex R.; Matos, Michael A.   Guest Commentary: Maintaining an Open Door in an Increa
21 J Feyereisen, P; Spoiden, A    Feyereisen, Pierre; Spoiden, Anne   Can Local Citation Analysis of Master's and Doctoral Theses help Decision-Making
22 J Burhanna, KJ; Seeholzer, J; Salem, J    Burhanna, Kenneth J.; Seeholzer, Jamie; Salem, Joseph, Jr.   No Natives Here: A Focus Group Study of Stu
23 J Leeder, C    Leeder, Christopher   Surveying the Commons: Current Implementation of Information Commons Web sites  JOURNAL OF ACADEMIC LIBRARIANSH
24 J Spackman, A; Camacho, L    Spackman, Andy; Camacho, Leticia   Rendering Information Literacy Relevant: A Case-Based Pedagogy  JOURNAL OF ACADEMIC
25 J Ismail, L    Ismail, Lizah   What They Are Telling Us: Library Use and Needs of Traditional and Non-traditional Students in a Graduate Social Work
26 J Liu, GY; Winn, D    Liu, Guoying; Winn, Danielle   Chinese Graduate Students and the Canadian Academic Library: A User Study at the University o
27 J Lawson, KG    Lawson, Karen G.   Mining Social Tagging Data for Enhanced Subject Access for Readers and Researchers  JOURNAL OF ACADEMIC LIBRARI
28 J Tomaszewski, R; MacDonald, KI    Tomaszewski, Robert; MacDonald, Karen I.   Identifying Subject-Specific Conferences as Professional Development
29 J Berg, SA; Hoffmann, K; Dawson, D    Berg, Selinda Adelle; Hoffmann, Kristin; Dawson, Diane   Integrating Research into LIS Field Experiences in
30 J Dougherty, WC    Dougherty, William C.   Preservation of Digital Assets: One Approach  JOURNAL OF ACADEMIC LIBRARIANSHIP   English Article
```

图 4-13　测试文档集示例

然后，我们对这些文档按照全部 51 个字段建立索引。我们构建的多语言信息检索系统用的是一个开放源代码的检索引擎 Indri。因此，我们使用 Indri 来对文本进行索引。我们使用的版本是 Indri5.1[29]，可以直接从网上获取。Indri 由美国马萨诸塞大学阿姆赫斯特分校（University of Massachusetts Amherst）和卡耐基梅隆大学（Carnegie Mellon University）共同开发，是目前比较流行的、非商业化的检索引擎，国外很多实验室都使用它来进行检索实验。

二、检索主题设计

基于上述建立的图书情报领域信息检索测试文档集，我们进一步设计检索主题。由于文档集是英文，所要进行的检索实验是汉英跨语言信息检索。因此，检索主题的设计以中文检索主题为主。为了获得标准答案集，我们同时将中文检索主题翻译成英文。

由于要设计的检索主题是图书情报学领域，而现有的测评体系都是新闻语料，还未见有专门针对学科领域的检索主题设计。因此，我们在设计图书情报领域的检索主题时，主要参考两个来源，即现有的新闻语料的检索主题设计和图书馆参考咨询表单设计。

（一）现有的新闻语料的检索主题设计

纵观现有的新闻语料，如 TREC 的检索主题字段包含主题序号（number）、主题标题（title）、主题问题（description）、主题描述（narrative）；TDT 的检索主题字段包含编号、标题、事件元素（what，who，where，when）、主题描述（topic explication）、主题解释（on-topic）；CLEF 的检索主题包含主题标识（identifier）、主题标题（title）、主题简述（description）、主题描述（narrative）；NTCIR 的检索主题包含主题序号（number）、主题标题（title）、主题简述（description）、主题描述（narrative）。参考这些测评体系不难看出，其检索主题集合一般用自然语言描述，通常采用一种简单的、XML 风格的结构格式，主要包含的元素有主题标识、主题标题、主题描述等字段。

（二）图书馆参考咨询表单设计

图书馆在进行参考咨询服务时会设计表单供用户输入检索需求，这与我们要设计的检索主题类似，都是用表单的形式来表达信息查询需求。因此，我们选取了几个比较典型的图书馆参考咨询表单的设计作为参考，如图 4-14～图 4-17 所示。

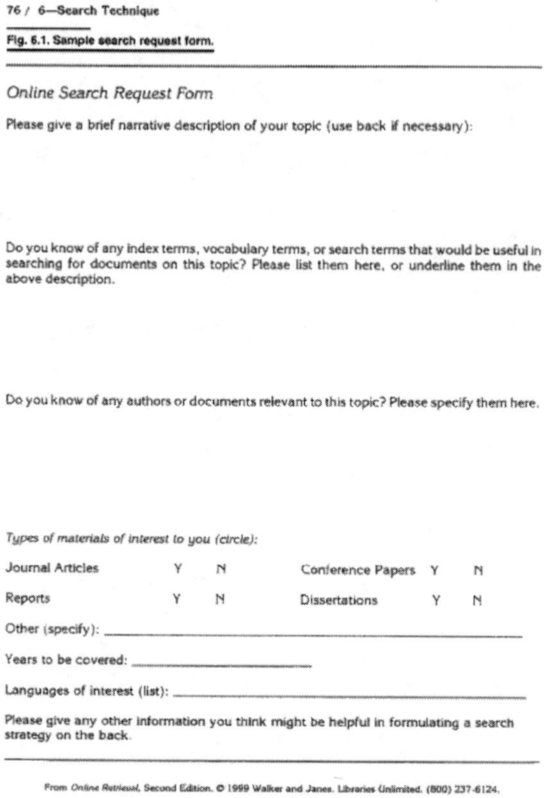

76 / 6—Search Technique

Fig. 6.1. Sample search request form.

Online Search Request Form

Please give a brief narrative description of your topic (use back if necessary):

Do you know of any index terms, vocabulary terms, or search terms that would be useful in searching for documents on this topic? Please list them here, or underline them in the above description.

Do you know of any authors or documents relevant to this topic? Please specify them here.

Types of materials of interest to you (circle):

Journal Articles	Y	N	Conference Papers	Y	N
Reports	Y	N	Dissertations	Y	N

Other (specify): ____________________

Years to be covered: ____________

Languages of interest (list): ____________________

Please give any other information you think might be helpful in formulating a search strategy on the back.

From *Online Retrieval*, Second Edition. © 1999 Walker and Janes. Libraries Unlimited. (800) 237-6124.

图 4-14　图书馆通用参考咨询服务表单

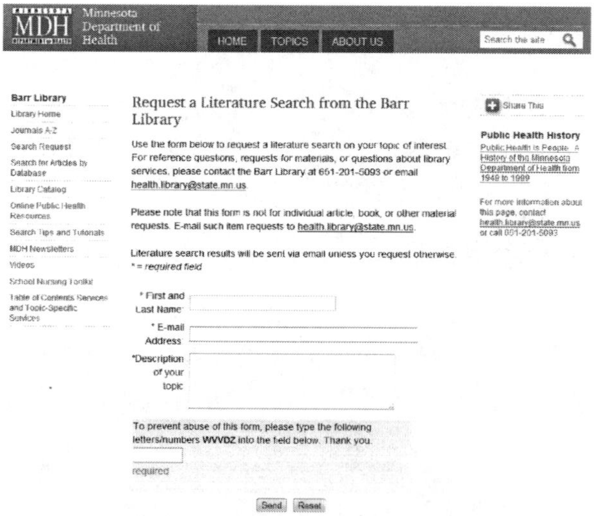

MDH Minnesota Department of Health

HOME　TOPICS　ABOUT US　Search the site

Barr Library

Library Home
Journals A-Z
Search Request
Search for Articles by Database
Library Catalog
Online Public Health Resources
Search Tips and Tutorials
MDH Newsletters
Videos
School Nursing Toolkit
Table of Contents Services and Topic-Specific Services

Request a Literature Search from the Barr Library

Use the form below to request a literature search on your topic of interest. For reference questions, requests for materials, or questions about library services, please contact the Barr Library at 651-201-5093 or email health.library@state.mn.us.

Please note that this form is not for individual article, book, or other material requests. E-mail such item requests to health.library@state.mn.us.

Literature search results will be sent via email unless you request otherwise.
** = required field*

* First and Last Name:
* E-mail Address:
*Description of your topic

To prevent abuse of this form, please type the following letters/numbers **WVVDZ** into the field below. Thank you.

required

Send　Reset

Share This

Public Health History

Public Health is People: A History of the Minnesota Department of Health from 1949 to 1999

For more information about this page, contact health.library@state.mn.us or call 651-201-5093

图 4-15　明尼苏达州卫生部图书馆参考咨询表单

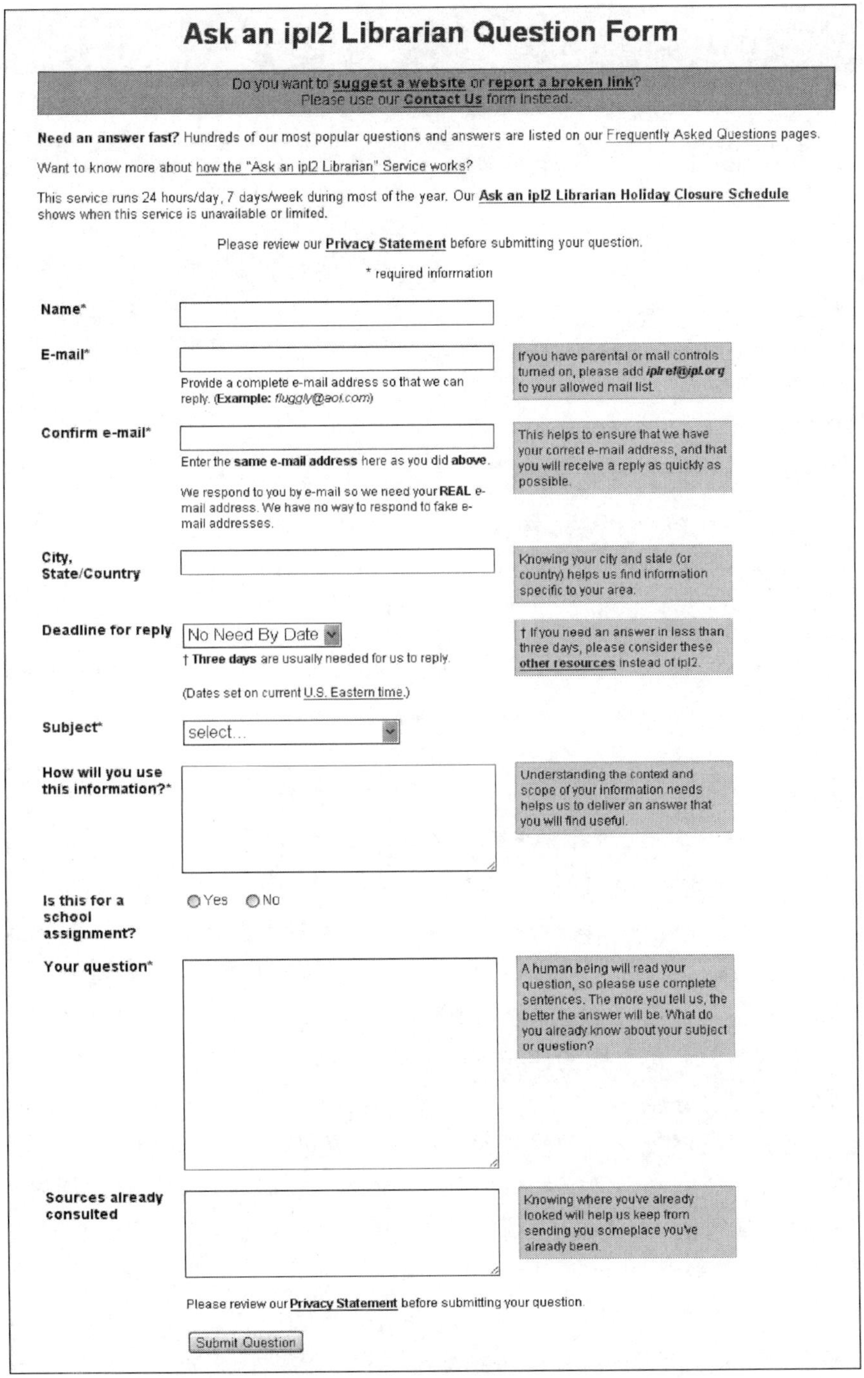

Ask an ipl2 Librarian Question Form

Do you want to **suggest a website** or **report a broken link**?
Please use our **Contact Us** form instead.

Need an answer fast? Hundreds of our most popular questions and answers are listed on our Frequently Asked Questions pages.

Want to know more about how the "Ask an ipl2 Librarian" Service works?

This service runs 24 hours/day, 7 days/week during most of the year. Our **Ask an ipl2 Librarian Holiday Closure Schedule** shows when this service is unavailable or limited.

Please review our **Privacy Statement** before submitting your question.

* required information

Name*

E-mail*

Provide a complete e-mail address so that we can reply. (**Example:** *fluggly@aol.com*)

If you have parental or mail controls turned on, please add ***iplref@ipl.org*** to your allowed mail list.

Confirm e-mail*

Enter the **same e-mail address** here as you did **above**.

We respond to you by e-mail so we need your **REAL** e-mail address. We have no way to respond to fake e-mail addresses.

This helps to ensure that we have your correct e-mail address, and that you will receive a reply as quickly as possible.

City, State/Country

Knowing your city and state (or country) helps us find information specific to your area.

Deadline for reply

No Need By Date

† **Three days** are usually needed for us to reply.

(Dates set on current U.S. Eastern time.)

† If you need an answer in less than three days, please consider these **other resources** instead of ipl2.

Subject*

select...

How will you use this information?*

Understanding the context and scope of your information needs helps us to deliver an answer that you will find useful.

Is this for a school assignment?

Yes　No

Your question*

A human being will read your question, so please use complete sentences. The more you tell us, the better the answer will be. What do you already know about your subject or question?

Sources already consulted

Knowing where you've already looked will help us keep from sending you someplace you've already been.

Please review our **Privacy Statement** before submitting your question.

Submit Question

图 4-16　美国联合参考咨询服务网站 IPL2 参考咨询表单

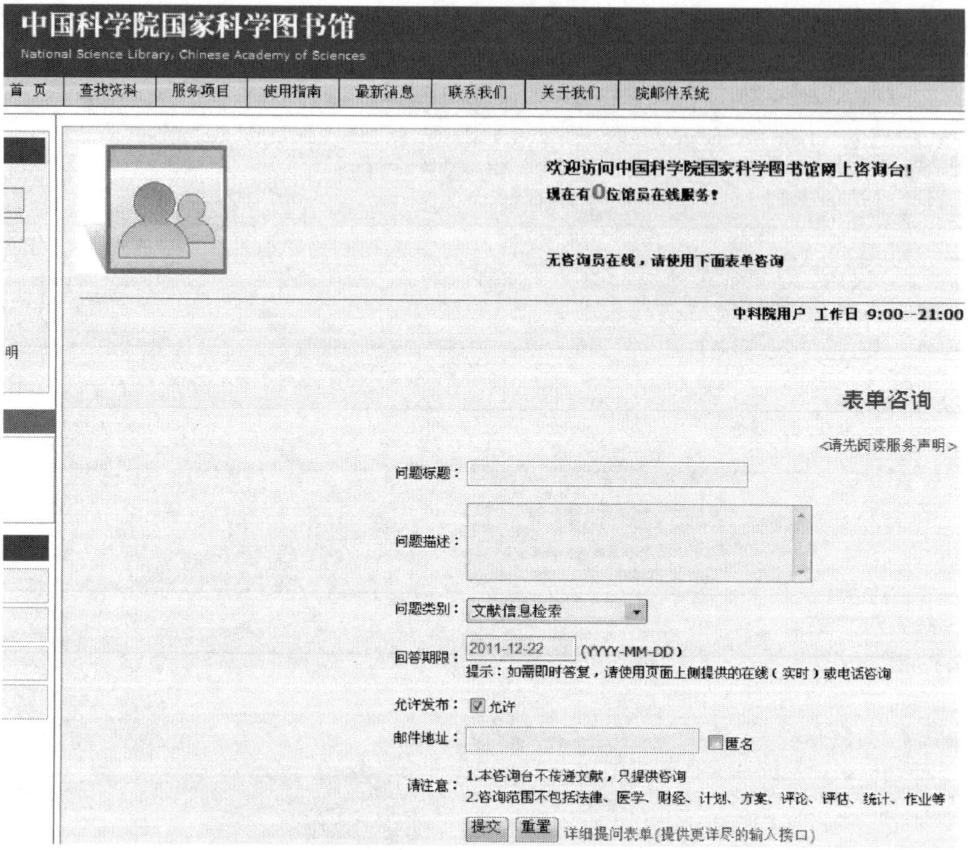

图 4-17　中国科学院国家科学图书馆参考咨询表单

图 4-14[30]是《网络信息检索》一书中给出的图书馆通用参考咨询服务表单（online search request form），图 4-15[31]是明尼苏达州卫生部（Minnesota Department of Health）图书馆的在线参考咨询服务表单，图 4-16[32]是美国联合参考咨询服务网站 IPL 第二版的在线咨询表单，图 4-17[33]是中国科学院国家科学图书馆网上咨询台的表单。

参考以上图书馆参考咨询服务设计的检索表单，并结合现有的新闻语料的检索主题设计，我们最终确定了图书情报领域检索主题设计的格式，如表 4-2 和表 4-3 所示，分别显示了检索主题的中文版和英文版的样式。主要包括设计者（designer）、问题编号（topic ID）、问题标题（title）、问题描述（narrative）、相关检索词（related terms）、相关作者名（related authors）、相关作者所在机构（related author affiliations）、相关来源期刊名（related source journals）、文章发表年限（years to be covered）、其他与检索主题相关的信息（other related information）10 个字段。

表 4-2　中文检索表单包括的字段

设计者
问题编号
问题标题
问题描述（长度：3～6 句）
相关检索词
相关作者名
相关作者所在机构
相关来源期刊名
文章发表年限
其他与检索主题相关的信息（如相关文献、相关网页、相关图书等）

表 4-3　英文检索表单包括的字段

Designer
Topic ID
Title
Narrative (request length：3～6 sentences)
Related terms
Related authors
Related author affiliations
Related source journals
Years to be covered
Other related information (such as related articles, Website, books, etc)

我们请了 3 名武汉大学信息管理学院的研究生，根据所设计的表单结构，以及代表图书情报领域热点问题的检索词（见附录 5），设计了 50 个图书情报领域的检索主题。检索主题从中文版设计开始，再翻译成英文。设计时尽可能参考附录 5 中的检索词，范围不宜太广。由于我们的测试文档集来源于 SSCI 数据库中的图书情报领域的期刊，为了保证检索主题在测试文档集中都能找到相关文献，我们要求设计者在设计检索主题时，到 SSCI 数据库里试检索一下，取那些检索结果在 40～200 篇文献的检索主题为宜。最终，我们设计了 50 个图书情报领域的检索主题，供本书第五章的检索实验使用。由于篇幅所限，附录 6 和附录 7 仅列出了所设计的中英文版本检索主题的部分主要字段。

三、标准答案集构建

设计了检索主题之后，下一步就是为这些检索主题建立标准答案集，使之成为一个完整的信息检索测评体系。为此，我们构建了一个图书情报领域的多语言信息检索系统（Milk-Tea）。系统主要提供四种功能：图书情报领域检索主题知识（knowledge）、图书情报领域专业术语的翻译（translation）、图书情报领域多语言学术信息检索测评（evaluation）、图书情报领域跨语言学术信息检索（access）。利用该系统，我们可以实现图书情报领域多语言学术信息检索测评体系的构建。关于系统的具体构建细节，将在第五章中阐述。在此，我们仅介绍与测评体系构建相关的内容。

在用 Indri5.1 对所下载的文档集按照字段建立索引后，我们用所设计的 50 个检索主题（英文版）对其进行单语言检索，然后找用户进行评价，判断出针对每个检索主题的相关文档集合。具体设置查询式的步骤如下：

（1）用如表 4-3 所示的英文表单中的“Title”和“Related terms”作为查询式去检索文档的“Title（TI）”和“Abstract（AB）”字段。

（2）对查询式用 Porter Stemmer 进行词根还原处理。

（3）对出现在文档的“Title（TI）”和“Abstract（AB）”字段的检索词分别给予不同权重：出现在文档的“Title（TI）”字段的检索词的权重为 5，出现在文档的“Abstract（AB）”字段的检索词的权重为 2。

（4）对来自英文表单中的“Title”和“Related terms”字段的检索词分别给予不同权重：检索词来自英文表单中的“Title”字段的权重为 10，检索词来自英文表单中的“Related terms”字段的权重为 3。

例如，对于检索主题 1（见附录 7），其最终形成的 Indri 查询式为：

#wsum（5 #wsum（10 #1（library 2.0）.title 3 #1（Learning 2.0）.title 3 #1（Web 2.0）.title 3 #1（User-generated content）.title 3 #1（social network）.title）2 #wsum（10 #1（library 2.0）.abstract 3 #1（Learning 2.0）.abstract 3 #1（Web 2.0）.abstract 3 #1（User-generated content）.abstract 3 #1（social network）.abstract））

我们聘请了 3 名武汉大学信息管理学院的研究生在 Milk-Tea 中对检索结果进行判断。当他们作为标注者进入 Milk-Tea 后，显示界面如图 4-18 所示。系统给标注者显示其要标注的检索主题的编号、标题、描述、相关检索词、标注者编号几个字段。当标注者点击检索主题编号，会进入如图 4-19 显示的标注界面。

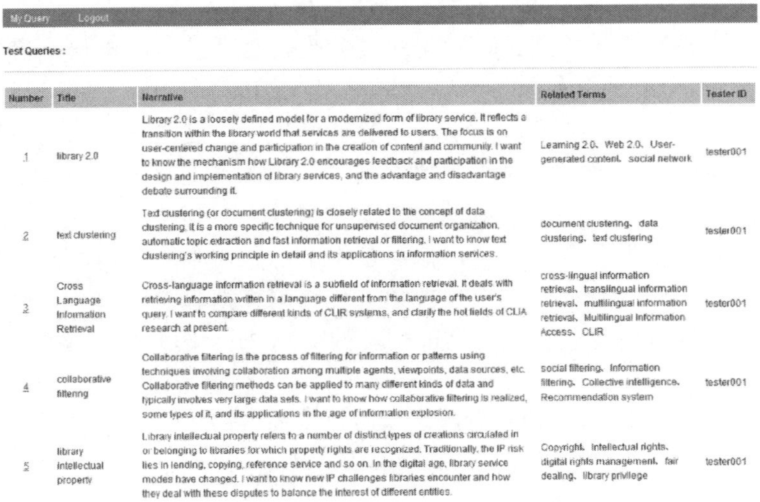

图 4-18 Milk-Tea 的标注者界面

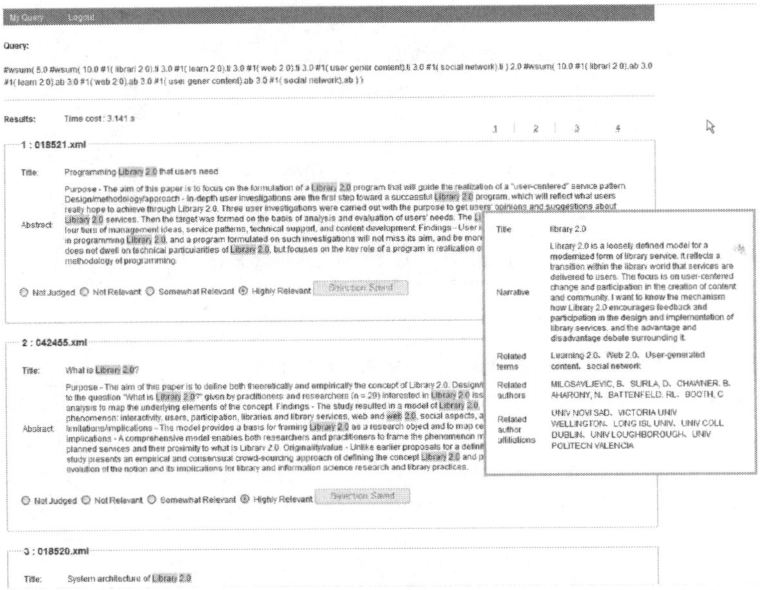

图 4-19 Milk-Tea 的检索主题标准答案集判断界面

如图 4-19 所示，系统按照设置查询式的步骤进行检索，显示给标注者检索结果，每个检索主题显示前 200 个检索结果。在图 4-19 的上半部分“Query”处显示的是 Indri 查询式；右半部分显示检索主题的所有字段，供标注者判断时参考；下半部分“Results”处显示的是系统检索结果，包括检索耗时、检索结果排序、检索结果文档编号、检索结果文档的“Title（TI）”和“Abstract（AB）”

字段（其中检索词高亮显示）、多级相关性判断。

在构建标准答案集时，我们采取的是多级相关性判断的方法，将文档相关性分为 3 级：不相关（not relevant）、一般相关（somewhat relevant）、高度相关（highly relevant）。由于系统评价是基于对某个主题的理解，这种相关性是主题性的（topical），而并不考虑其他因素[34]，因此，在实验室进行的检索实验及评价过程中，二值相关性判断是最容易实现的方法。然而，从用户的角度来判断相关性时就会发现，相关性往往是多维的，二值判断背离了现实情况。且二值相关性判断对所有相关文档一视同仁，会消极地影响评价一个检索系统或检索方法是否能有效地检索那些高度相关的文档[35]。因此，多级相关性（graded relevance）被许多学者推荐来作为评价检索系统的新标准。

最终，对于所有 50 个检索主题，我们共获得了 5995 个相关文档（包括一般和高度相关），如图 4-20 所示。其具体的统计信息见表 4-5。

topic_id	doc_no	result	tester_id
1	18521	Highly Relevant	tester001
1	42455	Highly Relevant	tester001
1	18520	Highly Relevant	tester001
1	203863	Highly Relevant	tester001
1	53089	Highly Relevant	tester001
1	50951	Highly Relevant	tester001
1	54418	Highly Relevant	tester001
1	18461	Highly Relevant	tester001
1	182870	Somewhat Relevant	tester001
1	177862	Somewhat Relevant	tester001
1	42453	Somewhat Relevant	tester001
1	183465	Somewhat Relevant	tester001

图 4-20 标准答案集示例

表 4-5 标准答案集统计信息

检索主题	一般相关文档数	高度相关文档数
1	125	71
2	5	41
3	2	33
4	6	32
5	112	82
6	142	57
7	29	49
8	6	74
9	24	70
10	69	127
11	50	75
12	8	30

续表

检索主题	一般相关文档数	高度相关文档数
13	26	43
14	28	43
15	56	26
16	42	151
17	13	18
18	94	101
19	66	78
20	14	163
21	20	111
22	94	106
23	13	27
24	43	108
25	16	94
26	108	90
27	36	153
28	89	74
29	12	47
30	61	79
31	17	101
32	33	97
33	143	57
34	1	89
35	46	147
36	11	53
37	103	97
38	18	89
39	14	28
40	12	53
41	8	25
42	35	81
43	87	109
44	12	65
45	28	29
46	82	45
47	33	66
48	29	85
49	76	122
50	20	87
总计	2217	3778

四、该测评体系的特点

在跨信息检索领域，已有像CLEF和NTCIR这样的标准测试文档集，来帮助用户对所构建的跨语言信息检索系统进行标准化的评价。然而，这些标准文档集都是基于新闻语料的。在跨语言学术信息检索领域，还没有专门针对某个领域的标准测试集的出现，因此本项目研究所构建的图书情报领域多语言学术信息的检索测评体系填补了这一空白。该检索测评体系具有如下特点：

（1）标准化。该检索测评体系从文档集建立，到检索主题设计，再到标准答案集构建都是参照国际上标准的检索测评体系的构建方法所建立的。因此，可以作为单独的一个成果用于评价任何一个图书情报领域的汉英跨语言信息检索系统。

（2）体现了学术信息检索的特点。用户在进行学术信息检索时对于文献与检索主题的相关程度的感觉往往不是二值的，即并非只是“相关”或“不相关”，而是会存在“高度相关”和“一般相关”的区别。本测评体系的标准答案集就是请图书情报领域的专家对文档进行多级相关性判断后所形成的，将文档相关性分为3级：不相关、一般相关和高度相关。

（3）可扩展。这种建立多语言学术信息的检索测评体系的方法可以很容易地扩展到图书情报以外的其他领域上。由于目前国际上高质量学术信息多以英文形式发表，这种构建方法也可以扩展到除中文以外的其他语言到英语的跨语言信息检索的语言对中。

第五节　本章小结

本章探讨的是多语言网络学术信息检索的关键技术，主要是图书情报领域多语言学术信息的翻译资源构建和图书情报领域多语言学术信息的检索测评体系构建。

一方面，我们以图书情报领域为例，构建了两个图书情报领域的语义词典，一是由网络学术信息资源作者提供或自动抽取术语形成的专业词典，二是由网络学术信息资源用户提供的社会标签所形成的标注词典。利用从中英文学术资源网站获得的两个领域语义词典，可以为多语言网络学术信息检索提供高效的翻译工具。

另一方面，我们构建了一套图书情报领域多语言学术信息检索测评体系。

主要包括三部分：一是该领域的学术信息文档集合，二是该领域的检索主题集合，三是通过该领域的专家针对每个检索主题对文档集合检索出的结果进行相关性判断所形成的标准答案集合。这一测评体系可以用于图书情报学专业学术信息检索的评价。

在下一章，我们将具体描述 Milk-Tea 的构建细节，同时展开多语言网络学术信息检索实验，并用本章所构建的测评体系进行评价。

本章参考文献

[1] Oard D W. Cross-language information retrieval [C] . Tutorial of the 20th Annual International ACM SIGIR Conference on Research and Development in Information Retrieval (SIGIR' 97) . Philadelphia, USA, 1997.

[2] Kazuaki K. Methods for cross-language information retrieval//Earl F C. Bilinguals: Cognition, Education and Language Processing [M] . New York: Nova Science Publishers, 2010: 243-286.

[3] CINDORSEARCH [EB/OL] . http: //www. cindorsearch. com/ [2011 - 03 - 28] .

[4] Buckley C, Mitra M, Walz J, et al. Using clustering and super concepts within SMART: TREC 6 [J] . Information Processing and Management, 2000, 36 (1): 109-131.

[5] 推荐一个跨语言、跨库科技文献检索平台 [EB/OL] . http: //blog. sciencenet. cn/home. php? mod=space&uid=1557&do=blog&id=335545 [2011 - 02 - 01] .

[6] 杨沐昀，刘晓月，李生. 基于汉英双语语料库的汉英词典编撰研究 [J]. 情报学报，2003 (6): 310-314.

[7] Melamed I D. Empirical methods for MT lexicon development [C]. Proceedings of the 3rd Conference of the Association for Machine Translation in the Americas (AMTA98) . Langhorne, USA, 1998: 18-30.

[8] Jin H L, Wong K F. A Chinese dictionary construction algorithm for information retrieval [J] . ACM Transactions on Asian Language Information Processing, 2002, 1 (4): 281-296.

[9] Darwish K, Oard D W. Probabilistic structured query methods [C]. Proceedings of 26th Annual International ACM SIGIR Conference on Research and Development in Information Retrieval (SIGIR' 03) . Toronto, Canada, 2003: 338-344.

[10] Wang J Q. Maching meanings for cross-language information retrieval [D] . University of Maryland at College Park. PhD Thesis, 2005.

[11] Resnik P. Parallel strands: a preliminary investigation into mining the Web for bilingual text [C] . Proceedings of the 3rd Conference of the Association for Machine Translation in the Americas on Machine Transaltion and the Information Soup, 1998: 72-82.

[12] Nie J Y, Simard M, Isabelle P, et al. Cross-language information retrieval based on

parallel texts and automatic mining of parallel texts from the Web [C] . Proceedings of 22nd Annual International ACM SIGIR Conference on Research and Development in Information Retrieval (SIGIR’ 99) . Berkeley, USA, 1999: 74-81.

[13] Och F J, Ney H. A systematic comparison of various statistical alignment models [J] . Computational Linguistics, 2003, 29 (1): 19-51.

[14] 机器翻译 [EB/OL] . http: //baike. baidu. com/view/21352. htm # 3 [2011 - 02 - 24] .

[15] 科技部科技基础性工作专项资金重大项目研究成果 [EB/OL]. http: //cdls2. nstl. gov. cn/mt/blogs/2nd/archives/docs/CDLS-S13-02. pdf [2011 - 02 - 24] .

[16] Guidelines for Multilingual Thesauri [EB/OL] . http: //www. ifla. org/VII/s29/pubs/Draft-multilingualthesauri. pdf [2011/02/01] .

[17] Lois M C, Marcia L Z. Ensuring interoperability among subject vocabularies and knowledge organization schemes: a methodological analysis [C] . Proceedings of 68th IFLA Council and General Conference. Glasgow, UK, 2002 (8): 18-24.

[18] 张晶，姚建民，赵铁军，等. 基于 WordNet 和 Hownet 建设双语语义词典 [J] . 高技术通讯，2001 (12): 28-32.

[19] Jose J A, Alberto S. T2O—recycling thesauri into a multilingual ontology [C] . Proceedings of International Conference on Language Resources and Evaluation. Genova, 2006.

[20] Gruber T. Ontolingua: a translation approach to portable ontology specifications [J] . Knowledge Acquisition. 1993, 5 (2): 199-200.

[21] 何燕，穗志方，段慧明，等. 基于专业术语词典的自动领域本体构造 [J] . 情报学报，2007，26 (1): 65-70.

[22] 黄河燕，张克亮，张孝飞. 基于本体的专业机器翻译术语词典研究 [J] . 中文信息学报，2007，21 (1): 17-22.

[23] Larson R R, Gey F, Chen A T. Harvesting translingual vocabulary mappings for multilingual digital libraries [C] . Proceedings of the Joint Conference on Digital Libraries (JCDL’ 02) . Oregon, USA, 2002: 185-190

[24] Chen A, Kishida K, Jiang H, et al. Automatic construction of a Japanese-English lexicon and its application in cross-language information retrieval [C] . Multilingual Information Discovery and Access (MIDAS) . Berkeley, USA, 1999: 449-454

[25] Tiedemann J. Extraction of translation equivalents from parallel corpora [C] . Proceedings of the 11th Nordic Conference on Computational Linguistics. Copenhagen, Denmark, 1998: 120-128

[26] CNKI 翻译助手 [EB/OL] . http: //dict. cnki. net/bz/help. html [2011 - 10 - 12] .

[27] Ir-lab. org [EB/OL] . http: //bbs. ir-lab. org/cgi-bin/topic. cgi? forum=3&topic=127 [2011 - 03 - 30] .

[28] The Porter Stemming Algorithm [EB/OL] . http: //tartarus. org/～martin/PorterStemmer [2011 - 03 - 30] .

[29] The Lemur Project [EB/OL] . http: //sourceforge. net/projects/lemur [2011 - 03 -

30］.

［30］Tenopir C，Janes J，Walker G. Online Retrieval［M］. Zed. Walker and Janes，Libraries Unlimited，1999.

［31］Barr Library［EB/OL］. http：//www. health. state. mn. us/library/index. html［2011-05-15］.

［32］Ask an ipl2 Librarian Question Form［EB/OL］. http：//www. ipl. org/div/askus［2011-05-15］.

［33］中国科学院国家科学图书馆网上咨询台［EB/OL］. http：//dref. csdl. ac. cn/digiref/index. jsp［2011-05-15］.

［34］Saracevic T. Relevance reconsidered［C］. Proceedings of the second International Conference on Conceptions of Library and Information Science：Integration in Perspective（CoLIS' 96）. Copenhagen，Denmark，1996：201-218.

［35］Kekäläinen J，Järvelin K. Using graded relevance assessments in IR evaluation［J］. Journal of American Society for Information Science，2002，53（13）：1120-1129.

第五章

多语言网络学术信息检索系统实现

本章进行跨语言学术信息检索系统的开发研究。我们构建了一个图书情报领域的跨语言信息检索系统，此系统提供三种翻译资源来进行查询翻译。在后续实验中，我们将通过自动和用户跨语言信息检索实验来对三种翻译资源进行比较，以检验所构建的各种图书情报领域专业词典在跨语言学术信息检索中的效果。

第一节　系统实现的流程与环境

在第四章中，我们构建了两个图书情报领域的语义词典：一是由网络学术信息资源作者提供或自动抽取术语形成的专业词典；二是由网络学术信息资源用户提供的社会标签所形成的标注词典。结合这两个领域词典，以及一个通用词典，我们将形成三种翻译资源，用于跨语言学术信息检索系统。我们还将根据所构建的图书情报领域多语言学术信息的检索测评体系来对系统进行评价。

我们将构建的图书情报领域的跨语言信息检索系统命名为 Multilingual Information in LIS：Knowledge，Translation，Evaluation and Access，简称 Milk-Tea。

一、系统实现的流程

在构建系统之前，我们首先需要理清思路，按照软件工程的理念来明确系统的实施流程。Milk-Tea 的功能以及界面将参考多语言网络学术信息的用户需求与行为研究的结果，并利用多语言网络学术信息标签规范与挖掘研究和多语言网络学术信息翻译与测评技术研究的结果。

系统主要提供四种功能：图书情报领域检索主题知识（knowledge）、图书情报领域专业术语的翻译（translation）、图书情报领域多语言学术信息检索测评（evaluation）、图书情报领域跨语言学术信息检索（access）。利用该系统，我们可以实现图书情报领域多语言学术信息检索测评体系的构建，但更重要的是，还可以实现中英文图书情报领域学术信息的跨语言信息检索。

如图 5-1 所示，在 Milk-Tea 中采取基于词典翻译的查询翻译策略，实现的是汉英跨语言信息检索，即用户输入中文查询式去检索英文文档集。系统构建时，首先进行翻译资源的准备与处理，翻译资源为两个图书情报领域的语义词典和一个通用词典；然后对所构建的图书情报领域测试文档集进行处理与索引；系统分别利用三种翻译资源对查询式进行翻译并检索；然后将检索结果的部分字段或全文显示给用户，并对部分关键字段进行机器翻译；最后是系统人机交互界面的设计。

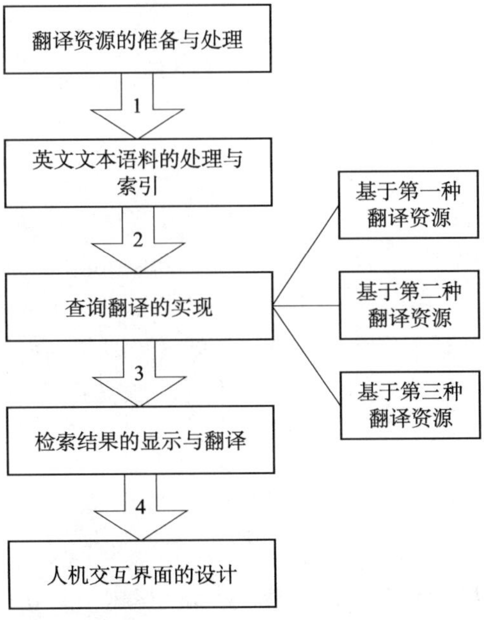

图 5-1　Milk-Tea 的跨语言信息检索实现流程

二、系统实现的环境

系统的实现环境如下：

硬件要求：普通 PC 机一台。

操作系统：系统在 Linux 操作系统环境下开发。

编程工具：系统基于 Java 开发，用户检索和相关性判断结果的数据存放于 MySQL 数据库。

软件要求：系统内嵌了几个开放源代码的工具，包括索引和检索采用检索引擎 Indri，版本是 Indri 5.1，Indri 现已经成为 Lemur 工具的一部分，Indri 本身基于 C++实现，但是提供 Java API 可供 Java 应用程序调用。中文分词工具是开源的 IK 分词器（IK Analyzer 3.0）。英文词根还原工具是 Porter Stemmer。机器翻译系统是微软的必应（Bing）的机器翻译。这些软件大多提供了 Java 调用接口，可以直接从网上获得，部分可以直接使用。

网络要求：网页部分采用 Spring MVC 架构，同时网页采用了 JQuery 实现动态效果和无刷新提交相关性判断数据。

第二节　系统相关资源与算法

一、系统语料

系统所用语料为我们构建的图书情报领域测试文档集，即选取 ISI 的 JCR 中社会科学版下面的“信息学与图书馆学（information science & library science)”类目下的全部 66 种期刊 1956～2010 年的全部文章的题录信息。共 207 320 篇文章的题录信息，每篇文章题录信息包括 51 个字段。在对文本进行去停用词、词根还原等预处理之后，我们用 Indri 5.1 对这些文档按照全部 51 个字段建立索引。

二、翻译资源

我们将采用双语机读词典（machine readable dictionary，MRD）作为 Milk-Tea 翻译查询式的工具。词典主要有三个，其中两个领域词典，一个通用词典。

两个领域词典：一是由网络学术信息资源中作者提供或自动抽取术语形成的专业词典；二是由网络学术信息资源中用户提供的社会标签所形成的标注词典。

通用词典是不涉及任何学术领域的汉英词典，是我们利用一个现成的统计工具 GIZA++ 从大规模英汉双语平行语料库中通过词对齐、词频统计和词共现计算方法获得的[1]。GIZA++是 GIZA 的一个升级版本，GIZA 是美国约翰·霍普金斯大学（Johns Hopkins University，JHU）于 1999 年开发的统计机器翻译工具包 EGYPT 中的一个模块，主要用来从双语语料库中抽取统计知识以及语言学信息，包括各种概率表、词对齐信息等。GIZA++采用的是基于统计的词汇对齐方法，主要通过对 IBM 的全部 5 个翻译模型和隐马尔可夫模型进行参数训练来获得词对齐信息。与领域词典不同，领域词典中的词条都是专业术语，包括大量词组或短语，如“图书馆管理”“信息检索系统”等，且经过人工清理后所包含的噪声较小。而通用词典主要用于对查询式的每个关键词进行逐词翻译（word-by-word translation)，它无法识别查询式中的短语或命名实体。我们所构建的汉英通用词典中共有 59 571 个中文词条，每个词条列出其若干个翻译，如图 5-2 所示。由于词典是从语料库中自动生成的，会包含大量无关的翻译。

```
叶绿素   chlorophyll//0.796542 nuclei//0.0297038 mostly//0.0296353 contain//0.0291748 terms//0.0291707 places//0.0166308
do//0.0161689 walls//0.011126 hence//0.0100722 fungi//0.00946223 )//0.00761711 (//0.00724663
叶脉     withering//0.0858779 blooming//0.0858779 habitat//0.0858779 rugged//0.0858166 evergreen//0.0858163
blossoms//0.0848783 last//0.0773295 native//0.074825 '//0.0698062 so//0.0636458 or//0.0632597 days//0.0604468
only//0.0416101 among//0.0309094
叶芽     bulb//0.0763742 buds//0.0564416 your//0.0351205 distorted//0.032792 teapots//0.032792 elephants//0.032792
peacocks//0.032792 artists//0.0327599 spongy//0.0326976 bites//0.0326976 specks//0.0326976 bruises//0.0326976
narrower//0.0326973 insert//0.0326202 shapes//0.0325909 feel//0.0325461 feels//0.0324708 classification//0.0315517
various//0.0305561 wider//0.0299641 plant//0.0284229 fungi//0.0254146 green//0.0253847 leaves//0.0232583 next//0.0217601
away//0.0215959 soft//0.019293 brownish//0.0179686 way//0.0171481 such//0.016082 approximately//0.0131272 even//0.0117411
leaf//0.0113878 tightly//0.00814664 sure//0.0071275 filled//0.00322461 get//0.00320853
```

图 5-2　汉英通用机读词典示例

根据三个词典，我们对其进行组合，构建了三种翻译资源组合模式：

（1）通用词典。即直接用通用词典作为翻译工具来翻译查询式，对通用词典中找不到的词保留其中文原形，再进行信息检索。这个翻译资源将作为我们检验所构建的领域词典的基准（baseline)，用以进行比较。

（2）专业词典＋通用词典。即先用专业词典来翻译查询式，对专业词典中未找到的词查通用词典，对两个词典都找不到的词则保留其中文原形，再进行信息检索。这个翻译资源主要用于检验我们所构建的领域专业词典的效果。

（3）专业词典＋标注词典＋通用词典。即在翻译查询式的时候分三步处理：先用专业词典进行翻译，找不到的词用标注词典进行翻译，再找不到的词再用通用词典进行翻译，对三个词典都找不到的词则保留其中文原形，再进行信息检索。翻译之前先将标注词典中的词条加入 IK 分词器。这个翻译资源主要用于检验我们所构建的领域标注词典作为专业词典的补充的效果。

三、查询翻译

用于系统翻译工具的三个词典均为统计机读词典，即词典中的词条的每个翻译后面都带有一个从双语平行语料库中统计出来的翻译概率，每个词条的所有翻译的翻译概率之和为 1。三个词典的编码是 UTF-8。

对于词条的多个翻译，在进行翻译的选择时，我们采取“累积概率阈值(cumulative probability threshold，CPT)”的方法来查找检索词在词典中的初始翻译及翻译概率，算法描述如图 5-3 所示。

```
set CPT; //设置累计概率阈值
   Sum=0;
for (i=1;i<n;i++) //n为某个关键词在词典中的翻译个数
{
  search for the i translation alternative Trans_i; // Trans_i为某个关键词的第i个翻译的翻译概率；
  Sum=Sum+ Trans_i; //累加前i个翻译的翻译概率
  if Sum ≥CPT
    get Trans_i and stop; //取出第i个翻译即停止
    else get Trans_i and continue; //取出第i个翻译后继续读下一个翻译
}
```

图 5-3　查询翻译算法

在本系统中，词典的阈值是可以由用户自定义选择的，从 0 到 1。若阈值取 0，则表示只取候选翻译的第一个；若阈值取 1，则表示取所有候选翻译。在本系统中，默认的阈值为：专业词典 1.0，标注词典 1.0，通用词典 0.5。这样设置主要是因为专业词典和标注词典都是领域词典，候选翻译数不多；另外，领域词典都经过人工清理，噪声很小。因此，我们希望在领域词典中，所有候选翻译都被利用。而通用词典是自动生成的，且未经过人工清理，因此噪声较大。经过之前的研究发现[2]，取候选翻译时，CPT 在中间，即在 0.4～0.6时最佳。

四、检索模块

Milk-Tea 的信息检索模块采用一个开放源代码的检索引擎 Indri 来对文本进行索引与检索。我们使用的版本是 Indri5.1[3]，可以直接从网上获取。

从检索模型的选取角度来考虑，Indri 是基于语言模型[4] 和推理网络模型[5]

的检索引擎，它兼具语言模型和推理网络模型的优势，主要具有以下特点：

（1）容易处理短语（有顺序的或无顺序的）；

（2）可以利用多个文档表示；

（3）具有明显的语词加权功能；

（4）对查询的处理功能非常强大；

（5）具有充分的理论依据；

（6）检索效率高；

（7）比较容易实现。

图 5-4[6]是对 Indri 的检索模型的图形化描述。该图代表了一个推理网络（inference network），这是一种定义一系列随机变量的联合概率分布的方法。图中的每一个节点（node）代表一个随机变量，阴影节点表示“明显节点（observed node）”，非阴影节点表示“隐藏节点（hidden node）”。图中的边（edge）定义了一系列对随机变量的独立假设。Indri 检索模型的推理网络包含 6 种节点：

（1）文档节点（D）：一个文档节点对应一篇文档；

（2）平滑参数（smoothing parameter）节点（α、β）：用于语言模型的平滑处理；

（3）模型节点（M）：代表特征语言模型（feature language model），在一个推理网络中允许有多个语言模型，即对同一篇文档可以有多个不同表示；

（4）概念表示节点（r）：一个概念节点对应一个索引词；

（5）信任（belief）节点（q）：指构成查询条件的最基本的单元；

（6）信息需求节点（l）：代表查询条件。

综合来说，Indri 的检索过程可以表示为如图 5-5 所示的算法。

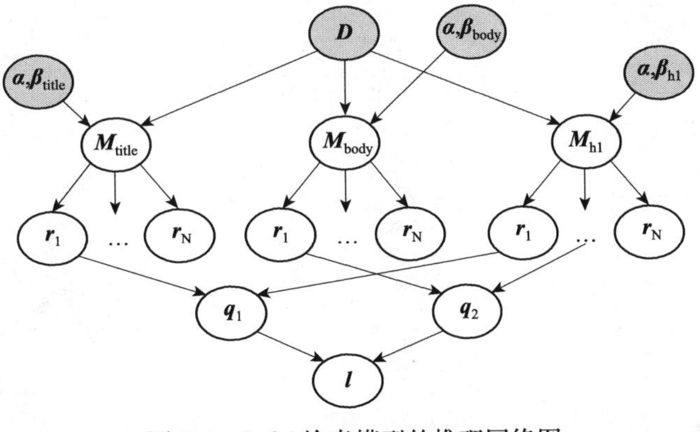

图 5-4　Indri 检索模型的推理网络图

1　given a structured query，construct inference network；//为查询构建推理网络

2　represent document with language model，compute $P(M \mid D)$；//为文档建立语言模型，$P(M \mid D)$ 为从模型 M 中产生文档 D 的概率

3　compute $P(r \mid D)$；//$P(r \mid D)$ 为从概念节点中产生文档 D 的概率

4　for each document in the collection，compute $P(l=1 \mid D, \alpha, \beta)$；//计算文档与查询条件的相似度

5　rank documents according to $P(l=1 \mid D)$；//对文档进行排序

图 5-5　Indri 的检索算法

值得一提的是，Indri 在处理结构化查询（structured query）方面具有非常强大的功能。它提供了多种运算操作符，如 combine，syn，wsyn，weight 等，来对查询中的检索词进行操作。在查询的构成方面，所有运算操作符前面由“#”标识。例如，下面是几个例子：

#sum (ship vessel boat) ——表示该查询由 ship，vessel，boat 构成，且这三个词之间没有权重之分。

#wsyn（0. 645 541 000 0 以色列 0. 170 104 000 0 以军）——表示该查询由“以色列”和“以军”这两个同义词构成，且各自的权重分别为 0. 645 541 000 0 和 0. 170 104 000 0。

更多的关于 Indri 的查询语言的详细内容参见其说明手册[7]。本书中，实验部分用到的几个主要的运算操作符及其使用方法如图 5-6 所示。

#combine ($term_1$，$term_2$，…，$term_n$）——将 n 个关键词结合，没有权重之分

#weight ($score_1$ $term_1$，$score_2$ $term_2$，…，$score_n$ $term_n$）——赋予不同的关键词不同的权重

#wsyn ($score_1$ $term_1$，$score_2$ $term_2$，…，$score_n$ $term_n$）——将 n 个关键词视为同义词，且赋予不同的权重

图 5-6　Indri 的运算符示例

五、检索结果翻译

本书第二章针对用户的多语言学术信息需求与期望的调查的结果显示，用户认为在数字图书馆多语言信息检索时，系统应该提供给用户检索结果的题录信息的翻译。此外，跨语言信息检索在各领域的应用成果，如搜索引擎、数字图书馆、专利检索、图像检索，以及电子商务等，都会将检索结果的部分重要信息翻译成源语言。鉴于此，我们也对 Milk-Tea 的检索结果进行翻译。我们选取检索结果的标题和摘要字段，利用微软的必应（Bing）机器翻译系统，将其

从英文翻译成中文。这样可以辅助用户对检索结果做出正确的判断。

第三节　系统主要功能及界面

Milk-Tea 的主界面如图 5-7 所示，供用户登录系统。

图 5-7　Milk-Tea 的主界面

系统的主要功能可以按照用户角色划分成三大类：用户管理、图书情报领域多语言学术信息检索测评体系构建、图书情报领域学术信息跨语言检索。

一、用户管理

在 Milk-Tea 中，以管理员（Administrator）角色登录系统后，可以看到所有菜单功能："Search"和"History"是和跨语言信息检索相关的功能；"My Query"是和检索测评相关的功能。

管理员角色独特的功能有两个——分配用户和设计检索主题。

如图 5-8 所示，点击"Users"按钮，可以查看已有的用户的 ID，可以对已有用户的登录信息进行修改（Update），或者创建新的用户（Add an user）。

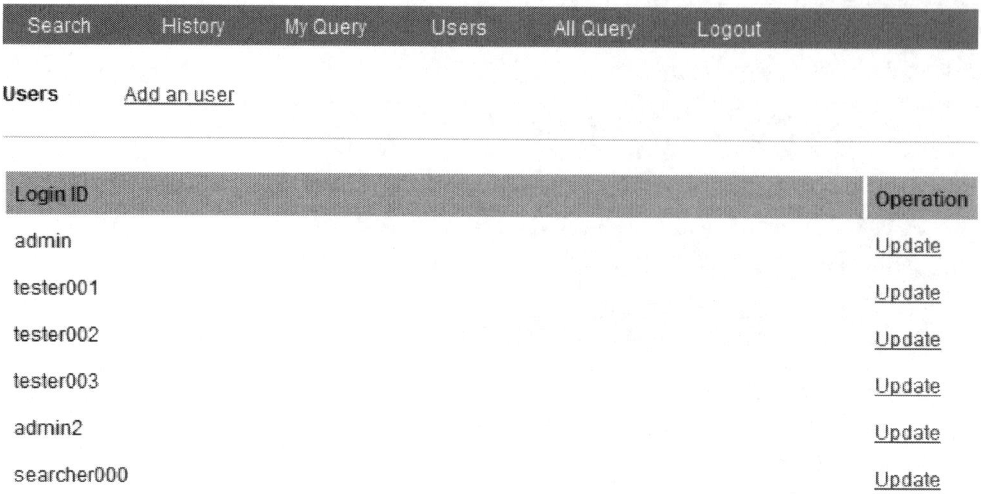

图 5-8　Milk-Tea 的“Users”界面

如图 5-9 所示，点击“Add an user”按钮可以创建一个新用户，为用户分配登录名和密码，并选择角色。本系统的角色有三个：管理员（Administrator），可以看到所有功能；标注者（Tester），只能进行图书情报领域多语言学术信息检索测评；检索者（Searcher），只能进行图书情报领域跨语言学术信息检索。

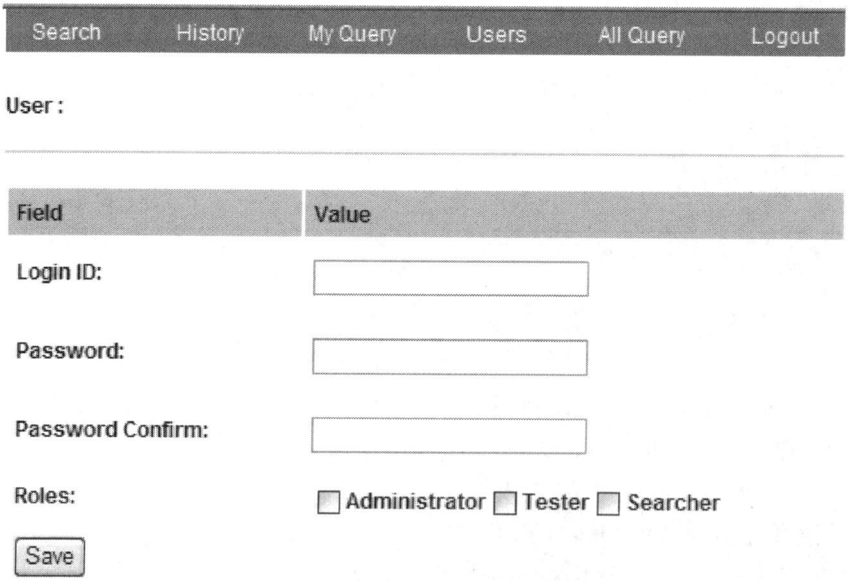

图 5-9　Milk-Tea 创建新用户界面

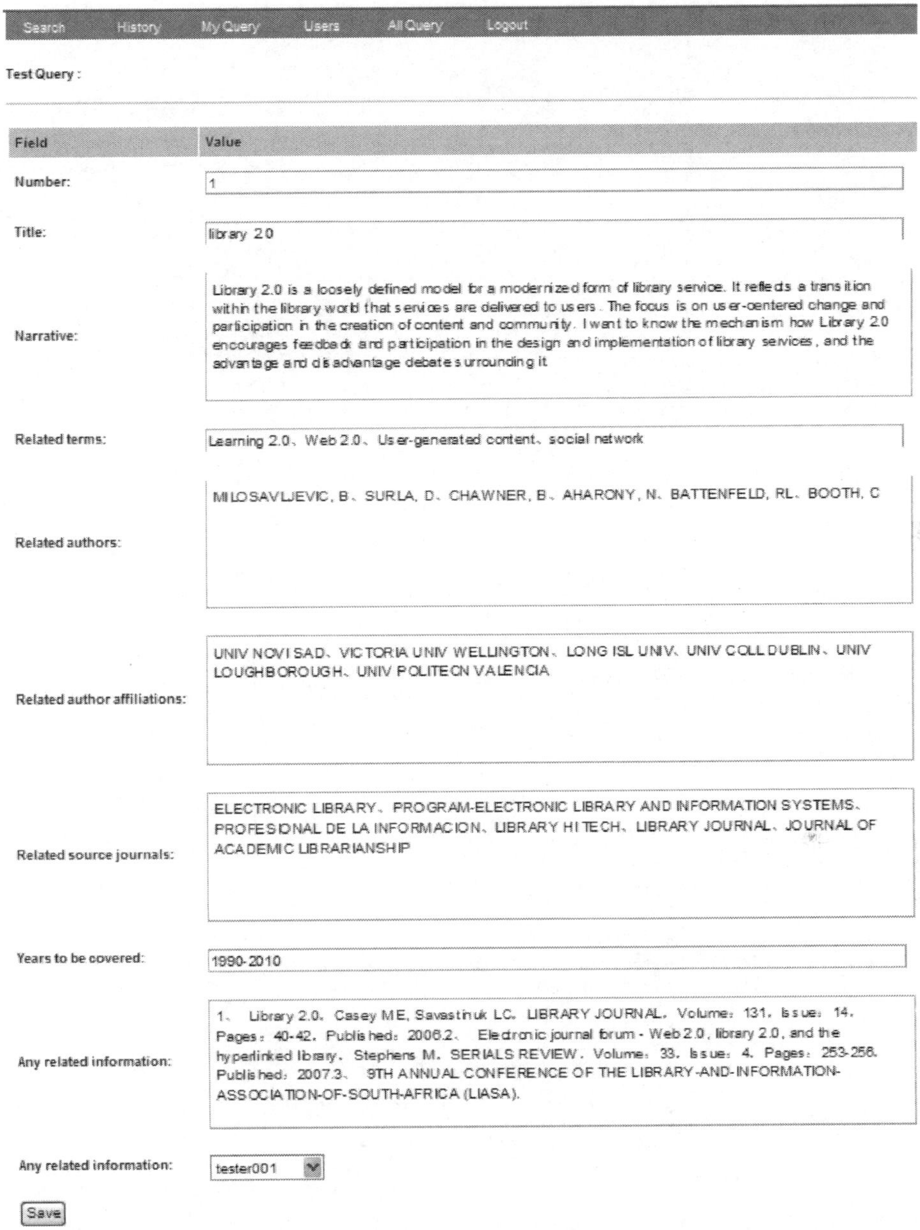

图 5-10　Milk-Tea 检索主题设计界面

除了分配用户外，以管理员角色登录系统后，还可以设计检索主题并分配给标注者。按照检索主题设计方案，我们将检索表单实现到系统中。如图 5-10 所示，管理员可以对检索主题的各个字段进行添加，并分配给标注者。设计了检索主题后可以查看全部主题，见图 5-11。

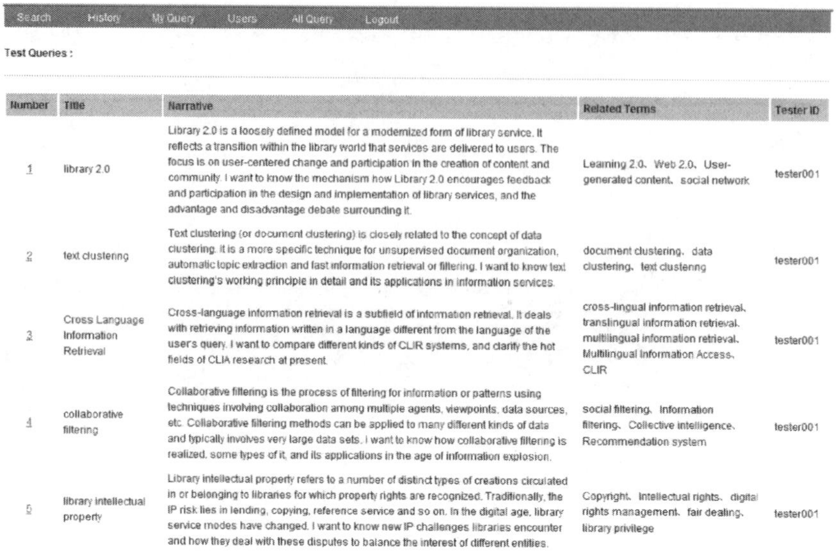

Number	Title	Narrative	Related Terms	Tester ID
1	library 2.0	Library 2.0 is a loosely defined model for a modernized form of library service. It reflects a transition within the library world that services are delivered to users. The focus is on user-centered change and participation in the creation of content and community. I want to know the mechanism how Library 2.0 encourages feedback and participation in the design and implementation of library services, and the advantage and disadvantage debate surrounding it.	Learning 2.0、Web 2.0、User-generated content、social network	tester001
2	text clustering	Text clustering (or document clustering) is closely related to the concept of data clustering. It is a more specific technique for unsupervised document organization, automatic topic extraction and fast information retrieval or filtering. I want to know text clustering's working principle in detail and its applications in information services.	document clustering、data clustering、text clustering	tester001
3	Cross Language Information Retrieval	Cross-language information retrieval is a subfield of information retrieval. It deals with retrieving information written in a language different from the language of the user's query. I want to compare different kinds of CLIR systems, and clarify the hot fields of CLIA research at present.	cross-lingual information retrieval、translingual information retrieval、multilingual information retrieval、Multilingual Information Access、CLIR	tester001
4	collaborative filtering	Collaborative filtering is the process of filtering for information or patterns using techniques involving collaboration among multiple agents, viewpoints, data sources, etc. Collaborative filtering methods can be applied to many different kinds of data and typically involves very large data sets. I want to know how collaborative filtering is realized, some types of it, and its applications in the age of information explosion.	social filtering、Information filtering、Collective intelligence、Recommendation system	tester001
5	library intellectual property	Library intellectual property refers to a number of distinct types of creations circulated in or belonging to libraries for which property rights are recognized. Traditionally, the IP risk lies in lending, copying, reference service and so on. In the digital age, library service modes have changed. I want to know new IP challenges libraries encounter and how they deal with these disputes to balance the interest of different entities.	Copyright、Intellectual rights、digital rights management、fair dealing、library privilege	tester001

图 5-11 Milk-Tea 的“All Query”界面

二、图书情报领域多语言学术信息检索测评

在 Milk-Tea 中，以标注者（Tester）角色登录系统后，可以看到的菜单只有一个功能：“My Query”，是图书情报领域多语言学术信息检索测评功能。对于这部分功能及界面的介绍，参见本书第四章，以标注者（Tester）角色登录系统并进行检索结果的相关性判断。

三、图书情报领域跨语言学术信息检索

在 Milk-Tea 中，最重要的功能是图书情报领域跨语言学术信息检索。以检索者（Searcher）角色登录系统后，可以看到的菜单有两个功能：“Search”，进行跨语言信息检索；“History”，查看检索历史。

图 5-12 显示的是 Milk-Tea 的检索界面。用户在进行检索条件设置时，可以进行三种翻译资源的选择（通用词典，专业词典+通用词典，专业词典+标注词典+通用词典），可以设置三个词典的阈值（0.1，0.2，0.3，0.4，0.5，0.6，0.7，0.8，0.9，1.0），还可以选择显示检索结果的数目（10，50，100，150，200）。在检索框内，系统提供的是“高级检索”功能，即检索时既可以在检索字段（如标题、摘要、作者、作者机构）间进行“与”“或”“非”的逻辑组配，又可以在检索字段内进行 2 个关键词的“与”“或”“非”的逻辑组配，

还可以在一个文本框内输入多个检索词，默认的是“combine”关系。

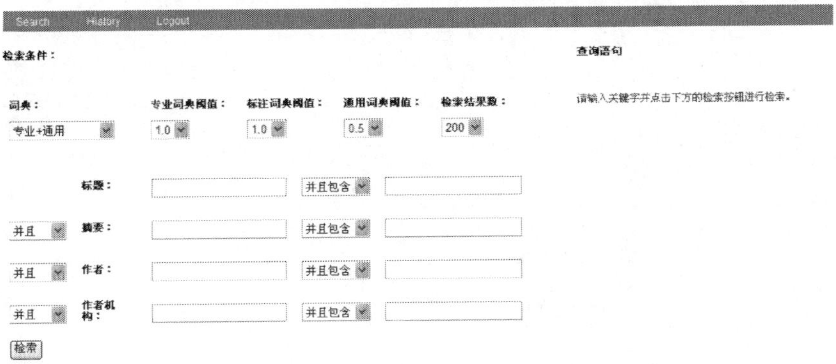

图 5-12　Milk-Tea 的“Search”界面

图 5-13～图 5-16 显示的都是 Milk-Tea 与检索结果显示相关的界面。

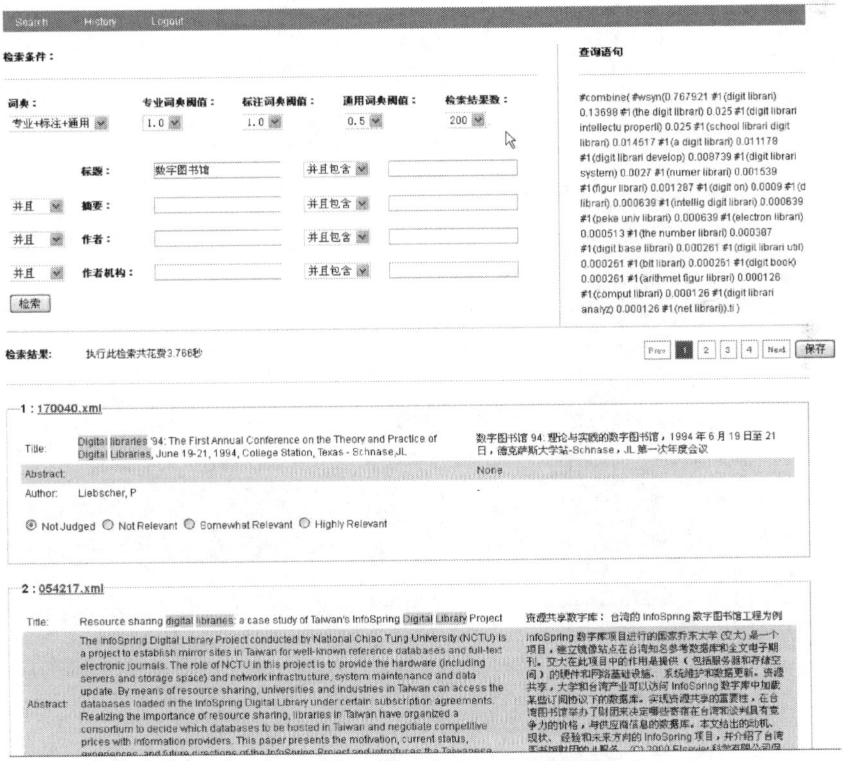

图 5-13　Milk-Tea 检索结果界面

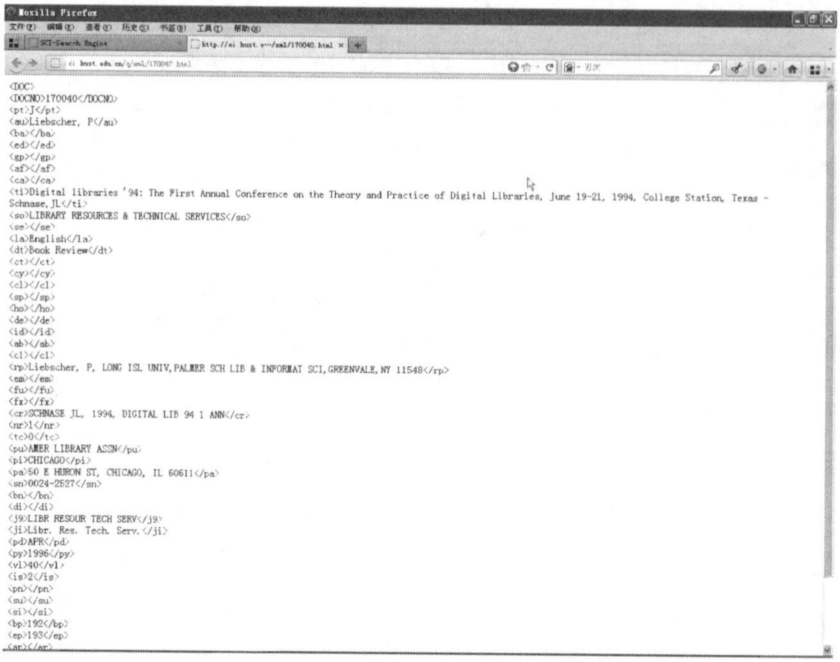

图 5-14　Milk-Tea 检索结果全文查看界面

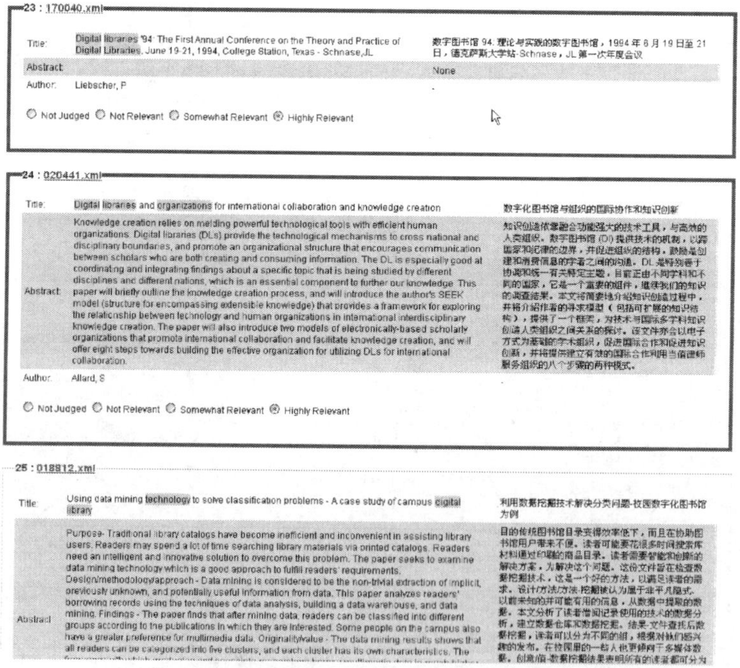

图 5-15　Milk-Tea 检索结果二次出现界面

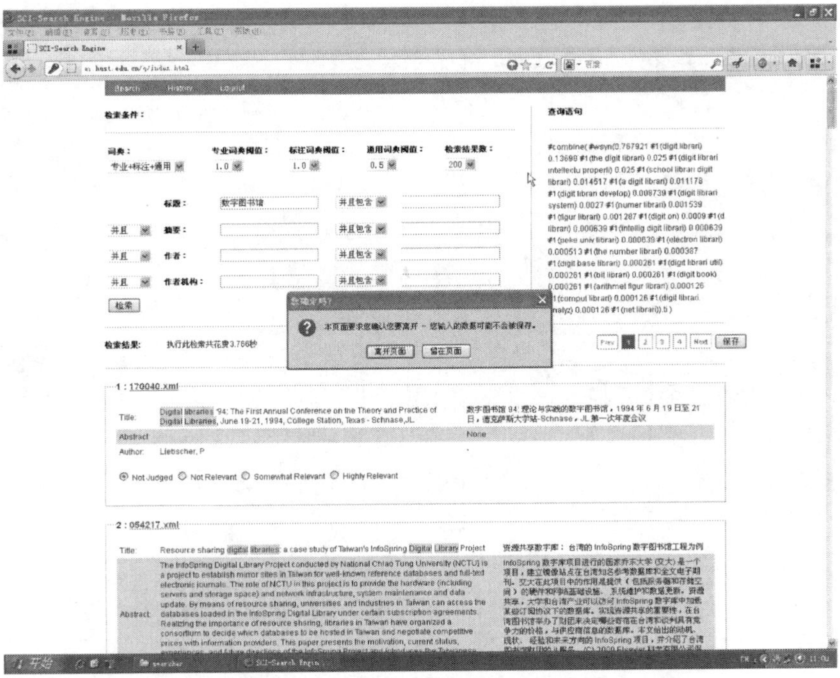

(a)

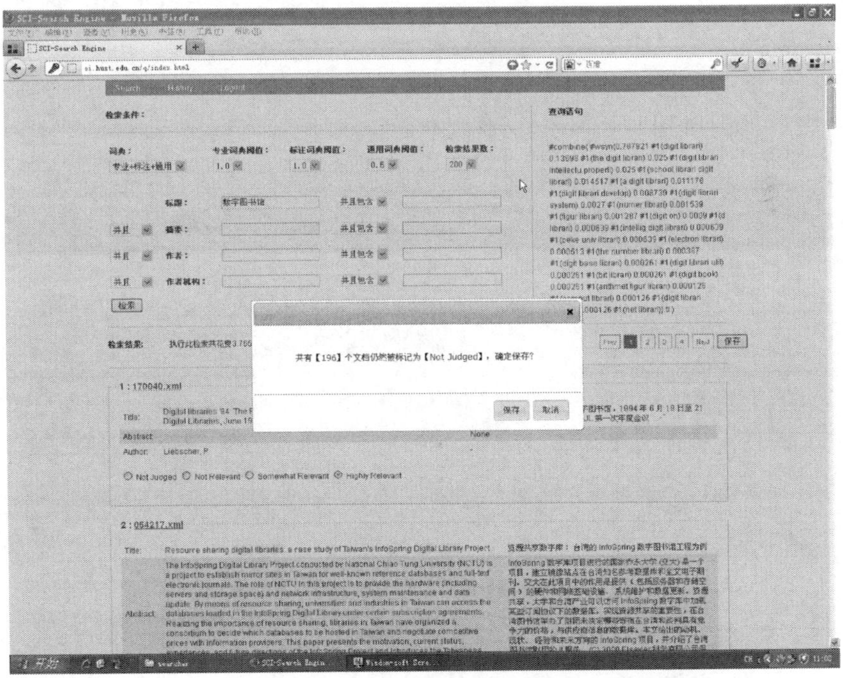

(b)

图 5-16　Milk-Tea 保存提醒界面

如图 5-13 所示，系统的检索结果分屏显示，每屏 50 个结果。在屏幕右上方显示 Indri 的查询语句，在屏幕中间显示检索耗时。检索结果主要显示文档排序、文档编号、标题及其翻译、摘要及其翻译，以及作者字段。查询式中的检索词会在英文文档中高亮显示出来。系统提供给用户三级相关性判断：不相关、一般相关、高度相关，系统默认是未判断。

点击检索结果的文档编号，如图 5-14 所示，系统在新窗口中显示英文文档的全字段信息，可满足用户查看全文的需要。

此外，对于用户已经进行相关性判断过的文档，为了节省用户时间并提高效率，系统会形成记忆，当用户再次检索出同一文档时，系统会在文档周围用方框标识该文档已经被判断过，并显示用户上次判断的结果，如图 5-15 所示。

当用户对所有文档做完判断后，需要点击“保存”按钮对其相关性判断结果进行保存。若用户忘记保存就离开页面，系统会提示用户进行保存，见图 5-16 (a)。若用户保存后离开页面，系统会提示用户已经标记了多少篇文档，还有多少篇文档未判断，见图 5-16 (b)。

Milk-Tea 的“History”菜单则是对检索历史进行保存。用户点击该菜单，来到如图 5-17 显示的界面。在“History”下显示了用户每次检索的编号、标题、摘要、作者、作者机构、检索时间、检索者、结果下载、条件下载等信息。点击每次检索的编号，系统恢复该次检索。点击“结果下载”和“条件下载”将分别下载该次检索的结果（包括检索列表、文档编号、对应的相关性判断结果）和检索条件（包括词典的选择与设置、查询式的设置）。系统的该功能可以作为用户日志记录用户的检索历史，便于对系统进行评价和对用户行为做出分析。

编码	标题	摘要	作者	作者机构	时间	检索人	操作
402	数字图书馆				2011-09-05 21:39:56.0	searcher000	结果下载 | 条件下载 | 删除
403	数字图书馆				2011-09-05 21:42:35.0	searcher000	结果下载 | 条件下载 | 删除
404	数字图书馆				2011-09-05 21:45:31.0	searcher000	结果下载 | 条件下载 | 删除
405	数字图书馆				2011-09-05 21:54:18.0	searcher000	结果下载 | 条件下载 | 删除
409	信息检索				2011-10-01 10:34:40.0	searcher000	结果下载 | 条件下载 | 删除
410	信息检索				2011-10-01 10:36:28.0	searcher000	结果下载 | 条件下载 | 删除
423	参考咨询				2011-10-14 16:52:34.0	searcher000	结果下载 | 条件下载 | 删除
424	参考咨询				2011-10-14 16:54:06.0	searcher000	结果下载 | 条件下载 | 删除
425	参考咨询 and 数字				2011-10-14 16:55:42.0	searcher000	结果下载 | 条件下载 | 删除
427	数字参考咨询				2011-10-14 17:09:02.0	searcher000	结果下载 | 条件下载 | 删除
428	参考咨询 and 数字				2011-10-14 17:10:58.0	searcher000	结果下载 | 条件下载 | 删除

图 5-17 Milk-Tea 的“History”界面

第四节　本章小结

在本章中，我们详细介绍了跨语言学术信息检索系统 Milk-Tea 的实现过程与功能。在实现之前，我们首先规划了系统实现的流程、系统实现的环境与工具。然后我们对系统的主要资源、算法、功能与界面的具体实现进行了详细描述。系统主要提供四种功能：图书情报领域检索主题知识（knowledge）、图书情报领域专业术语的翻译（translation）、图书情报领域多语言学术信息检索测评（evaluation）、图书情报领域跨语言学术信息检索（access）。实际完成的语料规模为：三种类型的词典中，中文不重复词条合计 59 571＋19 552＋806＝79 929 条；系统语料为 207 320 篇英文学术论文题录信息及其中文翻译；由 50 个检索主题和 5995 篇相关文献构成的标准答案集。

目前，Milk-Tea 实现的是图书情报领域的汉英跨语言学术信息检索。在未来研究中，我们将扩大学科范畴，增加样本规模，增加语言种类，以进一步完善该系统，使之成为可以走向大规模实用化的开发应用。

本章参考文献

[1] Wang J Q. Matching meaning for cross-language information retrieval [D] . Ph. D Dissertation of University of Maryland，College Park，2005.

[2] 吴丹．跨语言信息检索：翻译优化理论与技术［M］．北京：科学技术文献出版社，2011.

[3] Language modeling meets inference networks [EB/OL] . http：//lemurproject. org/indri [2011-03-30] .

[4] Ponte J M，Croft W B. A language modeling approach to information retrieval [C] . Proceedings of the 21st Annual international ACM SIGIR Conference on Research and Development in information Retrieval (SIGIR '98). Melbourne，Australia，1998：275-281.

[5] Turtle H，Croft W B. Evaluation of an inference network-based retrieval model [J] . ACM Transactions on Information Systems，1991，9 (3)：187-222.

[6] Indri Retrieval Model Overview [EB/OL] . http：//ciir. cs. umass. edu/～metzler/indriretmodel. html [2011-03-15] .

[7] Indri Query Language Quick Reference [EB/OL] . http：//www. lemurproject. org/lemur/IndriQueryLanguage. php [2011-05-15] .

第六章

多语言网络学术信息检索实验

在本章中，我们将在图书情报领域跨语言网络学术信息检索系统 Milk-Tea 上进行两组跨语言信息检索实验，一组是自动检索实验，一组是用户检索实验，目的是比较三种翻译资源的效果以及测试 Milk-Tea 的性能。

第一节　自动检索实验设计

一、实验目的

自动检索实验是由实验者将检索主题的各个字段作为查询式按一定规则送入检索系统，根据检索系统返回的检索结果进行评价，不需要用户进行查询式的构造或检索结果的相关性判断。这种方法不需要用户参与，因此比较容易控制各个影响因素，且能够重复实验。自动检索实验的具体目标如下：

R1. 比较三种翻译资源效果。

为此，我们将“通用词典”作为基准，“专业词典＋通用词典”和“专业词典＋标注词典＋通用词典”作为比较的对象，检验我们构建的两个领域语义词典在图书情报领域多语言网络学术信息检索中的作用。词典的阈值设定：通用词典＝1.0；专业词典＝0.5；标注词典＝0.5。

R2. 检验不同长度查询式对多语言学术信息检索的影响。

为此，我们将查询式分为短查询和长查询两种：短查询为检索表单中的"问题标题"；长查询为检索表单中的"问题标题"和"相关检索词"。

检索策略为：对文档的"标题"字段和"摘要"字段进行组配检索。

现以 topic50 为例进行说明：

问题标题：访问控制

相关检索词：认证、鉴定与认证、问责

那么，所构建的查询式为：

短查询＝（标题字段："访问控制"）与（摘要字段："访问控制"）

长查询＝（标题字段："访问控制"并且包含"认证 鉴定与认证 问责"）与（摘要字段："访问控制"并且包含"认证 鉴定与认证 问责"）

按照上述检索策略，我们对 50 个检索主题全部按照短查询与长查询送入每个翻译资源所形成的系统，最终一共获得 2（2 种长度的查询式）×3（3 种翻译资源）×50（50 个检索主题）＝300 个检索结果列表。系统设置为每次检索返回 200 条结果。

二、评价指标

我们对上述实验设计形成的 300 个检索结果列表，其中每个检索结果包含 200 条记录，进行了分析。由于本实验是自动信息检索实验，无用户参与检索结果的相关性判断，我们假设系统返回的所有结果均为相关，以此来检验系统的性能。

由于本实验采用的是我们设计的图书情报领域多语言学术信息的检索测评体系，其中的标准答案集为多级相关性判断，我们进一步采用标准化折扣累积增量（normalized discounted cumulative gain，NDCG）作为评价指标对系统进行检验。

折扣累积增量（discounted cumulative gain，DCG）是近几年出现的一个颇为流行的信息检索评价指标。随着信息检索研究越来越重视由用户参与结果的相关性判断，以及非二值相关性判断，Järvelin 和 kekäläinen[1] 提出了一个基于用户的评价指标 DCG。该指标不同于传统的二值相关性评价，而是将用户的多级相关性判断因素考虑在内，能够用来衡量最相关文献在检索结果列表中是否优先被检出，其计算公式如下：

$$\mathrm{DCG}[i]=\begin{cases}\mathrm{G}[1], & \text{if } i=1\\ \mathrm{DCG}[i-1]+\mathrm{G}[i]/\log_b i, & \text{otherwise}\end{cases} \tag{6-1}$$

其中，G［i］为第 i 个检索结果的用户相关性判断的分值向量，b 为一个常量。例如，设某个多级相关性判断的分值为：不相关 0 分，有一点相关 1 分，高度相关 2 分。则某个检索结果列表可以表示成：G＝2，1，2，0，0，1，2，2，……,其中，G［1］＝2，G［2］＝1，等等。

在 DCG 的基础上，Jarvelin 和 kekäläinen[2] 还对该指标进行了标准化处理，进一步提出了标准化折扣累积增量（NDCG）的评价指标，计算公式如下：

$$N_q = M_q \sum_{j=1}^{K} (2^{r(j)} - 1)/\log(1+j) \tag{6-2}$$

其中，M_q 是一个常量，j 是检索结果的位置，r（j）是多级相关性判断的分值，例如，不相关 0 分，有一点相关 1 分，高度相关 2 分，等等。

在本实验中，我们对多级相关性的取值分别为："高度相关"的文档的权值设为 4；"一般相关"的文档的权值设为 1；"不相关"的文档的权值设为 0。

第二节　自动检索实验结果分析

一、短查询实验结果

我们按照检索结果列表的前 10，20，30，40，50，60，70，80，90，100，110，120，130，140，150，160，170，180，190，200 个检索结果统计了 50 个检索主题的平均 NDCG 值。短查询的结果见表 6-1 和图 6-1。

表 6-1　短查询的三个翻译资源的实验结果 NDCG 值

检索结果排序	通用词典	专业词典＋通用词典	专业词典＋标注词典＋通用词典
10	0.2377	0.6972	0.7016
20	0.2153	0.6496	0.6562
30	0.2001	0.6112	0.6191
40	0.1876	0.593	0.6008
50	0.1794	0.5772	0.585
60	0.1744	0.5634	0.5712
70	0.1723	0.5506	0.5583
80	0.1742	0.5435	0.5515
90	0.1754	0.5367	0.5447
100	0.1789	0.5346	0.5425
110	0.1816	0.5353	0.5433

续表

检索结果排序	通用词典	专业词典+通用词典	专业词典+标注词典+通用词典
120	0.1815	0.5367	0.5446
130	0.184	0.538	0.5461
140	0.1856	0.5374	0.5454
150	0.1875	0.5368	0.5448
160	0.1895	0.5366	0.5447
170	0.1913	0.5365	0.5445
180	0.194	0.5366	0.5447
190	0.1965	0.5368	0.545
200	0.1988	0.5374	0.5456

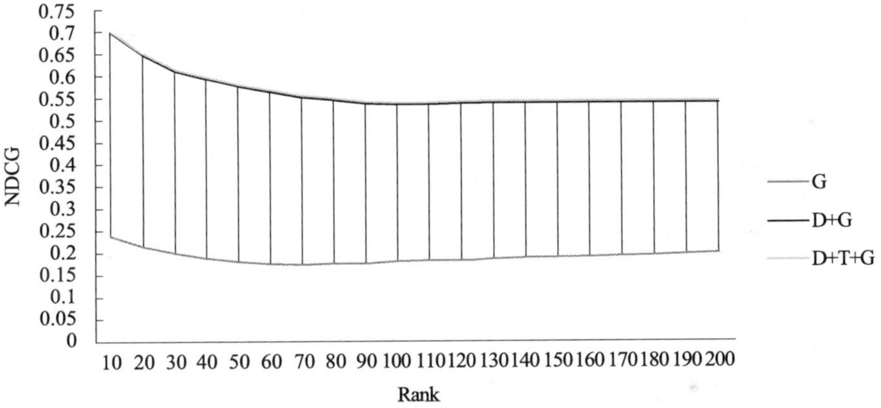

图 6-1　短查询的平均 NDCG 值

在短查询的结果中，“专业词典＋标注词典＋通用词典”这一翻译资源获得了最佳平均 NDCG 值，无论在检索结果列表的前多少位，其 NDCG 值都比“专业词典＋通用词典”略高一些，而比“通用词典”有明显的提高。而“专业词典＋通用词典”也是无论在检索结果列表的前多少位，其 NDCG 值都比“通用词典”有明显的提高。值得一提的是，三种翻译资源都是在检索结果列表的前 10 位，其获得了各自最高的 NDCG 值，也即获得了最佳检索效果，其次是前 20 位，再次是前 30 位。这一结果可以证明 Milk-Tea 是有效的，因为用户对于信息检索系统返回的检索结果列表并不会逐一浏览，往往只会选择前 30 位左右的结果进行查看筛选，那么系统前 30 位检索结果的质量就显得非常重要了。而我们用“专业词典＋标注词典＋通用词典”这一翻译资源所取得的 NDCG 值在前 10 位达到了 0.7，这说明该翻译资源用在该检索系统上结果非常好。此外，短查询结果也验证了“专业词典＋标注词典＋通用词典”的效果最好，其次是“专业词典＋通用词典”。

我们进一步对三种翻译资源的结果进行了统计检验。在本系统中，我们采用双尾配对样本 t 检验（two-tailed paired-samples T-test）进行统计显著性检验。显著性水平 p 是衡量显著性的指标，p 取值为 0.05，代表结果具有 95%的可信度（confidence）。显著性水平取值越小，那么评价结果是由于偶然因素造成的概率就越小，评价结果的可信度就越高。我们使用的统计工具为 SPSS 统计软件。短查询的三个翻译资源的显著性差异比较结果见表 6-2。可见，无论在检索结果列表的什么位置，“专业词典＋标注词典＋通用词典”以及“专业词典＋通用词典”都比“通用词典”取得了显著性差异，且 p 值均为 0。但是，“专业词典＋标注词典＋通用词典”和“专业词典＋通用词典”二者之间却没有显著性差异。

表 6-2　短查询的三个翻译资源的显著性差异比较 t 检验（$p<0.05$ 时具有显著性差异）

检索结果排序	专业＋标注＋通用 vs. 通用	专业＋通用 vs. 通用	专业＋标注＋通用 vs. 专业＋通用
10	0***	0***	0.322
20	0***	0***	0.322
30	0***	0***	0.322
40	0***	0***	0.322
50	0***	0***	0.322
60	0***	0***	0.322
70	0***	0***	0.322
80	0***	0***	0.311
90	0***	0***	0.312
100	0***	0***	0.313
110	0***	0***	0.313
120	0***	0***	0.313
130	0***	0***	0.306
140	0***	0***	0.306
150	0***	0***	0.306
160	0***	0***	0.306
170	0***	0***	0.306
180	0***	0***	0.306
190	0***	0***	0.299
200	0***	0***	0.299

*** 表示 $p<0.001$

二、长查询实验结果

长查询的结果见表 6-3 和图 6-2。在长查询的结果中，同样是“专业词典＋标注词典＋通用词典”这一翻译资源无论在哪个检索结果列表位置上都获得了最佳平均 NDCG 值，比“专业词典＋通用词典”略高一些，而这两个翻译资源都比“通用词典”有明显的提高。这三种翻译资源都是在前 10 个检索结果的位置比其他检索结果位置的 NDCG 值要高。且“专业词典＋标注词典＋通用词典”这一翻译资源所取得的 NDCG 值在前 10 位达到了 0.74，这同样说明该翻译资源用在该检索系统上结果非常好。和短查询结果一样，长查询结果也验证了“专业词典＋标注词典＋通用词典”的效果最好，其次是“专业词典＋通用词典”。

表 6-3　长查询的三个翻译资源的实验结果 NDCG 值

检索结果排序	通用词典	专业词典＋通用词典	专业词典＋标注词典＋通用词典
10	0.3703	0.6909	0.7422
20	0.331	0.6519	0.6944
30	0.3043	0.6236	0.6689
40	0.2876	0.611	0.6567
50	0.2749	0.5995	0.644
60	0.2673	0.5895	0.6367
70	0.2616	0.5836	0.6317
80	0.258	0.581	0.6306
90	0.2581	0.5804	0.6313
100	0.2594	0.5894	0.641
110	0.2622	0.5951	0.6483
120	0.2645	0.6005	0.6551
130	0.2663	0.606	0.6627
140	0.268	0.6084	0.6657
150	0.2689	0.611	0.6685
160	0.271	0.6147	0.6727
170	0.2741	0.6173	0.6761
180	0.2762	0.6215	0.6807
190	0.2807	0.6239	0.6833
200	0.2841	0.6258	0.6857

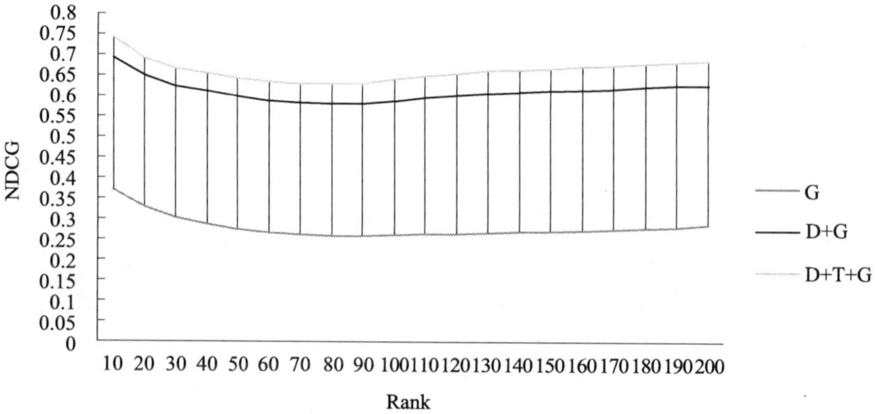

图 6-2 长查询的平均 NDCG 值

我们也进一步对三种翻译资源的结果两两进行了统计检验，长查询的三个翻译资源的显著性差异比较结果见表 6-4。同样，无论在检索结果列表的什么位置，“专业词典+标注词典+通用词典”以及“专业词典+通用词典”都比“通用词典”取得了显著性差异，且 p 值均为 0。此外，就“专业词典+标注词典+通用词典”和“专业词典+通用词典”二者相比而言，它们之间却没有显著性差异，不过其 p 值已经很接近 0.05 了，尤其是在检索结果列表的 130 位以后。这说明“专业词典+标注词典+通用词典”比“专业词典+通用词典”的效果更显著。

表 6-4 长查询的三个翻译资源的显著性差异比较 *t* 检验（$p<0.05$ 时具有显著性差异）

检索结果排序	专业+标注+通用 vs. 通用	专业+通用 vs. 通用	专业+标注+通用 vs. 专业+通用
10	0***	0***	0.062
20	0***	0***	0.077
30	0***	0***	0.076
40	0***	0***	0.084
50	0***	0***	0.09
60	0***	0***	0.08
70	0***	0***	0.079
80	0***	0***	0.075
90	0***	0***	0.069
100	0***	0***	0.067
110	0***	0***	0.062
120	0***	0***	0.059
130	0***	0***	0.055

续表

检索结果排序	专业+标注+通用 vs. 通用	专业+通用 vs. 通用	专业+标注+通用 vs. 专业+通用
140	0***	0***	0.054
150	0***	0***	0.054
160	0***	0***	0.053
170	0***	0***	0.052
180	0***	0***	0.052
190	0***	0***	0.052
200	0***	0***	0.051

*** 表示 $p<0.001$

第三节　用户检索实验设计

本节总结我们实施的一个用户全程参与的跨语言学术信息检索实验。该实验目的是检验在真实用户参与的情况下 Milk-Tea 的检索性能，比较三种翻译资源的效果，以及分析用户在进行跨语言学术搜索时的行为特征。

一、实验目的

在本实验中，我们让用户参与了跨语言学术信息检索的全过程。实验目的主要有三个：

R1. 通过用户实验结果分析 Milk-Tea 的检索性能。

上一节报告了自动检索实验获得的 Milk-Tea 测评。我们发现系统的检索性能良好，且将“通用词典”作为基准，“专业词典+通用词典”和“专业词典+标注词典+通用词典”作为比较的对象，发现“专业词典+标注词典+通用词典”这种翻译资源获得了最佳的检索效果，即 NDCG 值最高。那么，在用户参与的情况下，检索结果是否依然如此呢？这需要在用户检索实验中分析系统在每种翻译资源下的平均 NDCG 结果来判断哪种翻译资源效果最好。另外，自动检索实验和用户检索实验的结果是否一致，是否有偏差？这也需要我们将二者的检索结果 NDCG 值进行比较。

R2. 通过用户在检索过程中的感受评价 Milk-Tea 的检索支持。

我们在用户跨语言学术信息检索全过程的每一个重要环节都进行问卷调查，即实验前问卷调查，实验中问卷调查（又分为三种翻译资源和每个检索主题），实验后问卷调查，来了解用户对 Milk-Tea、对检索主题、对翻译资源等的评价。

R3. 通过系统日志挖掘分析用户跨语言学术信息检索行为。

Milk-Tea 具有日志记录功能，能将用户的每一步操作都记录在系统日志中。我们通过挖掘系统日志，针对每个检索主题或针对每个查询式进行统计，从而分析用户在进行跨语言学术信息检索时的行为特征。

二、检索主题选择

本实验所用语料与自动检索实验所用的语料相同，即为我们所设计的图书情报领域学术信息检索测试文档集。在检索主题方面，我们还是延续使用了我们所设计的图书情报领域学术信息检索主题。这样做一方面可以利用标准答案集帮助测评，另一方面也便于与自动检索实验的结果进行比较。

但是，在查询的数量方面，考虑到用户的负担，我们从 50 个检索主题中选择了其中的 10 个检索主题（1 个用于用户培训，另外 9 个用于用户实验）。这些检索主题的选择标准是根据自动检索的实验结果，我们从中挑选出具有相关文献数量较多的检索主题。这 10 个用于用户检索实验的检索主题详细内容见附录 8。

因为实验是汉英跨语言信息检索，我们给用户看的是中文检索主题。检索主题的格式是原始格式，每个检索主题包含设计者、问题编号、问题标题、问题描述（长度：3～6 句）、相关检索词、相关作者名、相关作者所在机构、相关来源期刊名、文章发表年限，以及任何与检索主题相关的信息（如相关文献、相关网页、相关图书等）。

三、系统界面及参数设置

在系统界面方面，我们使用的是如图 6-3 所示的 Milk-Tea 的检索界面。该系统可以让用户操作的地方包括：选择翻译资源，设置词典的阈值，选择显示结果的数目，输入查询，选择检索字段及其逻辑组配，查看检索结果题录信息、题录翻译信息及全字段，对检索结果进行多级相关性判断等。其中，查询中所包含的检索词的翻译会在题录中高亮显示。此外，对于用户已经进行相关性判断过的文档，系统会形成记忆，当用户再次检索出同一文档时，系统会在文档周围用绿色方框标识该文档已经被判断过，并显示用户上次判断的结果，这样用户就无需重复判断。

本实验采取多级相关性判断方法，让用户对每篇文档进行如下四级判断：

（1）高度相关（highly relevant）

（2）一般相关（somewhat relevant）

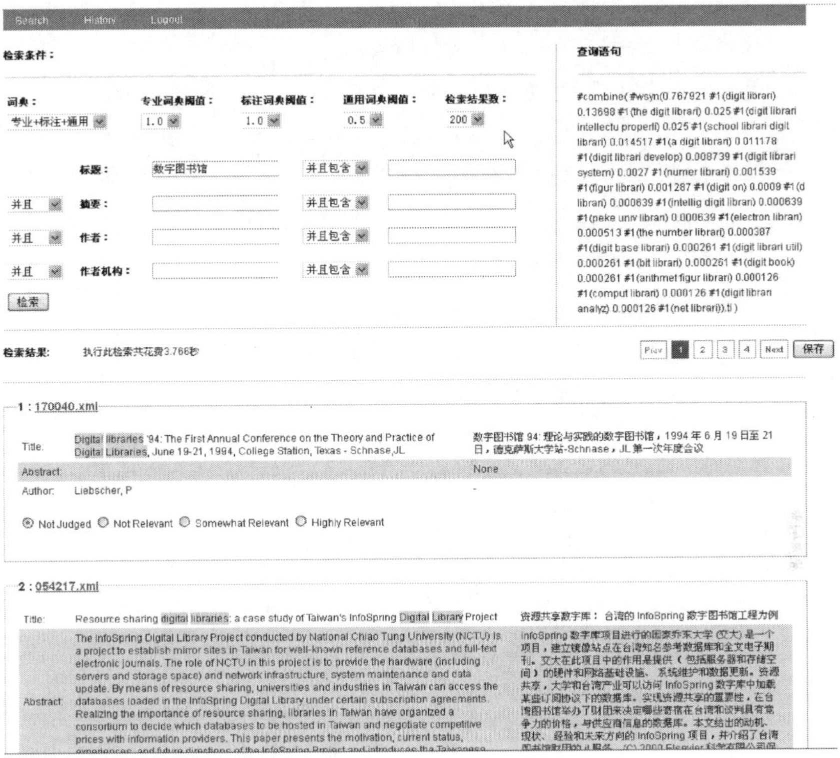

图 6-3　Milk-Tea 检索界面

（3）不相关（not relevant）

（4）未判断（not judged）

实验开始前系统默认为每篇文档都是“未判断”，若相关性判断结束后仍有未判断的文档存在，我们则将该文档等同于“不相关”。

在参数设置方面，每次查询时系统默认给用户显示的检索结果是 200 条记录。另外，为了方便用户操作，系统将词典的累积概率阈值 CPT 默认为：专业词典 1.0；标注词典 1.0；通用词典 0.5。

四、实验用户确定

因为该实验是图书情报领域的跨语言学术信息检索，我们主要从武汉大学信息管理学院的学生中寻找愿意参加实验的志愿者。我们共找到了 27 位志愿者参与实验。这些用户的任务是在规定的时间范围内，对我们提供的检索主题分别用三种翻译资源进行跨语言学术信息检索，并对检索结果进行相关性判断。

在本实验中，我们采用了“用户内实验设计（within-subject design）”，即每个用户均用相同的 9 个检索主题进行检索，且每个用户均采用 3 种翻译资源，其中，每种翻译资源均用 3 个检索主题进行实验。

为了避免检索主题的顺序及使用翻译资源的顺序所造成的影响，在本实验中，我们采用如表 6-5 所示的拉丁方阵（latin square）的方法对每个用户的检索主题、所用翻译资源及检索顺序进行排列。9 个检索主题轮转一圈有 9 种方式，3 种翻译资源有 3 种先后顺序，共有 9×3＝27 种组合。因此，27 个用户尽管所用检索主题和系统一样，但其顺序均不同。

表 6-5　用户及其对应的翻译资源和检索主题

用户名	检索主题编号及翻译资源代码							
s01	1g	2g	3g	4d	5d	6d	7t	8t	9t
s02	1d	2d	3d	4t	5t	6t	7g	8g	9g
s03	1t	2t	3t	4g	5g	6g	7d	8d	9d
s04	2g	3g	4g	5d	6d	7d	8t	9t	1t
s05	2d	3d	4d	5t	6t	7t	8g	9g	1g
s06	2t	3t	4t	5g	6g	7g	8d	9d	1d
s07	3g	4g	5g	6d	7d	8d	9t	1t	2t
s08	3d	4d	5d	6t	7t	8t	9g	1g	2g
s09	3t	4t	5t	6g	7g	8g	9d	1d	2d
s10	4g	5g	6g	7d	8d	9d	1t	2t	3t
s11	4d	5d	6d	7t	8t	9t	1g	2g	3g
s12	4t	5t	6t	7g	8g	9g	1d	2d	3d
s13	5g	6g	7g	8d	9d	1d	2t	3t	4t
s14	5d	6d	7d	8t	9t	1t	2g	3g	4g
s15	5t	6t	7t	8g	9g	1g	2d	3d	4d
s16	6g	7g	8g	9d	1d	2d	3t	4t	5t
s17	6d	7d	8d	9t	1t	2t	3g	4g	5g
s18	6t	7t	8t	9g	1g	2g	3d	4d	5d
s19	7g	8g	9g	1d	2d	3d	4t	5t	6t
s20	7d	8d	9d	1t	2t	3t	4g	5g	6g
s21	7t	8t	9t	1g	2g	3g	4d	5d	6d
s22	8g	9g	1g	2d	3d	4d	5t	6t	7t
s23	8d	9d	1d	2t	3t	4t	5g	6g	7g
s24	8t	9t	1t	2g	3g	4g	5d	6d	7d
s25	9g	1g	2g	3d	4d	5d	6t	7t	8t
s26	9d	1d	2d	3t	4t	5t	6g	7g	8g
s27	9t	1t	2t	3g	4g	5g	6d	7d	8d

注：①1～9 代表 9 个检索主题

②g＝通用词典；d＝专业词典＋通用词典；t＝专业词典＋标注词典＋通用词典

五、实验步骤

在做好一切准备工作之后，我们正式与参与者开始实验。在用户实验过程中，我们利用后端日志记录程序对整个实验过程进行了记录。每个参与者的实验历时 2.5 小时。实验过程如下：

（1）向参与者介绍实验目的，以及 Milk-Tea 的检索功能和使用方法，并填写前测问卷（5 分钟）；

（2）用检索主题 0 让参与者试运行系统（5 分钟）；

（3）给参与者 3 个检索主题，做在第一种翻译资源上，并填第一个调查问卷（45 分钟；每个检索主题 14 分钟检索，1 分钟填问卷）；

（4）给参与者 3 个检索主题，做在第二种翻译资源上，并填第二个调查问卷（45 分钟；每个检索主题 14 分钟检索，1 分钟填问卷）；

（5）给参与者 3 个检索主题，做在第三种翻译资源上，并填第三个调查问卷（45 分钟；每个检索主题 14 分钟检索，1 分钟填问卷）；

（6）最后让参与者对系统整体以及三个部分的实验结果进行评价与比较，填写后测问卷（5 分钟）。

完成实验后，我们主要从系统检索性能、参与者的评价、参与者检索行为三个方面对实验结果进行了分析。

第四节　用户检索实验结果分析——系统检索性能

对于系统检索性能的评价，我们仍然采用和自动实验相同的判断指标——NDCG。由于用户实验中，每个用户在完成每个检索主题时会用到不同数量的查询式，所得到检索结果的数量是不同的，且每个用户所查看判断的检索结果数量也是不同的。因此，我们用两种方式来计算系统的 NDCG 值。一是用户实验的结果（9 个检索主题）中取所有检索结果列表计算其平均值；二是用户实验的结果（9 个检索主题）中取每次用户的检索结果列表中 NDCG 值最高的那个最佳值。最后，我们还将用户实验的最佳 NDCG 值与自动实验的短查询 NDCG 值进行比较（因为短查询是最接近真实用户查询长度的）。

一、平均 NDCG 值

我们按照检索结果列表的前 10，20，30，40，50，60，70，80，90，100，110，120，130，140，150，160，170，180，190，200 个检索结果统计了 27 个用户做 9 个检索主题时所有查询得到的检索结果列表的平均 NDCG 值。结果见表 6-6 和图 6-4。

表 6-6　三个翻译资源的用户实验结果平均 NDCG 值

检索结果排序	通用词典	专业词典＋通用词典	专业词典＋标注词典＋通用词典
10	0.0269	0.4303	0.4632
20	0.026	0.3975	0.4394
30	0.0256	0.3825	0.4277
40	0.0267	0.3792	0.4214
50	0.0296	0.3792	0.411
60	0.0309	0.3666	0.3959
70	0.0323	0.3548	0.3812
80	0.0339	0.3472	0.3739
90	0.0359	0.3451	0.3673
100	0.0368	0.3441	0.3649
110	0.0376	0.3473	0.3669
120	0.0392	0.3497	0.3668
130	0.0409	0.3522	0.3688
140	0.0416	0.3544	0.3711
150	0.0425	0.3568	0.3726
160	0.0432	0.3613	0.3756
170	0.0445	0.3645	0.3764
180	0.0456	0.369	0.3782
190	0.0468	0.3723	0.3795
200	0.048	0.3759	0.382

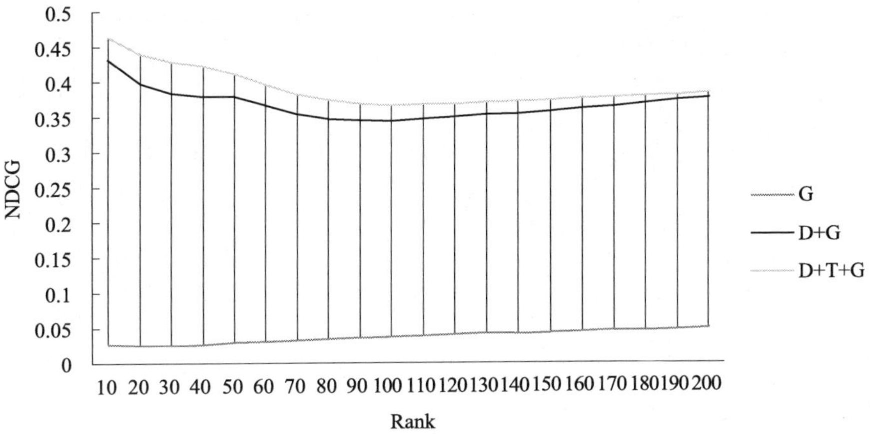

图 6-4　用户实验的平均 NDCG 值

从表 6-6 和图 6-4 可以看出，“专业词典＋标注词典＋通用词典”这一翻译资源获得了最高平均 NDCG 值，无论在检索结果列表的前多少位，其 NDCG 值都比“专业词典＋通用词典”略高一些，而比“通用词典”有明显的提高。而“专业词典＋通用词典”也是无论在检索结果列表的前多少位，其 NDCG 值都比“通用词典”有明显的提高。同样，三种翻译资源都是在检索结果列表的前 10 位，其获得了各自最高的 NDCG 值，也即获得了最佳检索效果，其次是前 20 位，再次是前 30 位。这一结果和自动检索实验结果是一致的，可以证明 Milk-Tea 是有效的，也验证了“专业词典＋标注词典＋通用词典”的效果最好，其次是“专业词典＋通用词典”。

我们进一步对三种翻译资源的结果进行了统计检验。同样也采用双尾配对样本 t 检验进行统计显著性检验，显著性水平 p 取值为 0.05，代表结果具有 95%的可信度，使用的统计工具为 SPSS 统计软件。三个翻译资源的显著性差异比较结果见表 6-7。可见，无论在检索结果列表的什么位置，“专业词典＋标注词典＋通用词典”以及“专业词典＋通用词典”都比“通用词典”取得了显著性差异，且 p 值均为 0。但是，“专业词典＋标注词典＋通用词典”和“专业词典＋通用词典”二者之间却没有显著性差异。

表 6-7　用户实验计算平均 NDCG 值时的三个翻译资源的显著性差异比较
t 检验（$p<0.05$ 时具有显著性差异）

检索结果排序	专业＋标注＋通用 vs. 通用	专业＋通用 vs. 通用	专业＋标注＋通用 vs. 专业＋通用
10	0***	0***	0.281
20	0***	0***	0.136
30	0***	0***	0.094
40	0***	0***	0.11

续表

检索结果排序	专业+标注+通用 vs. 通用	专业+通用 vs. 通用	专业+标注+通用 vs. 专业+通用
50	0***	0***	0.189
60	0***	0***	0.203
70	0***	0***	0.248
80	0***	0***	0.243
90	0***	0***	0.333
100	0***	0***	0.365
110	0***	0***	0.397
120	0***	0***	0.458
130	0***	0***	0.474
140	0***	0***	0.472
150	0***	0***	0.493
160	0***	0***	0.534
170	0***	0***	0.606
180	0***	0***	0.689
190	0***	0***	0.758
200	0***	0***	0.793

*** 表示 $p<0.001$

二、最佳 NDCG 值

我们按照检索结果列表的前 10，20，30，40，50，60，70，80，90，100，110，120，130，140，150，160，170，180，190，200 个检索结果统计了 27 个用户在做 9 个检索主题时，每个检索主题的最佳 NDCG 值，最后再按所有检索主题取平均值。结果见表 6-8 和图 6-5。

表 6-8　三个翻译资源的用户实验结果最佳 NDCG 值

检索结果排序	通用词典	专业词典+通用词典	专业词典+标注词典+通用词典
10	0.0489	0.5335	0.5838
20	0.0459	0.4908	0.5462
30	0.0442	0.4705	0.5292
40	0.0451	0.4586	0.5235
50	0.0483	0.4463	0.5091
60	0.0488	0.424	0.4924
70	0.0499	0.4098	0.4753

续表

检索结果排序	通用词典	专业词典＋通用词典	专业词典＋标注词典＋通用词典
80	0.0517	0.402	0.4674
90	0.054	0.4012	0.4593
100	0.0561	0.4017	0.4559
110	0.0573	0.4063	0.458
120	0.0595	0.4086	0.4578
130	0.0617	0.4118	0.4601
140	0.0628	0.4146	0.4631
150	0.0642	0.4167	0.4647
160	0.0653	0.4211	0.4685
170	0.0673	0.4233	0.4691
180	0.069	0.4274	0.4713
190	0.0707	0.4301	0.4725
200	0.0723	0.4336	0.4754

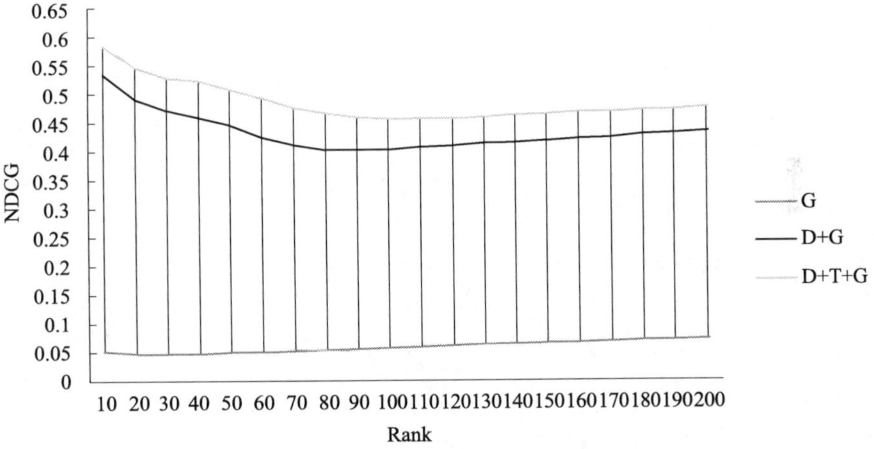

图 6-5　用户实验的最佳 NDCG 值

从表 6-8 和图 6-5 可以看出，“专业词典＋标注词典＋通用词典”这一翻译资源获得了最高的最佳 NDCG 值，无论在检索结果列表的前多少位，其 NDCG 值都比“专业词典＋通用词典”略高一些，而比“通用词典”有明显提高。而“专业词典＋通用词典”也是无论在检索结果列表的前多少位，其 NDCG 值都比“通用词典”有明显提高。同样，三种翻译资源都是在检索结果列表的前 10 位，其获得了各自最高的 NDCG 值，其次是前 20 位，再次是前 30 位。这一结果和前面用户实验计算平均 NDCG 值以及自动检索实验结果也是一致的，可以证明 Milk-Tea 是有效的，也验证了“专业词典＋标注词典＋通用词典”的效果最好，其次是“专业词典＋通用词典”。

我们进一步对三种翻译资源的结果进行了统计检验，显著性差异比较结果见表 6-9。同样，无论在检索结果列表的什么位置，“专业词典＋标注词典＋通用词典”以及“专业词典＋通用词典”都比“通用词典”取得了显著性差异，且 p 值均为 0。但是，“专业词典＋标注词典＋通用词典”和“专业词典＋通用词典”二者在检索结果列表的第 20～180 位都产生了显著性差异。这充分说明标注词典对专业词典的补充作用效果明显。

表 6-9　用户实验计算最佳 NDCG 值时的三个翻译资源的显著性差异比较
***t* 检验**（$p<0.05$ 时具有显著性差异）

检索结果排序	专业＋标注＋通用 vs. 通用	专业＋通用 vs. 通用	专业＋标注＋通用 vs. 专业＋通用
10	0***	0***	0.055
20	0***	0***	0.027*
30	0***	0***	0.018*
40	0***	0***	0.009**
50	0***	0***	0.006**
60	0***	0***	0.002**
70	0***	0***	0.004**
80	0***	0***	0.005**
90	0***	0***	0.012*
100	0***	0***	0.018*
110	0***	0***	0.024*
120	0***	0***	0.03*
130	0***	0***	0.034*
140	0***	0***	0.033*
150	0***	0***	0.032*
160	0***	0***	0.033*
170	0***	0***	0.038*
180	0***	0***	0.046*
190	0***	0***	0.054
200	0***	0***	0.058

* 表示 $p<0.05$；** 表示 $p<0.01$；*** 表示 $p<0.001$

三、用户实验的 NDCG 值与自动实验的比较

从实验结果来看，用户实验与自动实验的结论基本一致，都是“专业词典＋标注词典＋通用词典”的检索效果最好，其次是“专业词典＋通用词典”，同时说明了标注词典对专业词典是有益的补充。为了检验用户实验和自动实验是否具有差异性，我们进一步对两个实验的结果进行了比较。

由于用户实验是从 50 个检索主题中选取了 9 个，而自动实验使用了全部 50 个检索主题，我们从自动实验中提取了与用户实验相同的 9 个检索主题的检索结果 NDCG 值进行比较，并进行了统计检验。其中，用户实验取的是最佳 NDCG 值，自动实验取的是短查询 NDCG 值。这是因为用户实验的最佳值比较合理，而自动实验的短查询比较接近用户真实情况。在三种翻译资源上的结果分别见表 6-10 和图 6-6，表 6-11 和图 6-7，以及表 6-12 和图 6-8。

表 6-10　用户实验结果与自动实验结果的比较——通用词典

检索结果排序	自动实验 NDCG	用户实验 NDCG	p
10	0.0008	0.0489	0.008**
20	0.0246	0.0459	0.173
30	0.0268	0.0442	0.28
40	0.0223	0.0451	0.141
50	0.0223	0.0483	0.137
60	0.0265	0.0488	0.273
70	0.0264	0.0499	0.271
80	0.0272	0.0517	0.262
90	0.0289	0.054	0.294
100	0.0311	0.0561	0.337
110	0.0304	0.0573	0.314
120	0.0299	0.0595	0.274
130	0.0304	0.0617	0.263
140	0.0309	0.0628	0.254
150	0.0311	0.0642	0.235
160	0.0321	0.0653	0.239
170	0.034	0.0673	0.246
180	0.0346	0.069	0.23
190	0.0356	0.0707	0.231
200	0.0379	0.0723	0.24

** 表示 $p<0.01$

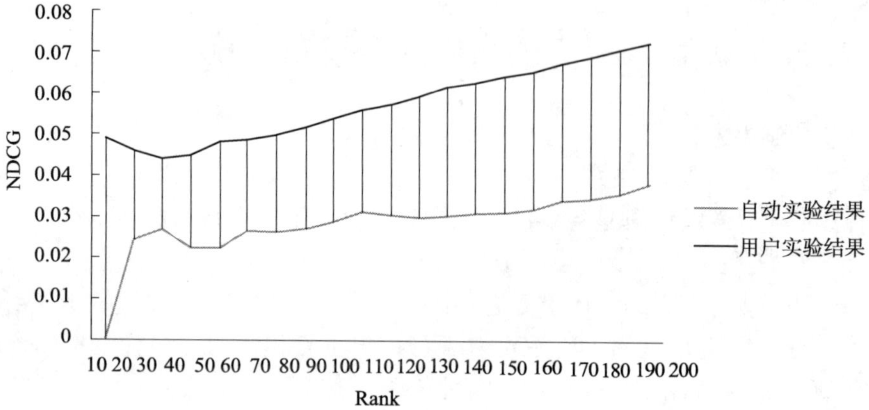

图 6-6 用户实验结果与自动实验结果的比较——通用词典

表 6-11 用户实验结果与自动实验结果的比较——专业词典+通用词典

检索结果排序	自动实验 NDCG	用户实验 NDCG	p
10	0.5503	0.5335	0.689
20	0.504	0.4908	0.739
30	0.4673	0.4705	0.949
40	0.4333	0.4586	0.566
50	0.4076	0.4463	0.316
60	0.3968	0.424	0.509
70	0.3912	0.4098	0.679
80	0.3868	0.402	0.749
90	0.378	0.4012	0.579
100	0.378	0.4017	0.57
110	0.3818	0.4063	0.604
120	0.3793	0.4086	0.562
130	0.3763	0.4118	0.493
140	0.3733	0.4146	0.428
150	0.3714	0.4167	0.383
160	0.3705	0.4211	0.329
170	0.3695	0.4233	0.3
180	0.3686	0.4274	0.254
190	0.3677	0.4301	0.219
200	0.3696	0.4336	0.203

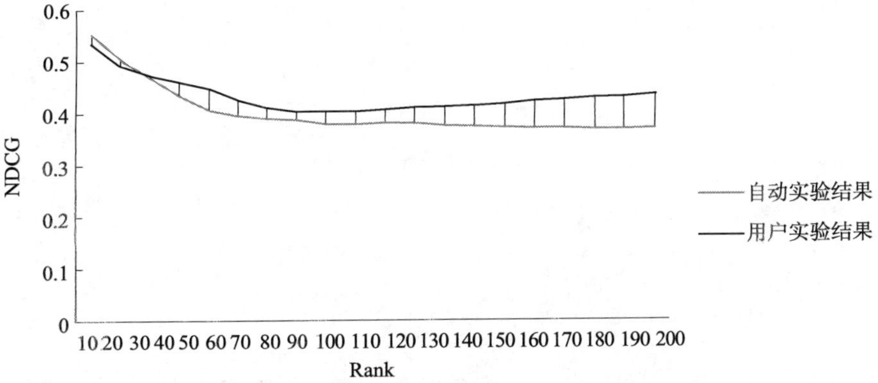

图 6-7　用户实验结果与自动实验结果的比较——专业词典+通用词典

表 6-12　用户实验结果与自动实验结果的比较——专业词典+标注词典+通用词典

检索结果排序	自动实验 NDCG	用户实验 NDCG	p
10	0.5747	0.5838	0.864
20	0.5408	0.5462	0.9
30	0.5106	0.5292	0.71
40	0.4766	0.5235	0.297
50	0.4509	0.5091	0.134
60	0.4401	0.4924	0.196
70	0.4345	0.4753	0.347
80	0.431	0.4674	0.438
90	0.4221	0.4593	0.377
100	0.4222	0.4559	0.423
110	0.4259	0.458	0.496
120	0.4233	0.4578	0.49
130	0.4211	0.4601	0.441
140	0.418	0.4631	0.375
150	0.4161	0.4647	0.332
160	0.4153	0.4685	0.289
170	0.4143	0.4691	0.273
180	0.4134	0.4713	0.239
190	0.4132	0.4725	0.223
200	0.4151	0.4754	0.205

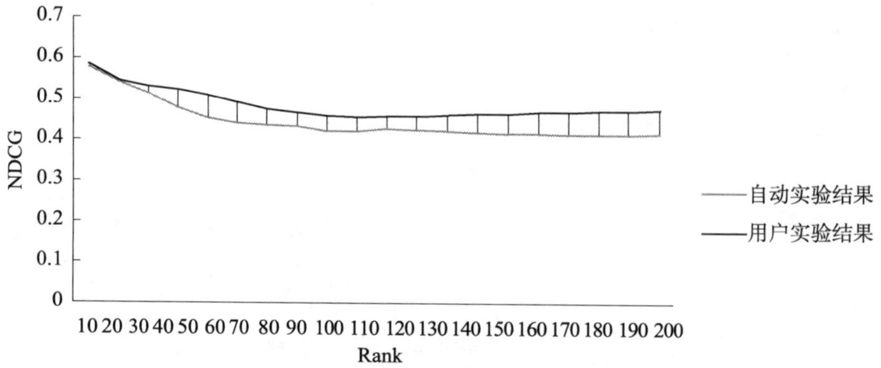

图 6-8　用户实验结果与自动实验结果的比较——专业词典＋标注词典＋通用词典

从表 6-10～表 6-12 及图 6-6～图 6-8 可以看出，无论是采用哪种翻译资源，用户实验的检索结果都比自动实验的检索结果要好一点，但二者并无显著性差异。只有在仅用通用词典时，对于检索结果的前 10 位，二者有显著差异。这充分说明了无论是用户实验，还是自动实验，其实验结论是一致的，并不会因为实验过程而产生偏差。当没有用户参与时，我们完全可以通过自动实验的方式来检验一个跨语言学术信息检索系统；当有真实用户参与时，这种检验更加真实、可靠。

因此，我们可以得出结论，即 Milk-Tea 在检索性能方面是有效的。此外，在跨语言学术信息检索时，我们所构建的专业词典和标注词典对于学术信息的跨语言检索效果明显。且标注词典是对专业词典的有效补充，这种通过多语言网络学术信息的用户标签而产生的标注词典的方式完全可以用于多语言信息的获取。“专业词典＋标注词典＋通用词典”这种组合模式是跨语言学术信息检索的最佳翻译资源。

第五节　用户检索实验结果分析——用户评价

在本节的结果分析中，我们主要针对实验过程的三次调查问卷结果进行分析。这三次调查问卷分别是：前测问卷，主要了解用户的背景资料；检索过程中的问卷，用户每完成一个检索主题就要填一次问卷（共 9 次，题目相同），主要了解用户对本次检索的评价；后测问卷，主要了解用户对系统的总体评价。调查问卷的详细内容见附录 9。

一、用户背景

在前测问卷中，我们对参与实验的用户的背景资料进行了调查，统计结果如下：

（1）11.1%的参与者是男性，88.9%的参与者是女性。

（2）92.6%的参与者的专业是图书馆学，7.4%的参与者的专业是情报学。

（3）所有参与者的年龄都在 20～25 岁。

（4）51.85%的参与者是本科 3～4 年级的学生，48.15%的参与者是硕士研究生。

（5）96.3%的参与者上过《信息检索》相关课程，3.7%的参与者未上过。

可见，本次实验参与者的特征在性别上以女性为主，在专业上以图书馆学为主，在年龄上全部在 20～25 岁，在学历上本科生和硕士生基本平衡，在信息检索的能力上绝大部分都受过专业培训。

此外，我们还用李克特 5 分量表（1：完全否定；2：否定；3：中立；4：肯定；5：非常肯定）对以下问题进行了调查，结果见表 6-13。

表 6-13　用户背景调查结果

问题	平均值	最大值	最小值	标准差
英语阅读的能力	3.62	5	3	0.57
查找中文信息的能力	4.12	5	3	0.64
查找英文信息的能力	3.19	4	3	0.40
查找专业学术信息的能力	3.42	4	3	0.50
对信息检索结果的判断能力	3.81	5	2	0.62
对图书情报学专业知识的熟悉程度	3.73	5	3	0.53
对“跨语言信息检索”技术的了解程度	2.96	4	1	0.59
使用搜索引擎的熟悉程度	4.15	5	3	0.60
使用图书情报学专业中文数据库的熟悉程度	3.77	5	2	0.58
使用图书情报学专业英文数据库的熟悉程度	3.04	5	2	0.71

综合而言，本次实验参与者对“跨语言信息检索”技术不太了解（平均分低于 3 分）；而对查找中文信息的能力和使用搜索引擎的能力却是十分肯定的（平均分高于 4 分）。其他能力，如英语阅读、查找英文信息、查找学术信息、判断检索结果、掌握图书情报专业知识、使用图书情报专业中英文数据库等是较为肯定的（平均分在 3～4 分）。这些都反映了本次实验所找的用户是符合条件的，因此他们的实验结果也是可信的。

二、用户对每次检索的评价

为了了解用户对三种翻译资源的使用感受和评价，我们通过调查问卷收集了参与者每次检索后的感受。

参与者在每种翻译资源上完成三个检索主题，每做完一个检索主题，我们即让他对该检索主题进行分析，每个检索主题上均包含以下 5 个问题：

（1）实验前对该检索主题是否熟悉？

（2）你觉得该翻译资源对查询式的翻译质量如何？

（3）你对本次检索结果是否满意？

（4）你对本次检索结果的相关性判断的准确率是否有信心？

（5）对于该检索主题，你输入的检索词主要来源于？（A. 问题标题；B. 问题描述；C. 相关检索词；D. 相关作者名；E. 相关作者所在机构；F. 相关来源期刊名；G. 文章发表年限；H. 任何与检索主题相关的信息；I. 自己的专业知识）

其中，1～4 题采用李克特 5 分量表（1：完全否定；2：否定；3：中立；4：肯定；5：非常肯定），第 5 题是多选题。

我们对这些问题的参与者回答按照不同翻译资源进行了统计，1～4 题的结果见表 6-14。

表 6-14　三种翻译资源的比较

问题	翻译资源	平均值	最大值	最小值	标准差
实验前对该检索主题是否熟悉	通用	3.48	5	1	0.91
	专业＋通用	3.51	5	1	1.06
	专业＋标注＋通用	3.63	5	1	0.81
该翻译资源对查询式的翻译质量如何	通用	2.75	5	1	0.89
	专业＋通用	3.41	5	2	0.70
	专业＋标注＋通用	3.70	5	2	0.71
对本次检索结果是否满意	通用	2.47	4	1	0.85
	专业＋通用	3.38	5	2	0.70
	专业＋标注＋通用	3.56	5	1	0.84
对本次检索结果的相关性判断的准确率是否有信心	通用	3.51	5	1	0.81
	专业＋通用	3.56	5	2	0.69
	专业＋标注＋通用	3.72	5	2	0.66

从表 6-14 可以看出：①参与者使用三种翻译资源时，在检索主题的熟悉程度上无论是平均值、最大值、最小值，还是标准差都差不多，都是持肯定态度，说明他们不会因为对检索主题的熟悉程度不同而影响实验结果；②参与者对三

种翻译资源的翻译质量的感觉是有差异的。他们认为“专业词典＋标注词典＋通用词典”这种组合模式的翻译资源的翻译质量最好，其次是“专业词典＋通用词典”这种模式的翻译资源，且二者在平均值、最大值、最小值、标准差上的差异不大，但二者都比“通用词典”这种翻译资源要好，他们对“通用词典”的翻译质量持否定态度；③参与者对三种翻译资源的检索结果的感觉也是有差异的，同样他们认为“专业词典＋标注词典＋通用词典”这种组合模式的翻译资源的检索效果最好，其次是“专业词典＋通用词典”这种模式的翻译资源，且二者在平均值、最大值、最小值上差异不大，但二者都比“通用词典”这种翻译资源要好，他们对“通用词典”的检索效果持否定态度；④参与者对于使用三种翻译资源得到的检索结果的相关性判断的准确性都持肯定态度，这说明了不会因为参与者对检索结果的相关性判断不准确而影响实验结果。

以上分析可见，通过对参与实验用户的调查我们可以排除一些主观的干扰因素，也说明了用户实验的客观性。参与者对于三种翻译资源的评价，与自动检索实验和用户检索实验中通过 NDCG 值计算出来的结果是一致的，即“专业词典＋标注词典＋通用词典”这种组合模式的翻译资源最好，其次是“专业词典＋通用词典”这种模式的翻译资源，二者都与“通用词典”有较大差异。

另外，我们还统计了参与者输入的检索词的来源。如图 6-9 所示，用户在输入查询检索词时，选词主要来源于检索主题的问题标题、相关检索词和问题描述。也有一部分来自于自己所掌握的专业知识、相关作者名，以及其他与检索主题相关的信息。而检索主题中的相关来源期刊名、相关作者所在机构、文章发表年限则少有采用。这与学术信息数据库检索是有区别的，在数据库检索中，期刊名、机构、年限这些字段可以帮助用户进行更精确的检索限制，而在网络学术信息检索中，这些字段则较少用到。

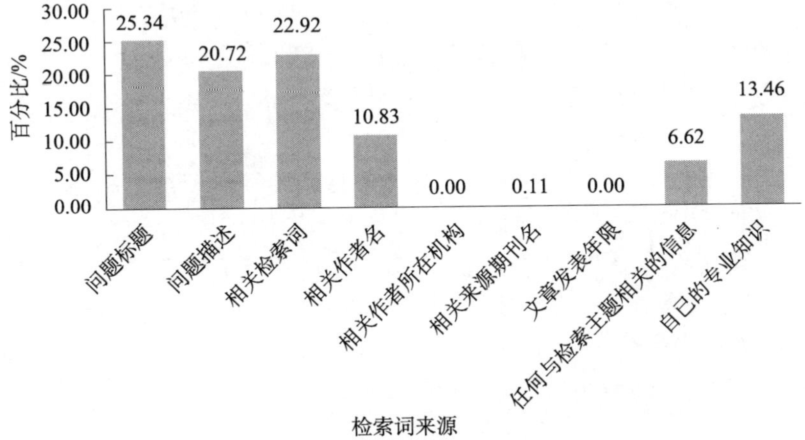

图 6-9　用户查询输入的来源

三、用户对 Milk-Tea 的综合评价

在所有检索实验做完之后，我们最后让参与者对 Milk-Tea 进行了一个综合评价。表 6-15 显示了这部分问题的调查结果。

表 6-15 参与者对系统的综合评价结果

问题	平均值	最大值	最小值	标准差
高度相关、一般相关、不相关三个级别是否容易确定	3.63	5	2	0.74
是否依赖英文原文来判断检索结果的相关性	3.33	5	1	0.92
是否依赖中文翻译来判断检索结果的相关性	3.56	5	2	0.80
是否经常要查看检索结果的文章全字段信息	2.63	4	1	0.79
仅依赖学术文章的题录信息是否能够判断文章的相关性	3.33	5	2	0.73
系统界面设计是否好用	3.67	5	2	0.62
字段限制检索对学术信息检索是否有帮助	3.56	5	2	0.80
跨语言信息检索对查找专业资料是否有帮助	4.26	5	3	0.59

根据表 6-15 所获数据，可以得到以下三点启示：①基于表 6-15 中的问题 1～5，从参与者相关性判断的依据上看，目标语言文档及其翻译都是被参与者认可的判断依据。但参与者在判断学术信息的相关性时，认为仅依赖题录信息即可，无需全字段信息。且本实验的参与者肯定了多级相关性判断的可行性。②基于表 6-15 中的问题 6～7，从参与者对系统界面及功能的评价上来看，本实验的参与者认可 Milk-Tea 的界面设计，以及字段检索的功能设计。③基于表 6-15 中的问题 8，实验参与者一致认为跨语言学术信息检索非常有用（平均得分达到了 4.26）。

此外，问卷的最后，我们还要求参与者对三种翻译资源的检索效果进行排序。75%的参与者认为“专业词典＋标注词典＋通用词典”最好，“专业词典＋通用词典”其次，“通用词典”最差。14.29%的参与者认为“专业词典＋通用词典”最好，“专业词典＋标注词典＋通用词典”其次，“通用词典”最差。很明显，参与者普遍认可“专业词典＋标注词典＋通用词典”这种模式的翻译资源在跨语言学术信息检索中的效果。

第六节　用户检索实验结果分析——用户行为

在这部分结果分析中，我们主要通过挖掘实验所记录的用户日志进行参与者的跨语言学术信息检索行为分析。系统日志记录下了每个参与者的每一步操作。

参与者的检索行为主要分为两部分统计：一是以每个检索主题为统计单位来分析用户行为，因为用户在完成每个检索主题时可能有多次查询；二是以单个查询式为统计单位来分析用户行为。

一、针对每个检索主题的用户行为分析

（一）检索模式

对这部分结果的统计主要是计算参与者在完成每个检索主题时使用了多少次查询，其中包括失败的查询。统计结果见表 6-16。

表 6-16　用户的检索模式

翻译资源	平均值	最大值	最小值	标准差
通用	2.53	6	1	1.30
专业＋通用	2.18	6	1	1.15
专业＋标注＋通用	2.45	8	1	1.27
合计	2.32	8	1	1.25

从表 6-16 可以看出，参与者进行跨语言学术信息检索时，每完成一个检索主题平均需要进行 2.32 次查询。有时候当检索主题较难时，最大查询次数达到 8 次；当检索主题较容易时，最小查询次数为 1 次。就参与者使用三种翻译资源而言，其在检索模式上的行为差异不大。

（二）失败的查询

对这部分结果的统计主要是计算每个检索主题中有多少是失败的查询。若一个检索结果列表全部都是“not judged”，则视为失败的查询。统计结果见表 6-17。

表 6-17　用户的失败查询

翻译资源	平均值	最大值	最小值	标准差
通用	0.35	3	0	0.76
专业+通用	0.21	4	0	0.61
专业+标注+通用	0.33	6	0	0.82
合计	0.30	6	0	0.73

从表 6-17 可以看出，参与者进行跨语言学术信息检索时，每完成一个检索主题平均有 0.3 次失败查询，即总的来说完成检索任务的质量是比较高的，这也从侧面反映了我们设计的这种多语言网络学术信息获取模式的有效性以及系统的可靠性。就参与者使用三种翻译资源而言，其在失败查询上的行为差异不大。

（三）查询重构

由于参与者在完成一个检索主题时使用的查询往往不止一个，我们希望进一步分析参与者为什么要重新构建查询，也即分析两两相邻查询之间的关系，失败的查询也在统计范围内。

查询重构之间的关系我们参考了 Soo 和 Hong[3] 的研究，选取以下 6 种查询式重构关系。

（1）详细化重构（specified reformulation）：指参与者在查询式重构中把查询式描述的比前面的更具体来到达缩小检索范围的目的。通常使用的办法是增加关键词或是合并多个概念。此处以符号“S”表示。

（2）粗略化重构（generalized reformulation）：指参与者在查询式重构中把查询式一开始描述的比较细致，然后依次比前面的更粗略来到达扩大检索范围的目的。此处以符号“G”表示。

（3）平行化重构（parallel reformulation）：指参与者在查询式重构中只是从实体的一个方面转换到另一个，或是一件事的一面转到另一面，前后两个查询式含有同样的特性。一般会使用同义词或相关词。此处以符号“P”表示。

（4）形式化重构（format reformulation）：指参与者在查询式重构中只是在查询式构成的形式上做改动。检索词一般相同但使用不同的组配符。此处以符号“F”表示。

（5）重复化重构（recurrent reformulation）：指参与者在查询式重构中输入了与前面完全一致的查询式。此处以符号“R”表示。

（6）动态化重构（dynamic reformulation）：指参与者在查询式重构中采用了不确定的模式，从一类重构方式转到另一类，可能是详细化、粗略化或是其他方法。一般无法划分到上述类型的都归入此类，如增加检索字段等。此处以符号“D”表示。

在分析用户检索行为时，我们用上述符号 S，G，P，F，R，D 来表示重构的查询之间的关系。例如，针对某个检索主题某个用户有 3 次查询，则先比较第 2 次与第 1 次查询之间的关系，假设属于平行化重构，用 P 表示；再比较第 3 次与第 2 次查询之间的关系，假设是重复化重构，用 R 表示。最后，用“P→R”表示该用户完成本次检索主题的查询重构关系组合。最终，所有参与者完成所有检索主题所产生的查询重构关系组合统计结果见表 6-18。

表 6-18　用户的查询重构关系组合统计

排序	查询重构关系组合	频率	排序	查询重构关系组合	频率
1	P	42	26	D→P→D	1
2	P→P	18	27	D→P→S→P	1
3	S	13	28	D→R	1
4	G	9	29	D→S→D→F	1
5	D	8	30	G→D	1
6	S→G	7	31	G→P→P→G→S	1
7	P→P→P	6	32	G→P→R	1
8	S→P	5	33	G→S→G	1
9	F	4	34	P→F→P	1
10	G→S	4	35	P→G	1
11	P→S	4	36	P→G→D	1
12	S→S	3	37	P→P→G	1
13	D→P	2	38	P→P→G→R	1
14	G→P	2	39	P→P→P→P→P	1
15	G→S→P	2	40	P→P→R→S	1
16	P→D	2	41	P→P→S	1
17	P→P→P→P	2	42	P→S→G	1
18	P→S→P	2	43	P→S→G→G	1
19	R	2	44	R→R→R→R→R→S→G	1
20	S→G→S	2	45	R→R→S	1
21	S→P→P	2	46	S→D→P	1
22	D→D	1	47	S→G→G	1
23	D→D→P→P→P	1	48	S→P→R	1
24	D→F	1	49	S→R→G→R	1
25	D→G	1	50	S→S→P→G→S	1

从表 6-18 可以看出，在本次实验中，参与者所产生的查询重构关系组合共有 50 种。按照频率排名，出现 5 次以上的依次是：P，P→P，S，G，D，S→G，P→P→P，S→P。其中，最常见的是参与者第二次查询与第一次查询之间，或者第三次查询与第二次查询与第一次查询之间是平行关系，也即参与者使用同义词或相关词进行二次或三次检索最多。其次，缩小检索范围，增加检索字段，或扩大检索范围的检索行为也较为常见。

此外，我们也就不同翻译资源所产生的用户查询重构关系组合进行了统计。“通用词典”这种翻译资源下产生了 31 种不同形式的查询重构关系组合；“专业词典＋通用词典”这种翻译资源下产生了 22 种不同形式的查询重构关系组合；“专业词典＋标注词典＋通用词典”这种翻译资源下产生了 24 种不同形式的查询重构关系组合。可见，参与者单独使用通用词典进行跨语言学术信息检索时，所需要进行重构的查询数量最多，也说明了这种翻译资源较其他两种形式的翻译资源而言，给用户带来的负担更大。

在本实验中，我们还统计了 6 种查询重构关系各自单独出现的频率，见表 6-19。非常明显，出现频率最高的是“平行化重构关系 P”（159 次），其次是“详细化重构关系 S”（66 次），第三是“粗略化重构关系 G”（45 次）。在不同翻译资源下也是这样的排序。说明参与者在进行跨语言学术信息检索时，其使用相关词进行二次检索的行为最常见，也有大量缩小或扩大检索范围的检索行为产生。并且，用户的检索行为与其所使用的翻译资源相关性不太大。

表 6-19　用户的单个查询重构关系统计

翻译资源	关系 S	关系 G	关系 P	关系 F	关系 R	关系 D
通用	26	21	59	1	6	10
专业＋通用	21	11	50	4	4	6
专业＋标注＋通用	19	13	50	2	6	11
合计	66	45	159	7	16	27

二、针对每个查询式的用户行为分析

（一）查询式的长度

对这部分结果的统计是计算每次查询的查询式的长度（点击一次“检索”按钮视为一次检索），按字符算，不计空格和逻辑运算符，所有检索词的长度相加。统计结果见表 6-20。

表 6-20　用户查询式的长度

翻译资源	平均值	最大值	最小值	标准差
通用	11.22	33	2	6.73
专业＋通用	12.31	57	4	8.98
专业＋标注＋通用	11.72	59	3	8.60
合计	11.72	59	2	8.10

从表 6-20 可见，用户在进行跨语言学术信息检索时所使用的平均查询长度为 11.72 个字符，这比一般的信息检索的查询式长度要大（一般网络搜索平均中文查询式长度为 3.18 个字符[4]），且查询式长度与用户所采用的翻译资源种类无关。

(二) 检索字段的使用

对这部分结果的统计是计算每次查询字段使用的次数。在 Milk-Tea 中主要有 4 个字段，分别用字母表示：TI 表示标题字段；AB 表示摘要字段；AU 表示作者字段；AF 表示作者机构字段。统计结果见表 6-21。

表 6-21　用户的检索字段使用情况

翻译资源	TI	AB	AU	AF
通用	261	128	0	1
专业＋通用	228	114	2	0
专业＋标注＋通用	235	111	2	0
合计	724	353	4	1

从表 6-21 可看出，参与者在检索时使用最多的是标题字段（724 次），其次是摘要字段（353 次），而作者和作者机构字段则基本很少使用。且用户无论用哪种翻译资源在检索字段的使用行为方面是一样的。

(三) 逻辑运算符的使用

Milk-Tea 既可以进行字段内的逻辑组配，也可以进行字段间的逻辑组配，因此对这部分结果的统计分成两部分。

(1) 字段内逻辑运算符的使用（operator usage within field），即统计每次检索字段内逻辑运算符使用的次数，空格也算逻辑运算符。结果见表 6-22。可见，在 4 种逻辑运算符中，空格（SPACE）的使用是最多的，其次是与（AND）运算符和或（OR）运算符，而非（NOT）运算符则完全没有被用户使用过。同样，用户字段内的逻辑运算符的使用行为也与翻译资源无关。

表 6-22　用户的字段内逻辑运算符的使用

翻译资源	SPACE	AND	OR	NOT
通用	167	47	38	0
专业+通用	124	41	29	0
专业+标注+通用	119	49	23	0
合计	410	137	90	0

(2) 字段间逻辑运算符的使用 (operator usage between fields)，即统计每次检索字段间逻辑运算符使用的次数。结果见表 6-23。逻辑与 (AND) 运算符的使用远远多于或 (OR) 运算符的使用，而非 (NOT) 运算符也未被使用到。同样，用户字段间的逻辑运算符的使用行为也与翻译资源无关。

表 6-23　用户的字段间逻辑运算符的使用

翻译资源	AND	OR	NOT
通用	308	22	0
专业+通用	320	6	0
专业+标注+通用	98	4	0
合计	726	32	0

(四) 被判断的文档

在分析用户对检索结果的相关性判断行为时，参与者并不是对一次检索结果的 200 篇文档全部进行判断，也不一定是按照检索结果列表的顺序来判断，因此我们分成两部分来统计判断文档的数量和深度。

(1) 用户判断文档的数量 (number of judged documents)，即针对一次查询，检索结果列表中有多少文档被用户判断了 (包括高度相关、一般相关、不相关的文档)。统计结果见表 6-24。结果显示，对一次查询而言，参与者平均判断 30.75 篇文档 (通常检索结果列表为 200 篇文档)。用户这种对检索结果进行相关性判断的行为与翻译资源无关。

表 6-24　用户判断文档的数量

翻译资源	平均值	最大值	最小值	标准差
通用	29.09	149	0	26
专业+通用	33.39	140	0	25.4
专业+标注+通用	30.05	191	0	27.95
合计	30.75	191	0	26.48

(2) 用户判断文档的深度 (the deepest rank of judged documents)，即针对

一次查询，在检索结果列表中最后一个被用户判断了的（包括高度相关、一般相关、不相关的文档）文档的排序。统计结果见表 6-25。结果显示，对一次查询而言，参与者平均判断文档的深度为 55.53（通常检索结果列表为 200 篇文档），深度大约占检索结果的 1/4。这与用户进行网络搜索是不同的，在利用搜索引擎进行网络搜索时，用户通常只会浏览结果的前 1～2 页，但网络搜索的结果往往有上百万、千万条。这说明用户在进行学术信息检索时更加仔细，有的参与者最大判断深度达到 200，即浏览并判断了所有检索结果。同样，用户这种对检索结果进行相关性判断的行为也与翻译资源无关。

表 6-25　用户判断文档的深度

翻译资源	平均值	最大值	最小值	标准差
通用	56.08	200	0	50.99
专业＋通用	59.65	200	0	46.96
专业＋标注＋通用	50.94	200	0	46.65
合计	55.53	200	0	48.40

第七节　实验结论

一、自动检索实验结论

利用汉英跨语言学术信息检索系统 Milk-Tea，我们进一步进行了跨语言信息检索实验，目的是比较三种翻译资源的效果以及测试 Milk-Tea 的性能。

通过自动信息检索实验可以看出，相比短查询和长查询，当查询式较长的时候，系统所获得的 NDCG 值较高。而我们的短查询仅仅来自检索主题的标题，长查询则包括了标题和相关检索词。可见，在学术信息的跨语言检索中，相关检索词有助于扩大检索范围，提高检索效果。

相比我们设计的三种翻译资源，两个语义词典与通用词典的组合无论在短查询还是长查询的环境下都取得了最佳效果，且与通用词典单独使用相比都有统计上的显著差异，这充分证明我们所构建的两个专业领域翻译词典能够在跨语言学术信息检索中发挥作用。同时，无论在短查询还是长查询的环境下，“专业词典＋标注词典＋通用词典”比“专业词典＋通用词典”获得了更好的 NDCG 值。尽管二者没有统计意义上的显著差异，但在长查询条件下差异已比较明显了。这一结论证明了在跨语言学术信息检索时，标注词典是对专业词典的有益补充。

综上所述，自动检索实验结果显示，Milk-Tea 的性能较好，并且我们所构建的两个专业领域翻译词典（专业词典和标注词典）能够在跨语言学术信息检索中发挥作用，标注词典是对专业词典的有益补充，“专业词典＋标注词典＋通用词典”的组合是很有效的多语言学术信息检索的翻译资源。

二、用户检索实验结论

通过以上用户检索实验的结果分析，我们得到以下三点实验结论。

（1）在本用户实验中，用户实验结果和自动实验结果基本一致，即用户检索实验同样验证了 Milk-Tea 在检索性能方面是有效的。且所构建的专业词典和标注词典对于学术信息的跨语言检索效果明显，标注词典是对专业词典的有效补充，“专业词典＋标注词典＋通用词典”这种组合模式是跨语言学术信息检索的最佳翻译资源。

（2）通过对参与者的调查我们可以排除一些主观的干扰因素，证明了用户实验的客观性。参与者对于三种翻译资源的评价，与自动检索实验和用户检索实验中通过 NDCG 值计算出来的结果是一致的，即“专业词典＋标注词典＋通用词典”这种组合模式的翻译资源无论在翻译质量还是检索效果上都最好，其次是“专业词典＋通用词典”这种模式的翻译资源，他们对“通用词典”持否定态度。

（3）我们在用户实验中分析了用户在进行跨语言学术信息检索时在检索模式、失败查询、查询重构、查询长度、检索字段的使用、逻辑运算符的使用、判断文档的相关性等方面的具体行为特征。用户的这些行为与一般的网络搜索行为是有差异的，但用户的大多数检索行为和使用的翻译资源种类关系不大。

本章参考文献

［1］Järvelin K，Kekäläinen J. IR evaluation methods for retrieving highly rellevant documents［C］. Proceedings of the 23rd Annual International ACM SIGIR Conference on Research and Development in Information Retrieval（SIGIR’00）. Athens，Greece，2000：41-48.

［2］Järvelin K，Kekäläinen J. Cumulated gain-based evaluation of IR techniques［J］. ACM Transactions on Information Systems，2002，20（4）：422-446.

［3］Soo Y R，Hong X. Analysis of multiple query reformulations on the web：the interactive information retrieval context［J］. Information Processing and Management，2006，(42)：

751-768.

[4] Pu H T, Chuang S L, Yang C. Subject categorization of query terms for exploring web users' search interests [J] . Journal of the American Society for Information Science and Technology, 2002, 53 (8): 617-630.

附录

附录1　数字图书馆用户的多语言信息需求与期望调查问卷（中文版）

第一部分　基本资料（请直接在方框中打“√”）

（1）性别：①□男　②□女

（2）年龄：①□20岁及以下　②□21～30岁　③□31～40岁　④□40岁以上

（3）学历：①□大专及以下　②□本科　③□硕士　④□博士

（4）职业：①□学生　②□教师　③□科研人员　④□图书馆员　⑤□其他

（5）专业：①□人文社科　②□理工科　③□医科　④□其他

（6）掌握的外语有（多选）

①□英语　②□日语　③□韩语

④□法语　⑤□德语　⑥□西班牙语

⑦□葡萄牙语　⑧□俄语　⑨□阿拉伯语
⑩□其他语种

（7）使用过的数据库有（多选）
①□中国期刊网　②□人大复印报刊资料数据库
③□重庆维普期刊论文数据库　④□SCI
⑤□万方数据资源系统　⑥□EI
⑦□Springer　⑧□EMBO　⑨□Elsevier
⑩□其他

（8）使用过的数字图书馆有（多选）
①□中国国家数字图书馆　②□中国科学院国家科学图书馆 CSDL
③□超星数字图书馆　④□国家科技图书文献中心 NSTL
⑤□ACM Digital Library　⑥□中国高等教育文献保障系统 CALIS
⑦□Proquest Research Library　⑧□Library of Congress Digital Library
⑨□OCLC NetLibrary　⑩□National Science Digital Library

（9）使用过的搜索引擎有（多选）
①□百度　②□中搜　③□搜狗
④□天网　⑤□腾讯搜搜　⑥□网易有道
⑦□搜网　⑧□Google　⑨□Yahoo
⑩□微软 Bing

（10）使用过的图书馆公共书目系统有（多选）
①□本校/地的图书馆目录　②□国家图书馆目录
③□WorldCat　④□CALIS 联合目录
⑤□美国国会图书馆目录　⑥□其他

（11）使用过的翻译工具有（多选）
①□金山词霸　②□雅虎乐译　③□大众翻译
④□有道翻译　⑤□灵格斯词霸　⑥□狂飙译网
⑦□Babylon 翻译　⑧□Dr. eye 译典通　⑨□金桥翻译
⑩□Altlingo 译世界　⑪□Magic Translator 魔术翻译家
⑫□StarDict　⑬□Google Translate
⑭□华译网在线专家翻译网　⑮□Windows Live 翻译
⑯□其他

第二部分　选择（请直接在方框中打“√”）

（12）您通常是在何种情况下需要查找其他语种信息（多选）
①□教学，如备课　②□申请项目前的科技查新
③□撰写论文综述

④□了解特定领域、学科等国外发展最新动态

⑤□出国　　⑥□应他人要求查找国外相关信息

⑦□完成课程作业　　⑧□国际合作交流，如获取对方全面信息

⑨□其他日常工作　　⑩□关注国际时事新闻、事件

⑪□网上购物　　⑫□国际交友

⑬□了解影评　　⑭□关注时尚潮流动态

⑮□关注产品国际市场　　⑯□其他

(13) 您是否经常查看中文以外的（多选）

①□外文图书　　②□外文期刊　　③□外文网络信息

(14) 当检索到不懂语种的信息资源时，您是否借助翻译工具（选填“否”，请跳过下一题）

①□是　　②□否

(15) 您对翻译工具的翻译效果感到

①□非常不满意　　②□不满意　　③□无法确定

④□满意　　⑤□非常满意

(16) 当查找不懂语种的信息资源时，您会选择（多选）

①□求助参考咨询馆员

②□求助懂该语种的同事或朋友或其他人

③□放弃　　④□其他

(17) 您经常使用________途径获取信息（多选）

①□学术资源数据库　　②□图书馆的公共检索目录

③□搜索引擎

(18) 来自________途径的信息占您全部使用信息资源的大部分（多选）

①□图书馆　　②□学术资源数据库

③□互联网

(19) 您在________情况下利用过中文外的其他语种的信息资源（多选）

①□检索学术资源数据库时 ②□检索图书馆书目信息时

③□检索互联网信息时

(20) 您在查找中文学术信息的时候使用中文数据库

①□是　　②□否

(21) 您在查找其他语种学术信息时使用其他语种数据库

①□是　　②□否

(22) 您在查找中文网络信息的时候主要使用中文搜索引擎

①□是　　②□否

(23) 您在查找其他语种网络信息的时候主要使用 Google 等其他语种搜索引擎

①□是　　②□否

(24) 您是否使用过 Google Translate（网址：http：//translate. google. com ）跨语言搜索引擎检索各种语言网络信息（选填“否”，请跳过下一题）

①□是　　②□否

(25) 您认为 Google Translate 跨语言搜索引擎的效果

①□非常不好　　②□不好　　③□无法确定

④□好　　⑤□非常好

(26) 您是否使用过 Yahoo Babel Fish（网址：http：//babelfish. yahoo. com ）跨语言搜索引擎检索各种语言网络信息（选填“否”，请跳过下一题）

①□是　　②□否

(27) 您认为 Yahoo Babel Fish 跨语言搜索引擎的效果

①□非常不好　　②□不好　　③□无法确定

④□好　　⑤□非常好

(28) 您认为数字图书馆（多选）

①□至少有 5 种语言的可获取的信息资源

②□能够检索多语言的信息资源

③□嵌入如金山词霸、金桥翻译等通用翻译软件

④□对题名、作者、关键词等题录信息进行各种语言的对应翻译后永久存储（即非临时翻译）

⑤□允许用户可自由增减需要的语种

(29) 您理想中的数字图书馆是（多选）

①□提供专业词汇翻译功能

②□允许用户对专业词汇翻译进行纠错

③□允许用户添加本领域的专业词库

④□提供句子翻译功能

⑤□能够进行全文翻译

⑥□提供翻译朗读功能

(30) 您认为数字图书馆应该具备的功能有（多选）

①□按语种对资源分布进行统计

②□按语种对领域专家进行聚类

③□按专业主题对资源进行聚类

④□允许用户制定指定语种的自选主题的 RSS

⑤□允许用户对各种语种的资源做中文标签（tagging）

第三部分 判断（请在表格中打“√”）

1. 完全不同意；2. 基本不同意；3. 不能确定；4. 基本同意；5. 完全同意。

	问题	1	2	3	4	5
(31)	我非常了解数字图书馆					
(32)	我经常使用数字图书馆					
(33)	我在查找外文信息时感到困难					
(34)	我在阅读和理解外文信息时感到困难					
(35)	我对自己查找外文信息的能力感到满意					
(36)	我在查找信息时经常遇到自己不懂语种的信息					
(37)	我希望获得自己不懂语种的信息					
(38)	我在查找自己不懂语种的信息资源时感到困难					
(39)	我对现有学术资源数据库提供的多语种信息感到满意					
(40)	我对自己目前利用图书馆多语种文献的状况感到满意					
(41)	我对自己目前利用多语言网络信息的状况感到满意					
(42)	我对自己获得多语言信息来源的途径感到满意					
(43)	我期望存在一个多语言集成式的数字图书馆能让我用中文检索其他各种语言的信息（包括我不懂的语种）					
(44)	数字图书馆应该提供各种语言的检索接口，每种语言检索接口只能检索该语言信息资源					
(45)	数字图书馆应该提供单一语言的检索接口，这种检索接口可以检索各种语言的信息资源					
(46)	数字图书馆应将检索出来的外文信息的题录翻译成中文					
(47)	数字图书馆应该提供多语种的书目信息检索界面					
(48)	数字图书馆所有的信息资源应该用中文揭示					
(49)	数字图书馆的信息资源应该多语言揭示，即什么语种的资源就用什么语种揭示					
(50)	对小语种信息资源的揭示，数字图书馆应该用中文进行注释或对译					
(51)	检索界面应该整合多语种的翻译词典					
(52)	检索界面应该提供多语种翻译工具栏（与翻译词典不同，它可以直接翻译句子）					
(53)	当用户用中文输入检索词后，应首先将检索词的翻译显示给用户					
(54)	对于系统显示的非中文翻译，应给出翻译的概率来帮助用户筛选翻译					
(55)	对于系统显示的非中文翻译，应给出关键词解释来帮助用户筛选翻译					
(56)	对于系统显示的非中文翻译，应给出例句来帮助用户筛选翻译					
(57)	对于检索结果列表，数字图书馆应能够按照语种分类显示					
(58)	检索结果应按指定语种显示自动生成的摘要					
(59)	对于检索结果全文，应提供鼠标放在上面翻译句子功能					
(60)	对于网络资源，在打开链接时，系统应将原始网页翻译成指定语种，并同时显示原始网页					

调查完毕，再次感谢您在百忙之中填写调查表！

附录 2　数字图书馆用户的多语言信息需求与期望调查问卷（英文版）

Section 1　general information (please put "×" in the box directly)

(1) Gender: 1. ( ) Male　2. ( ) Female

(2) Age: 1. ( ) 20 and below　2. ( ) 21～30　3. ( ) 31～40　4. ( ) Above 40

(3) Degree obtained: 1. ( ) Associate degree and below　2. ( ) Bachelor　3. ( ) Master　4. ( ) Doctorate

(4) Profession: 1. ( ) Student　2. ( ) Faculty　3. ( ) Researcher　4. ( ) Librarian　5. ( ) Other ____________

(5) Discipline: 1. ( ) Humanities and social sciences　2. ( ) Science and engineering　3. ( ) Medicine　4. ( ) Other ____________

(6) Foreign languages mastered (multiple choices)

1. ( ) English　2. ( ) Japanese　3. ( ) Korean　4. ( ) French　5. ( ) German　6. ( ) Spanish　7. ( ) Portuguese　8. ( ) Russian　9. ( ) Arabic　10. ( ) Chinese　11. ( ) Other ____________

(7) Databases used before (multiple choices)

1. ( ) EBSCO　2. ( ) Elsevier Science Direct　3. ( ) Emerald Insight　4. ( ) Engineer Index　5. ( ) ERIC　6. ( ) Google Scholar　7. ( ) JSTOR　8. ( ) Lexis-Nexis　9. ( ) LION　10. ( ) Medline or PubMed　11. ( ) SpringerLink　12. ( ) Web of Science　13. ( ) Other ______

(8) Digital libraries used before (multiple choices)

1. ( ) ACM Digital Library
2. ( ) Alexandria Digital Library
3. ( ) Google Book Search
4. ( ) IEEE Computer Science Digital Library
5. ( ) IEEE Xplore
6. ( ) Library of Congress World Digital Library
7. ( ) National Science Digital Library
8. ( ) Proquest Research Library
9. ( ) Networked Digital Library of Theses and Dissertations
10. ( ) Perseus Digital Library
11. ( ) Safari Tech Books Online
12. ( ) Universal Digital Library
13. ( ) Other ____________________

(9) Search engines used before (multiple choices)

1. ( ) ASK
2. ( ) Baidu
3. ( ) Bing and other Microsoft search engines
4. ( ) Google
5. ( ) Metacrawler/Dogpile
6. ( ) Yahoo
7. ( ) Other ____________________

(10) Library OPACs used before (multiple choices)

1. ( ) local library OPAC
2. ( ) Library of Congress OPAC
3. ( ) OCLC WorldCat
4. ( ) Other ____________________

(11) Translation tools used before (multiple choices)

1. ( ) Kingsoft PowerWord
2. ( ) Yahoo Babel Fish
3. ( ) Dazhong
4. ( ) Youdao
5. ( ) Lingoes
6. ( ) Kuangbiao (Loto)
7. ( ) Babylon
8. ( ) Dr. eye
9. ( ) Jinqiao

10. ( ) Altlingo
11. ( ) Magic Translator
12. ( ) StarDict
13. ( ) Google Translate
14. ( ) Chinatranslation
15. ( ) Bing Translator
16. ( ) Other ______________________

Section 2 Selection (please put "×" in the box directly)

(12) Under which situations, do you need to search for information in other languages? (multiple choices)

1. ( ) Teaching, such as class preparation
2. ( ) Literature review for grant application
3. ( ) Writing a review paper
4. ( ) literature following up for specific domain
5. ( ) Going abroad
6. ( ) Searching information for others
7. ( ) Completing course assignments
8. ( ) International cooperation and exchange
9. ( ) Other daily work
10. ( ) Shopping online
11. ( ) Interested in international news/affairs
12. ( ) Socializing with friends
13. ( ) Getting film review
14. ( ) interested in fashion trend
15. ( ) Interested in products in the international market
16. ( ) Other ______________________

(13) Besides documents in your native language, do you read any of the following? (multiple choices)

1. ( ) Books in other languages
2. ( ) Periodicals in other languages
3. ( ) Online information in other languages

(14) When the retrieved resources are in an unknown language, do you use translation tools to help ? (if choosing "No", please skip the next question)

1. ( ) Yes　　　　2. ( ) No

(15) How do you feel about the effectiveness of the translation tools?

1. ( ) Very dissatisfied 2. ( ) Dissatisfied
3. ( ) Not sure 4. ( ) Satisfied
5. ( ) Very satisfied

(16) When searching for information in unknown languages, will you (multiple choices)

1. ( ) Ask a reference librarian
2. ( ) Ask colleagues, friends or other people who understand the language
3. ( ) Give up
4. ( ) Other ________________

(17) You usually search for information from (multiple choices)

1. ( ) Academic databases
2. ( ) Library OPACs
3. ( ) Search engines

(18) The majority information resources you used are from (multiple choices)

1. ( ) Libraries
2. ( ) Academic databases
3. ( ) Internet

(19) You use information in languages other than your native language when (multiple choices)

1. ( ) Searching in academic databases
2. ( ) Searching in library OPACs
3. ( ) Searching on the Internet

(20) When searching for information in your native language, you use databases in that language

1. ( ) Yes 2. ( ) No

(21) When searching for academic information in foreign languages, you use databases in those languages

1. ( ) Yes 2. ( ) No

(22) When searching for online information in your native language, you mainly use search engines in that language

1. ( ) Yes 2. ( ) No

(23) When searching for online information in foreign languages, you mainly use search engines in those languages

1. ( ) Yes 2. ( ) No

(24) Have you ever used Google Translate (website: http://translate.google.com) to

search for information in different language? (if choosing "No", please skip next question)

1. ( ) Yes 2. ( ) No

(25) How do you feel about the effectiveness of Google Translate?

1. ( ) Very poor 2. ( ) Poor
3. ( ) Not sure 4. ( ) Good
5. ( ) Very good

(26) Have you ever used Yahoo Babel Fish (website: http: //babelfish. yahoo. com) to search for information in different languages? (if choosing "No", please skip next question)

1. ( ) Yes 2. ( ) No

(27) How do you feel about the effectiveness of Yahoo Babel Fish?

1. ( ) Very poor 2. ( ) Poor
3. ( ) Not sure 4. ( ) Good
5. ( ) Very good

(28) In your opinion, digital library should (multiple choices)

1. ( ) Have information in at least 5 languages
2. ( ) Retrieve multilingual information
3. ( ) Include general translation tools such as Google Translate and so on
4. ( ) Translate the bibliographic record including title, author, and keywords between different language pairs, and then store the translations permanently (not temporary translation)
5. ( ) Allow users to freely add or drop languages

(29) In your opinion, an ideal digital library should (multiple choices)

1. ( ) Offer translation functions for discipline specific terminology
2. ( ) Allow users to correct the translations
3. ( ) Allow users to expand their discipline specific term dictionary
4. ( ) Offer sentence translation function
5. ( ) Offer full-text translation function
6. ( ) Offer text-to-speech function for translations

(30) In your opinion, digital library should have the functions of (multiple choices)

1. ( ) Counting information resources by language

2. ( ) Clustering the experts in certain fields by the languages they master
3. ( ) Clustering information by subjects
4. ( ) Allow users to sign up RSS for a given subject by specific language
5. ( ) Allowing users using their native languages to annotate information that is in various languages

Section 3 judgement (please put "×" in the box directly)

1. Totally disagree; 2. Disagree; 3. Not sure; 4. Agree; 5. Totally agree.

	Questions	1	2	3	4	5
(31)	I' m very familiar with digital libraries					
(32)	I often use digital libraries					
(33)	I feel difficult when searching for information in foreign languages					
(34)	I feel difficult when reading and understanding information in foreign languages					
(35)	I feel confident about my ability to search for information in foreign languages					
(36)	I often encountered information in languages that I don' t understand when searching for information					
(37)	I hope to obtain information in languages that I don' t understand					
(38)	I feel difficult when searching for information in languages that I don' t understand					
(39)	I feel satisfied with the multilingual information provided by current academic databases					
(40)	I feel satisfied with my current usages of the library's multilingual literature					
(41)	I feel satisfied with my current usages of online multilingual information					
(42)	I feel satisfied with my ways to obtain multilingual information					
(43)	I hope that there is an integrated multilingual digital library, which enables me to use queries in my native language searching for information in various languages (including the languages I do not understand)					
(44)	Digital libraries should offer search interfaces to various languages and each interface can only retrieve information in one language					
(45)	Digital libraries should offer a single language search interface, and this interface can retrieve information in multiple languages					
(46)	Digital libraries should translate retrieved bibliographic record in foreign languages into my native language					
(47)	Digital libraries should provide search interface for multilingual bibliographic information					
(48)	Digital libraries should display all the information in my native language					
(49)	Digital libraries should display information in various languages, but each information should be displayed in its original language					
(50)	When information in less commonly used foreign languages is displayed, digital libraries should offer explanations and translations in my native language					
(51)	Search interface should integrate multilingual translation dictionaries					

Continued

	Questions	1	2	3	4	5
(52)	Search interface should offer multilingual translation toolbar that can translate sentences directly					
(53)	When users enter query terms in one language, digital libraries should display the translations of the query terms in another language					
(54)	For the translations in non-native language, digital libraries should provide the translation probabilities to help users filter out noisy translations					
(55)	For the translations in non-native language, digital libraries should provide explanations of the translations to help users filter out noisy translations					
(56)	For the translations in non-native language, digital libraries should provide example sentences to help users filter out noisy translations					
(57)	Digital libraries should be able to group search results by language					
(58)	Digital libraries should display automatically generated summaries in a specified language for search results					
(59)	Digital libraries should provide mouse-over sentence translation function for the full-text search results					
(60)	For online information, digital libraries should translate the original webpage into a specified language, and display the original webpage and its translations in parallel					

Now you have completed the questionnaire. Thanks again!

附录3 用户与新型网络学术信息资源的交互行为调查问卷（中文版）

第一部分 基本信息（请直接在□内打“√”）

1. 性别：

a. □男 b. □ 女

2. 年龄：

a. □ 18 岁以下 b. □ 18～20 岁 c. □ 21～22 岁 d. □ 23 岁以上

3. 年级（2010 年 9 月起）：

a. □ 大一 b. □ 大二 c. □ 大三 d. □ 大四

4. 专业________________

5. 您每周的上网时间为

a. □ 0～5 小时 b. □ 6～10 小时 c. □ 11～15 小时 d. □ 16 小时以上

6. 您最常使用的网页浏览器是

a. □ Mozilla Firefox
b. □ Internet Explorer
c. □ Google Chrome
d. □ Safari
e. □ 其他（请具体列出）________________

第二部分　个人对网络学术信息的获取（请直接在□内打“√”）

1. 完全不重要；2. 不重要；3. 中立；4. 重要；5. 非常重要；n/a. 不知道。

7.	在查询一个概念时，以下资源对您的重要程度如何？	1	2	3	4	5	n/a
	a. 基于社区的百科全书，如百度百科、维基百科	□	□	□	□	□	□
	b. 在线百科全书，如不列颠百科全书、微软百科全书	□	□	□	□	□	□
	c. 在线词典，如百度词典	□	□	□	□	□	□
	d. 网络版的传统印刷词典，如牛津英语大词典	□	□	□	□	□	□
8.	在寻找一本书时，以下资源对您的重要程度如何？	1	2	3	4	5	n/a
	a. 高校图书馆书目检索系统，如武汉大学书目检索系统	□	□	□	□	□	□
	b. 公共图书馆书目检索系统，如国家图书馆书目检索系统	□	□	□	□	□	□
	c. 图书搜索引擎，如 Google Books	□	□	□	□	□	□
	d. 网上书店，如当当网	□	□	□	□	□	□
9.	在查询一篇论文时，以下资源对您的重要程度如何？	1	2	3	4	5	n/a
	a. 高校图书馆订购的数据库，如 CNKI 中国知网	□	□	□	□	□	□
	b. 在线开放存取数据库，如中国科学院科学数据库、JSTOR	□	□	□	□	□	□
	c. 网上出版社数据库，如中国出版集团	□	□	□	□	□	□
	d. 学术搜索引擎，如 Google Scholor	□	□	□	□	□	□
	e. 在线文档管理与分享系统，如 CiteuLike 及 Bibsonomy	□	□	□	□	□	□
10.	在寻找某个具体问题的答案时，以下资源对您的重要程度如何？	1	2	3	4	5	n/a
	a. 面对面的图书馆员参考咨询服务	□	□	□	□	□	□
	b. 虚拟参考咨询服务，如武汉大学图书馆网站的参考咨询系统	□	□	□	□	□	□
	c. 基于社区的自由问答系统，如百度知道、新浪爱问	□	□	□	□	□	□
	d. 基于社区的专业问答系统，如 GoogleAnswers	□	□	□	□	□	□
	e. 社交圈网站上的朋友，如校内网	□	□	□	□	□	□
11.	在做课程作业时，以下资源对您的重要程度如何？	1	2	3	4	5	n/a
	a. 搜索引擎	□	□	□	□	□	□
	b. 在线百科全书、词典	□	□	□	□	□	□
	c. 在线数据库	□	□	□	□	□	□
	d. 基于社区的问答系统	□	□	□	□	□	□
	e. 社交圈网站，如校内网	□	□	□	□	□	□
	f. 学术博客，如科学博客网	□	□	□	□	□	□
	g. 在线学术论坛，如中国学术论坛	□	□	□	□	□	□

续表

		1	2	3	4	5	n/a
12.	在准备研究论文时，以下资源对您的重要程度如何？	1	2	3	4	5	n/a
	a. 搜索引擎	□	□	□	□	□	□
	b. 在线百科全书、词典	□	□	□	□	□	□
	c. 在线数据库	□	□	□	□	□	□
	d. 基于社区的问答系统	□	□	□	□	□	□
	e. 社交圈网站，如校内网	□	□	□	□	□	□
	f. 学术博客，如科学博客网	□	□	□	□	□	□
	g. 在线学术论坛，如中国学术论坛	□	□	□	□	□	□
13.	在准备考试时，以下资源对您的重要程度如何？	1	2	3	4	5	n/a
	a. 搜索引擎	□	□	□	□	□	□
	b. 在线百科全书、词典	□	□	□	□	□	□
	c. 在线数据库	□	□	□	□	□	□
	d. 基于社区的问答系统	□	□	□	□	□	□
	e. 社交圈网站，如校内网	□	□	□	□	□	□
	f. 学术博客，如科学博客网	□	□	□	□	□	□
	g. 在线学术论坛，如中国学术论坛	□	□	□	□	□	□
14.	当您在利用网络进行信息查询时，以下特征对您的重要程度如何？	1	2	3	4	5	n/a
	a. 检索工具的易用性	□	□	□	□	□	□
	b. 对工具的熟悉度	□	□	□	□	□	□
	c. 信息与任务的相关性	□	□	□	□	□	□
	d. 相关信息的丰富程度	□	□	□	□	□	□
	e. 信息的权威性	□	□	□	□	□	□
	f. 信息的及时性	□	□	□	□	□	□

第三部分　团队对网络学术信息的获取（请直接在□内打“√”）

1. 完全不重要；2. 不重要；3. 中立；4. 重要；5. 非常重要；n/a. 不知道。

		1	2	3	4	5	n/a
15.	在您以小组为单位进行项目与作业时，以下工具对您重要程度如何？	1	2	3	4	5	n/a
	a. 电子邮件	□	□	□	□	□	□
	b. 社交圈网站	□	□	□	□	□	□
	c. 即时聊天工具，如 QQ	□	□	□	□	□	□
	d. 视频会议工具，如 Skype	□	□	□	□	□	□
	e. 电子日历，如 Google Calendar	□	□	□	□	□	□
	f. 合作编辑工具，如维基	□	□	□	□	□	□
	g. 集成/元搜索引擎，如觅搜网	□	□	□	□	□	□
	h. 在线信息共享应用工具，如 GoogleDoc 及 Dropbox	□	□	□	□	□	□

续表

16.	在准备合著研究论文时，以下工具对您的重要程度如何？	1	2	3	4	5	n/a
	a. 电子邮件	□	□	□	□	□	□
	b. 社交圈网站	□	□	□	□	□	□
	c. 即时聊天工具，如 QQ	□	□	□	□	□	□
	d. 视频会议工具，如 Skype	□	□	□	□	□	□
	e. 电子日历，如 Google Calendar	□	□	□	□	□	□
	f. 合作编辑工具，如维基	□	□	□	□	□	□
	g. 集成/元搜索引擎，如觅搜网	□	□	□	□	□	□
	h. 在线信息共享应用工具，如 GoogleDoc 及 Dropbox	□	□	□	□	□	□
17.	在以小组为单位进行网络信息查询时，以下特征对您的重要程度如何？	1	2	3	4	5	n/a
	a. 分享与交换信息的简便性	□	□	□	□	□	□
	b. 同步交流的简便性	□	□	□	□	□	□
	c. 语音交流的简便性	□	□	□	□	□	□
	d. 视频交流的简便性	□	□	□	□	□	□
	e. 屏幕共享的简便性	□	□	□	□	□	□
	f. 协同检索的简便性	□	□	□	□	□	□
	g. 共同浏览的简便性	□	□	□	□	□	□
	h. 合作编辑的简便性	□	□	□	□	□	□

问卷到此结束，再次感谢您的参与！

附录 4　用户与新型网络学术信息资源的交互行为调查问卷（英文版）

Section 1　General information (please put "×" in the box directly)

1. Gender:

   a. □ Male　　　b. □ Female

2. Age:

   a. □ Below 18　　b. □ 18～20　　c. □ 21～22　　d. □ Above 23

3. What year in college will you be in the upcoming fall?

   a. □ Freshman　　b. □ Sophomore　　c. □ Junior　　d. □ Senior

4. What is your major (s)?

____

5. How many hours a week do you use the internet?

a. □ 0～5　　b. □ 6～10　　c. □ 11～15　　d. □ 16 or more

6. Which web browser do you use the most?

a. □ Mozilla Firefox　　b. □ Internet Explorer

c. □ Google Chrome　　d. □ Safari

e. □ Other-please specify: ______

Section 2　Individual Academic Information Seeking (please put "×" in the box directly)

1. Not important at all; 2. Unimportant; 3. Not sure; 4. Important; 5. Very important.

7.	When looking for definitions of concepts, what is the importance of the following resources to you?	1	2	3	4	5	n/a
	a. Community-based encyclopedias such as Wikipedia	□	□	□	□	□	□
	b. Online version of printed encyclopedias such as Brittanica	□	□	□	□	□	□
	c. Online dictionaries such as dictionary. com	□	□	□	□	□	□
	d. Online printed dictionaries such as Oxford English Dictionary	□	□	□	□	□	□
8.	When looking for books, what is the importance of the following resources to you?	1	2	3	4	5	n/a
	a. University library catalogs such as PittCat	□	□	□	□	□	□
	b. Public catalogs such as Library of Congress catalog and Worldcat	□	□	□	□	□	□
	c. Online book search engines such as Google Books	□	□	□	□	□	□
	d. Online bookstores such as Amazon. com	□	□	□	□	□	□
9.	When looking for articles, what is the importance of the following resources to you?	1	2	3	4	5	n/a
	a. University Library-subscribed databases, such as EBSCOS	□	□	□	□	□	□
	b. Online open access databases, such as PubMed, JSTOR	□	□	□	□	□	□
	c. Online publisher databases such as Emerald Insight	□	□	□	□	□	□
	d. Online academic search engine such as Google Scholor, CiteSeers	□	□	□	□	□	□
	e. Online social reference management sites such as CiteuLike, Bibsonomy	□	□	□	□	□	□
10.	When looking for answers for a specific question, what is the importance of the following resources?	1	2	3	4	5	n/a
	a. Face to face reference services	□	□	□	□	□	□
	b. Virtual reference services such as Ask a Librarian	□	□	□	□	□	□
	c. Free community-based question answering sites such as Yahoo Answers	□	□	□	□	□	□
	d. Professional community-based answering sites such as UCLue or GoogleAnswers	□	□	□	□	□	□
	e. Friends in social networking sites such as Facebook	□	□	□	□	□	□

Continued

		1	2	3	4	5	n/a
11.	When preparing for class assignments, what is the importance of the following resources?	1	2	3	4	5	n/a
	a. Search engines	□	□	□	□	□	□
	b. Online encyclopedia/dictionary	□	□	□	□	□	□
	c. Online databases	□	□	□	□	□	□
	d. Community-based question answering	□	□	□	□	□	□
	e. Social network site such as Facebook	□	□	□	□	□	□
	f. Academic blogs such as scienceblogs. com	□	□	□	□	□	□
	g. Online academic discussion forums such as W3C Forums	□	□	□	□	□	□
12.	When preparing for a research paper, what is the importance of the following resources?	1	2	3	4	5	n/a
	a. Search engines	□	□	□	□	□	□
	b. Online encyclopedia/dictionary	□	□	□	□	□	□
	c. Online databases	□	□	□	□	□	□
	d. Community-based question answering sites	□	□	□	□	□	□
	e. Social networking sites such as Facebook	□	□	□	□	□	□
	f. Academic blogs	□	□	□	□	□	□
	g. Online academic discussion forums	□	□	□	□	□	□
13.	When preparing for an exam/test, what is the importance of the following resources?	1	2	3	4	5	n/a
	a. Search engines	□	□	□	□	□	□
	b. Online encyclopedia/dictionary	□	□	□	□	□	□
	c. Online databases	□	□	□	□	□	□
	d. Community-based question answering sites	□	□	□	□	□	□
	e. Social network site such as Facebook	□	□	□	□	□	□
	f. Academic blogs	□	□	□	□	□	□
	g. Online academic discussion forums	□	□	□	□	□	□
14.	When looking for information on the web, what is the importance of the following features?	1	2	3	4	5	n/a
	a. Ease of use for search tools	□	□	□	□	□	□
	b. Familiarity of search tools	□	□	□	□	□	□
	c. Relevancy of information to my work	□	□	□	□	□	□
	d. Abundance of relevant information	□	□	□	□	□	□
	e. Credibility of information	□	□	□	□	□	□
	f. Recentness of information	□	□	□	□	□	□

Section 3　Group Academic Information Seeking (please put "×" in the box directly)

1. Not important at all; 2. Unimportant; 3. Neutral; 4. Important; 5. Very important.

15.	When preparing for group-projects/assignments, what is the importance of the following tools?	1	2	3	4	5	n/a
	a. Email	□	□	□	□	□	□
	b. Social networking sites	□	□	□	□	□	□
	c. Instant Messaging	□	□	□	□	□	□
	d. Videoconferencing such as Skype	□	□	□	□	□	□
	e. Electronic calendar	□	□	□	□	□	□
	f. Collaborative editing tools such as Wiki	□	□	□	□	□	□
	g. Collaborative search engines such as SearchTogether	□	□	□	□	□	□
	h. Online information-sharing applications, such as GoogleDoc/Dropbox	□	□	□	□	□	□
16.	When preparing for a co-authored research paper, what is the importance of the following tools?	1	2	3	4	5	n/a
	a. Email	□	□	□	□	□	□
	b. Social networking sites	□	□	□	□	□	□
	c. Instant Messaging	□	□	□	□	□	□
	d. Videoconferencing such as Skype	□	□	□	□	□	□
	e. Electronic calendar	□	□	□	□	□	□
	f. Collaborative editing tools such as Wiki	□	□	□	□	□	□
	g. Collaborative search engines such as SearchTogether	□	□	□	□	□	□
	h. Online information-sharing applications, such as GoogleDoc/Dropbox	□	□	□	□	□	□
17.	When working as a team and looking for information online, what is the importance of the following features?	1	2	3	4	5	n/a
	a. Ease of sharing and exchanging documents	□	□	□	□	□	□
	b. Ease of exchange messages synchronously	□	□	□	□	□	□
	c. Ease of talk with audio	□	□	□	□	□	□
	d. Ease of talk with video	□	□	□	□	□	□
	e. Ease of sharing screen	□	□	□	□	□	□
	f. Ease of searching document together	□	□	□	□	□	□
	g. Ease of browsing document together	□	□	□	□	□	□
	h. Ease of co-editing documents	□	□	□	□	□	□

Now you have completed the questionnaire. Thanks again!

附录5 用于“中英文学术资源网站的社会标签规范性测评实验”的图书情报领域中英文检索词

中文检索词	英文检索词	中文检索词	英文检索词
编目	cataloging/classification	信息安全	information security
数字图书馆	digital library	信息构建	information architecture
信息组织	information organization	用户交互	user interaction
元数据	metadata	人机交互	human-computer interaction
信息检索	information retrieval	信息咨询	information consultation
知识管理	knowledge management	社会网络	social web
信息管理	information management	信息政策	information policy
信息系统	information system	信息资源建设	collection development
参考咨询服务	reference service	信息规划	information planning
信息素养	information literacy	企业信息	enterprise information
图书馆管理	library management	公共信息	public information
图书馆	library	信息产业	information industry
信息服务	information service	信息生态	information ecosystem
知识产权	intellectual property	政府信息	government information
竞争情报	intelligence information	信息文化	information civilization
档案	archive	信息平台	information platform
出版	publishing	信息门户	information portal
情报	information	搜索引擎	search engine
数据挖掘	data mining	信息经济	information economics
信息可视化	information visualization	医学信息	medical information
电子商务	electronic commerce	博物馆	museum
电子政务	e-government	工具书	reference book
文化遗产	cultural heritage	网络信息	web information
古籍	ancient book	电子出版物	e-journal
目录学	catalog	信息评价	information evaluation

附录 6　50 个图书情报领域检索主题的部分字段（中文）

问题编号	01
问题标题	图书馆 2.0
问题描述（长度：3～6 句）	图书馆 2.0 是一种现代化图书馆服务的广义模式，它反映了图书馆服务提供方式的转变。图书馆 2.0 关注于内容与社群创建过程中的用户中心与用户参与。我想了解在图书馆服务设计与实施过程中，图书馆 2.0 激励用户反馈和参与的机制，以及有关图书馆 2.0 利弊的争论
相关检索词	Learning 2.0、Web 2.0、用户产生内容、社会网络
问题编号	02
问题标题	文本聚类
问题描述（长度：3～6 句）	文本聚类（或文档聚类）与数据分组的概念密切相关，它是一种针对无序文档组织、自动主题提取、快速信息检索或过滤的专门技术。我想详细了解文本聚类的工作原理以及它在信息服务中的应用
相关检索词	文档聚类、数据聚类
问题编号	03
问题标题	跨语言信息检索
问题描述（长度：3～6 句）	跨语言信息检索是信息检索的分支学科，它用于检索与用户查询语言不同语种表示的信息。我想比较不同类型的跨语言信息检索系统，并甄别目前跨语言信息检索研究领域的热点
相关检索词	多语言信息检索、多语种信息检索、多语言信息获取、CLIR
问题编号	04
问题标题	协同过滤
问题描述（长度：3～6 句）	协同过滤是利用合作技术在不同机构、观点或数据源之间进行信息筛选的过程。协同过滤方法适用于许多不同类型的数据，通常涉及的数据集较大。我想了解协同过滤是如何实现的，具体类型，以及它在信息爆炸时代的应用
相关检索词	群体过滤、信息过滤、集体智慧、推荐系统
问题编号	05
问题标题	图书馆知识产权
问题描述（长度：3～6 句）	图书馆知识产权是指产权得到认可，并在图书馆流通或归属于图书馆的一系列独特创造。传统上，图书馆知识产权风险涉及借阅、复制以及参考咨询服务等，数字时代，图书馆服务模式发生了改变。我想知道图书馆面临的新的知识产权挑战，以及图书馆如何应对这些纠纷以平衡不同实体的利益
相关检索词	版权、知识产权、数字版权管理、合理使用、图书馆豁免权

续表

问题编号	06
问题标题	图书馆战略规划
问题描述（长度：3～6句）	图书馆战略规划是图书馆确定战略、方向，并对资源配置包括资金与人员，做出决策以推行其战略的过程。各种分析技术可应用于图书馆战略规划，然而，战略规划本身不能准确预测图书馆如何发展以及将来发生的种种问题。我想了解不同规划方法在图书馆中的应用以及各自的优劣
相关检索词	图书馆管理、战略决策、战略分析、业务规划、战略管理
问题编号	07
问题标题	图书馆绩效评估
问题描述（长度：3～6句）	图书馆绩效评估是对图书馆在一段时间内多大程度上实现了自身目标的系统测度，也可描述为一种决定图书馆价值（获益）与质量（用户满意度）的系统过程。我想了解不同国家或不同类型图书馆的评价模型，以及这些模型的主要特点
相关检索词	图书馆绩效考核、图书馆绩效评价、效能评估、图书馆标准、LibQUAL＋TM
问题编号	08
问题标题	信息构建
问题描述（长度：3～6句）	信息构建（IA）是一项表示信息并描述信息模型或概念的专门技能，其通常用于要求明确细节的复杂系统活动中。这些活动包括图书馆系统、内容管理系统、用户交互等。我想了解一些不同的信息构建方法及其优劣
相关检索词	IA、数据架构、信息设计
问题编号	09
问题标题	图书馆营销
问题描述（长度：3～6句）	图书馆营销是一系列旨在促进图书馆及信息服务提供者，与这些服务的实际和潜在用户积极、互动交流的目的性活动。这些活动涉及产品、成本、服务与促销方式，目的在于提高公众对图书馆特殊功能和社会贡献的认识。我想了解一些图书馆营销的策略与工具包，如果可以提供某些著名的营销范例会更好
相关检索词	图书馆推广、公共关系、图书馆服务营销、信息营销
问题编号	10
问题标题	图书馆信息素养教育
问题描述（长度：3～6句）	图书馆信息素养教育包括一系列帮助用户快速、有效定位所需信息的指导方案，通过传授信息获取与评价的概念和逻辑，以及独立和批判性思维的训练，培养个人对信息的终身利用能力。我想了解图书馆为改善公众信息素养所采取的指导形式，尤其是新时期的专门指导计划
相关检索词	图书馆教育、图书馆指导、用户教育、图书馆信息素养、信息素养教育
问题编号	11
问题标题	图书馆联盟
问题描述（长度：3～6句）	图书馆联盟为非营利性组织，由不同类型图书馆构成。在培训、集团采购以及技术支持方面，联盟为加盟馆提供了便捷、统一的联系方式。我想了解不同类型图书馆联盟，如OCLC、DLF、MLF等的结构与服务，以及新的发展趋势
相关检索词	图书馆社群、图书馆联合体、图书馆组织、OCLC、图书馆网络

续表

问题编号	12
问题标题	图书馆立法
问题描述（长度：3～6 句）	图书馆立法是国家立法机关制定或认可，有关图书馆事业或活动专项法律法规的过程，是图书馆建立与管理的依据，调节着图书馆与国家、其他组织以及读者之间产生的各种关系。我想了解我国图书馆立法的必要性，工作的开展，存在的困难以及国外图书馆的立法情况
相关检索词	图书馆法、图书馆法案、图书馆规章、图书馆条例
问题编号	13
问题标题	数字档案馆
问题描述（长度：3～6 句）	数字档案馆是存储和利用档案资源的信息空间，由档案资源库群、信息处理中心、用户群构成。除档案数字化外，还涉及档案信息采集、整理、存储、检索、传递、保管、保护、利用、鉴定等全过程。我想了解数字档案馆的体系构建、目前各国数字档案馆计划的开展情况及其成果
相关检索词	数位典藏、电子档案馆、虚拟档案馆、无墙档案馆
问题编号	14
问题标题	信息可视化
问题描述（长度：3～6 句）	信息可视化是一门跨学科领域，旨在研究大规模非数值型信息资源的视觉呈现。它利用图形图像方面技术帮助人们理解和分析数据，并且更侧重于抽象数据集。我想了解信息可视化的发展历史以及相关应用
相关检索词	计算机制图、科学可视化、数据可视化、信息图形、知识可视化
问题编号	15
问题标题	复合图书馆
问题描述（长度：3～6 句）	复合图书馆是传统图书馆与数字图书馆的并存形式，是从传统图书馆向数字图书馆的过渡阶段。复合图书馆中，资源、载体、技术、服务、对象、手段、设施、产品都是复合的。我想了解复合图书馆如何实现馆藏建设、用户服务以及管理模式传统与数字化之间的转换，及其现代化发展策略
相关检索词	混合图书馆、电子图书馆、数字图书馆
问题编号	16
问题标题	图书馆数字参考咨询
问题描述（长度：3～6 句）	图书馆数字参考咨询是建立在网络基础上的，将用户与专家和学科专门知识联系起来的问答式服务。它是传统参考咨询在网络环境下的延伸与发展，也是图书馆服务的深化和创新。我想了解图书馆数字参考咨询在各国的实践概况、服务模式以及发展趋势
相关检索词	数字参考咨询、虚拟参考咨询、在线参考咨询、实时参考咨询、电子参考咨询
问题编号	17
问题标题	社会性网络服务
问题描述（长度：3～6 句）	社会性网络服务是旨在帮助人们建立社会性网络的互联网应用服务，也指社会上现有并已成熟普及的信息载体，如短信 SMS 服务。我想了解社会性网络服务的应用、发展前景以及有关的优劣分析
相关检索词	SNS、社交网站、社会性网络软件

续表

问题编号	18
问题标题	学科馆员
问题描述（长度：3～6 句）	学科馆员是具有学科背景，并受过文献情报专业训练，向特定学科领域用户提供深层次、个性化信息获取与利用服务的复合型人才，是专业与图书馆之间的桥梁。我想知道数字环境下学科馆员的职能发生了哪些变化，用户对学科馆员的素质与服务模式提出了哪些新的要求
相关检索词	学术馆员、联络馆员、信息专家、专业馆员、素质
问题编号	19
问题标题	语义网
问题描述（长度：3～6 句）	语义网是一种能使机器理解万维网上信息语义或含义的“数据网络”。通过向人类可读的网页中插入机器可读的元数据以及关联方式，它拓展了网络，允许自动代理更智能地访问网络，并代替用户执行任务。我想了解语义网的体系结构，及其与万维网的区别
相关检索词	语义网络、语义计算、本体学习
问题编号	20
问题标题	自然语言处理
问题描述（长度：3～6 句）	自然语言处理是计算机科学与人工智能的一个重要领域。其关注于各种使用自然语言实现人与计算机之间有效通信的理论与方法。现代自然语言处理算法的依据是机器学习，尤其是统计机器学习。我想了解 NLP 中不同的评估类型，以及一些重要机构与会议
相关检索词	人类语言技术、计算语言学、NLP、HLT、自然语言理解
问题编号	21
问题标题	数字保存
问题描述（长度：3～6 句）	数字保存是为保证数字比特流可长期维护、数字内容可长期获取的必要管理活动，涉及数字信息收集、编目、存储、获取以及长期保存的全过程。我想了解当前国内外开展数字保存的实践进展、技术方法、障碍问题以及国际合作
相关检索词	长期保存、OAIS 模型、因特网归档、保护措施
问题编号	22
问题标题	社会标签
问题描述（长度：3～6 句）	社会标签是一种个人或团体将术语、名称等与某种在线社会环境中的数字资源制作关联的方法。用户可以为一篇文章、一张图片，或一条信息添加一个或多个标签。我想了解社会标签在信息组织和个性化信息服务中的应用，及其优劣
相关检索词	社会书签、社会标引、书签、标签、Flickr、分众分类法
问题编号	23
问题标题	智能代理
问题描述（长度：3～6 句）	智能代理是指收集信息或提供其他相关服务的程序，它不需要人的即时干预即可定时完成所需功能。智能代理是一套辅助软件，具有代理性、智能性、机动性与个性化等特征。我想了解如何实现基于智能代理的主动信息服务，以及有关的信息系统与关键技术
相关检索词	决策支持系统、主动服务

续表

问题编号	24
问题标题	信息行为
问题描述（长度：3～6 句）	信息行为是在信息需求基础上，为利用信息内容与信息服务，从事的需求表达、信息检索、选择、利用、存储以及加工等活动。我想了解信息行为的特征和影响因素，研究者所采用的调查方法与互动模型，以及有关方面的研究进展
相关检索词	信息检索行为、信息浏览行为、信息交互行为、信息选择行为、信息行为模型、用户研究
问题编号	25
问题标题	内容管理
问题描述（长度：3～6 句）	内容管理（CM）是支持任意形式或媒介信息收集、管理与发布的过程或技术。现在它通常指代数字内容。数字内容可以是文本、多媒体，或其他任何需要管理的文件类型。我想了解内容管理的流程，以及一些重要的内容管理系统
相关检索词	内容管理系统、内容工程
问题编号	26
问题标题	图书馆业务外包
问题描述（长度：3～6 句）	图书馆业务外包是指，图书馆通过委托外部企业或团体，提供本应由图书馆内部操作的各种业务与服务，以达到降低成本、节省时间、提高效率与改进质量的效果。我想了解目前国内外关于图书馆业务外包争论的焦点，外包的形式、策略，以及外包过程中产生的问题与质量控制
相关检索词	外包、编目外包、软件外包、图书馆外包质量控制
问题编号	27
问题标题	竞争情报
问题描述（长度：3～6 句）	竞争情报是关于竞争环境、竞争对手以及竞争策略的信息与研究。它既包括最终的情报与谋略产品，也包括竞争信息收集与分析的过程。我想了解竞争情报的获取策略、分析方法、系统要求，以及竞争情报产业未来的发展趋势
相关检索词	企业竞争情报、战略管理、信息分析、竞争情报系统
问题编号	28
问题标题	知识组织系统
问题描述（长度：3～6 句）	知识组织体系是对内容概念及其相互关系进行描述和组织的系统。其核心在于构建概念属性的形式化描述框架以满足信息处理与知识管理的功能需求，并实现不同系统之间不同层次上的互操作。我想了解知识组织系统的组成部分，以及相关技术
相关检索词	知识组织、信息组织系统
问题编号	29
问题标题	图书馆馆藏政策
问题描述（长度：3～6 句）	图书馆馆藏政策是指，图书馆有系统、有计划地依据既定政策，建立馆藏、评鉴馆藏、分析馆藏强弱，探讨用户使用情况，以确定能否利用馆内外资源满足用户信息需求的过程。我想了解各国图书馆馆藏政策的基本原则、主要内容、制定程序、技术支持以及相互比较
相关检索词	馆藏发展、馆藏政策、馆藏发展战略、馆藏建设、特色馆藏

续表

问题编号	30
问题标题	知识转移
问题描述（长度：3～6 句）	知识转移是知识从组织的一部分向组织的另一（或其他所有）部分转移的实际问题。其旨在组织、创建、捕捉或传播知识，并确保未来用户的可获取性。它不仅仅是一个沟通问题。我想了解一些知识转移的实践与挑战
相关检索词	学习迁移、组织学习
问题编号	31
问题标题	语义索引
问题描述（长度：3～6 句）	语义索引不同于关键词检索，其通过大量样本的统计分析，得出不同词组、短语的相关性，使检索结果进一步接近用户真正想要查找的内容，并保证了检索效率。我想详细了解语义索引的算法
相关检索词	隐性语义索引、语义信息检索、语义网、语义索引库、索引算法
问题编号	32
问题标题	机器学习
问题描述（长度：3～6 句）	机器学习是人工智能的一个分支。它关注于能使计算机基于经验数据进化行为的算法设计和发展。机器学习研究的重心之一，即自动学习识别复杂模式，并根据数据智能决策。我想了解机器学习的不同算法，以及本领域的研究热点
相关检索词	监督学习、无监督学习、计算智能、模式识别
问题编号	33
问题标题	网络计量学
问题描述（长度：3～6 句）	网络计量学是一门，在网络环境中运用各种计量学方法，对网上各种信息的组织、存储、分布、传递、相互引证以及开发利用做出定量描述，进行统计分析、研究，并揭示其数量特征与内在规律的新兴分支学科。我想了解网络计量学在数字图书馆、情报科学、网络搜索引擎各方面的应用，及其发展趋势
相关检索词	文献计量学、科学计量学、信息计量学
问题编号	34
问题标题	多媒体信息检索
问题描述（长度：3～6 句）	多媒体信息检索是一种基于内容的新信息检索技术。其对多媒体对象的内容以及上下文语义环境进行检索、分析与特征提取，并基于这些特征进行相似性匹配。我想了解基于图像、音频、视频内容检索的有关技术，以及多媒体信息检索在数字图书馆、对象知识库、万维网知识发现中的相关应用
相关检索词	基于文本的图像检索、基于内容的图像检索、图像检索、音频检索、视频检索
问题编号	35
问题标题	政府信息公开
问题描述（长度：3～6 句）	政府信息公开是指，行政机关将在履行职责过程中制作或获取的，以一定形式记录、保存的信息，及时、准确地公开发布。我想了解各国有关政府信息公开的法律、法规与规章，以及各国协调政府信息公开与保密、存档间关系的方法措施
相关检索词	信息自由、隐私、保密、主动公开、电子政务

续表

问题编号	36
问题标题	都柏林核心
问题描述（长度：3～6 句）	都柏林核心是一种由国际组织 DCMI 拟定，用于标识电子资源的简要目录模式。后形成 DC 元数据标准，包括 15 个核心元素，并由 DCMI 负责维护。我想了解目前 DC 数据模型的进展，以及 DC 与其他元数据标准的兼容与互操作性问题
相关检索词	都柏林核心元数据、都柏林核心元数据首创计划、都柏林核心元素集、XML 模式
问题编号	37
问题标题	机构知识库
问题描述（长度：3～6 句）	机构知识库是机构建立的，以网络为依托，以收集、整理、保存、检索、提供利用为目的，以本机构成员在工作过程中所创建的各种数字化产品为内容的知识库。我想了解目前有关机构知识库的构建工具、体系结构，及其在不同机构的应用现状与影响
相关检索词	开放获取、自行典藏、DSpace、布达佩斯开放获取计划、中国科学院机构知识库网格
问题编号	38
问题标题	文本分类
问题描述（长度：3～6 句）	文本分类是信息学中的问题。其任务是基于内容，将电子文本分为一个或多个类别。它通常包括文本的表达、分类器的选择与训练、分类结果的评价与反馈等过程。我想了解一些文本分类的技术和应用
相关检索词	文档分类
问题编号	39
问题标题	射频识别
问题描述（长度：3～6 句）	射频识别是一种通过无线电讯号识别特定目标并读写相关数据，而无需识别系统与特定目标之间建立机械或光学接触的通信技术，通常由电子标签与阅读器组成。我想了解射频识别技术的应用原理、技术实现以及利弊影响
相关检索词	RFID、RFID 标签、电子防盗系统
问题编号	40
问题标题	信息抽取
问题描述（长度：3～6 句）	信息抽取（IE）即自动从非结构化或半结构化的机器可读文档中抽取结构化的信息。大多数情况下，该活动是通过自然语言处理方式处理人类语言文本。最近的多媒体文档处理也可被视为信息抽取。我想了解信息抽取的方法，以及信息抽取与信息检索间的区别
相关检索词	内容抽取、命名实体识别、主题抽取
问题编号	41
问题标题	资源描述框架
问题描述（长度：3～6 句）	资源描述框架是一种用于表达万维网上资源的语言，尤其用于表达 Web 资源的元数据。它提供了一种使信息表达在应用程序间交换而不丧失语义的通用框架。我想了解基于 RDF 的数字资源描述技术与标准，以及 RDF 在本体构建和内容管理等领域的应用
相关检索词	RDF、元数据描述、信息资源管理、W3C

续表

问题编号	42
问题标题	数字版权管理
问题描述（长度：3～6 句）	数字版权管理是指，出版者用以控制被保护对象使用权的一些技术。保护对象包括数字化内容、硬件以及处理数字化产品的使用限制。我想了解针对不同资源采用的不同数字版权管理技术，以及这些技术的影响
相关检索词	DRM、数字水印、版权保护、数据加密、数字签名、企业数字版权管理
问题编号	43
问题标题	图书馆特藏
问题描述（长度：3～6 句）	图书馆特藏是指，具有特殊价值或特别珍贵而应予以特别保护的馆藏。特藏标准主要从历史文物性、学术资料性、艺术代表性等方面进行考察，如重要图书档案、古籍、手稿等。我想了解国内外图书馆特藏部门的设置情况、特藏的范围、特藏保护政策与措施，以及特藏流通使用情况
相关检索词	古籍、特藏、珍本、文物、孤本
问题编号	44
问题标题	数字出版
问题描述（长度：3～6 句）	数字出版是一种建立在计算机技术、通信技术、网络技术、流媒体技术、存储技术等高新技术基础上，融合并超越传统出版内容而发展起来的新兴出版产业。我想了解数字出版对传统出版模式与信息媒介、阅读方式与消费、相关利益团体与信息产业的影响，及其未来发展方向
相关检索词	版权自助协议、数字阅读、期刊数字化、产业链、数字发行、电子书
问题编号	45
问题标题	推荐系统
问题描述（长度：3～6 句）	推荐系统是建立在海量数据挖掘基础上的一种高级智能平台，它能为用户提供完全个性化的决策支持与信息服务。我想了解基于不同算法的个性化推荐系统的应用，并比较它们的优劣
相关检索词	个性化推荐、基于内容的推荐、协同过滤、基于内容的过滤、个性化服务、个性化系统
问题编号	46
问题标题	书目记录功能需求
问题描述（长度：3～6 句）	书目记录功能需求旨在提供一个清晰定义的结构化框架，使书目记录的数据与用户需求产生关联，并为国家记录机构创建的记录推荐一个基本功能级别。模型的基本元素包括实体、属性与关系。我想了解国内外对 FRBR 的研究概况、FRBR 对各国编目实践的影响，以及 FRBR 在各国信息组织中的应用
相关检索词	编目原则、编目模式、国家书目、内容表达、FRBR
问题编号	47
问题标题	自动标引
问题描述（长度：3～6 句）	自动标引是指，利用计算机系统从拟存储、检索的事实、情报或文献中抽取检索标志的过程。与人工标引类似，自动标引也要经过主题分析、检索词表、自然语言转换等过程。我想了解自动索引的工作原理，以及数字时代网络资源自动标引新的设想与实例
相关检索词	赋词标引、机器辅助索引、抽词标引、全文检索

续表

问题编号	48
问题标题	信息共享
问题描述（长度：3～6句）	信息共享是指，不同层次、不同部门信息系统之间信息的交流和共用。它是提高信息资源利用率，并避免信息采集、存储与管理中重复建设的一种重要手段。其基础是信息的标准化。我想了解一些信息共享工程，及其机遇与挑战
相关检索词	信息共享工程、信息交换
问题编号	49
问题标题	知识发现
问题描述（长度：3～6句）	知识发现是指，知识管理系统存储数据，并利用机器学习方法分析数据，挖掘数据背后知识的过程。它是一门交叉学科，涉及模式识别、统计、知识获取、数据可视化、专家系统等多个领域。我想了解国内外有关知识发现的重要学术会议、研究进展，以及知识发现的应用前景
相关检索词	数据挖掘、数据仓库、数据可视化、专家系统
问题编号	50
问题标题	访问控制
问题描述（长度：3～6句）	访问控制是指按照用户身份及其所属的预定义组别，限制用户对某些信息项的访问，或对某些功能的使用。其通常用于系统管理员对服务器、目录或文件等网络资源的访问控制。可以分为自主访问控制和强制访问控制两类。我想了解不同类型的访问控制，及其应用
相关检索词	认证、鉴定与认证、问责

附录7　50个图书情报领域检索主题的部分字段（英文）

Topic ID	01
Title	Library 2.0
Narrative (request length: 3～6 sentences)	Library 2.0 is a loosely defined model for a modernized form of library service. It reflects a transition within the library world that services are delivered to users. The focus is on user-centered change and participation in the creation of content and community. I want to know the mechanism how Library 2.0 encourages feedback and participation in the design and implementation of library services, and the advantage and disadvantage debate surrounding it
Related terms	Learning 2.0; Web 2.0; User-generated Content; Social Network

Continued

Topic ID	02
Title	Text Clustering
Narrative (request length: 3～6 sentences)	Text clustering (or document clustering) is closely related to the concept of data clustering. It is a more specific technique for unsupervised document organization, automatic topic extraction and fast information retrieval or filtering. I want to know text clustering's working principle in detail and its applications in information services
Related terms	Document Clustering; Data Clustering
Topic ID	03
Title	Cross Language Information Retrieval
Narrative (request length: 3～6 sentences)	Cross-language information retrieval is a subfield of information retrieval. It deals with retrieving information written in a language different from the language of the user's query. I want to compare different kinds of CLIR systems, and clarify the hot fields of CLIA research at present
Related terms	Cross-lingual Information Retrieval; Translingual Information Retrieval; Multilingual Information Retrieval; Multilingual Information Access; CLIR
Topic ID	04
Title	Collaborative Filtering
Narrative (request length: 3～6 sentences)	Collaborative filtering is the process of filtering for information or patterns using techniques involving collaboration among multiple agents, viewpoints, data sources, etc. Collaborative filtering methods can be applied to many different kinds of data and typically involves very large data sets. I want to know how collaborative filtering is realized, some types of it, and its applications in the age of information explosion
Related terms	Social Filtering; Information Filtering; Collective Intelligence; Recommendation System
Topic ID	05
Title	Library Intellectual Property
Narrative (request length: 3～6 sentences)	Library intellectual property refers to a number of distinct types of creations circulated in or belonging to libraries for which property rights are recognized. Traditionally, the IP risk lies in lending, copying, reference service and so on. In the digital age, library service modes have changed. I want to know new IP challenges libraries encounter and how they deal with these disputes to balance the interest of different entities
Related terms	Copyright; Intellectual Rights; Digital Rights Management; Fair Dealing; Library Privilege
Topic ID	06
Title	Library Strategic Planning
Narrative (request length: 3～6 sentences)	Strategic planning in the library context is a library's process of defining its strategy, or direction, and making decisions on allocating its resources to pursue its strategy, including its capital and people. Various analysis techniques can be used in library strategic planning. However, strategic planning itself cannot foretell exactly how the library will evolve and what issues will surface in the coming days. I want to know different planning methodologies applied in library strategic planning and their advantages and disadvantages respectively
Related terms	Library Management; Decision Making; Strategic Analysis; Integrated Business Planning; Strategic Management

Continued

Topic ID	07
Title	Library Performance Evaluation
Narrative (request length: 3～6 sentences)	Library performance evaluation is a systematic measurement of the extent to which a library has achieved its objectives in a certain period of time. It is also described as a systematic process of determining "value" (in terms of benefit gained) and "quality" (as reflected in customer satisfaction) of a library. I' d like to know the evaluation models in different kinds of libraries or countries, and major features of these models
Related terms	Library Performance Measurement; Library Performance Appraisal; Library Performance Review; Effectiveness Assessment; Library Standards; LibQUAL+TM

Topic ID	08
Title	Information Architecture
Narrative (request length: 3～6 sentences)	Information architecture (IA) is a specialized skill set that interprets information and expresses model or concept of information. It is often used in activities that require explicit details of complex systems. Among these activities are library systems, content management systems, user interactions and so on. I want to know some different information architecture methods and their advantages and disadvantages
Related terms	IA; Data Architecture; Information Design

Topic ID	09
Title	Library Marketing
Narrative (request length: 3～6 sentences)	Library marketing is a purposive group of activities which foster constructive and responsive interchange between the providers of library and information services and the actual and potential users of these services. These activities are concerned with the products, costs, methods of delivery, and promotional methods. They aim at promoting awareness of the unique role of libraries and their contributions to society. I' d like to know some strategies and toolkits of library marketing. Any famous marketing samples offered would be better.
Related terms	Library Promotion; Public Relations; Marketing Library Services; Information Marketing

Topic ID	10
Title	Library Information Literacy Instruction
Narrative (request length: 3～6 sentences)	Library information literacy instruction consists of instructional programs designed to teach library users how to locate the information they need quickly and effectively. It prepares individuals to make lifelong use of information by teaching the concepts and logic of information access and evaluation, and by fostering information independence and critical thinking. I want to know the instruction formats libraries resort to improve public's information literacy, especially those specialized instructional sessions offered in the new era
Related terms	Library Instruction; Library Orientation; User Education; Library Information Literacy; Information Literacy Instruction

Continued

Topic ID	11
Title	Library Consortia
Narrative (request length: 3～6 sentences)	Library consortia is a non-profit membership organization. It composes of various types of libraries. Library consortia provides participated libraries a convenient, single point of contact for training, group purchasing and technical support. I want to know structures and services of different types of library consortia, such as OCLC, DLF or MLF, and new trends of these consortia
Related terms	Library Consortium; Library Community; Library Federation; Libraries Group; OCLC; Library Network
Topic ID	12
Title	Library Legislation
Narrative (request length: 3～6 sentences)	Library legislation is the process national legislature enacts or approves special laws and regulations for librarianship or activities, and the basis of establishment and management of libraries. It adjusts various relations among libraries, the country, other organizations and readers. I want to know the necessity of library legislation, work progress, existing difficulties and situation of foreign libraries
Related terms	Library Law; Library Act; Library Rules; Library Regulations
Topic ID	13
Title	Digital Archive
Narrative (request length: 3～6 sentences)	Digital Archive is the information space to store and exploit archival resources and composed of archival resource repositories, information processing centers, and user groups. In addition to the digitization of collection, it also involves the whole process of collecting, filing, storing, retrieving, delivering, maintaining, protecting, exploiting, and evaluating of archives. I want to know the architecture building of digital archive and current developments and achievements of digital archive projects undertaken in various countries
Related terms	Digital Archives; Electronic Archives; Virtual Archives; No Wall Archives
Topic ID	14
Title	Information Visualization
Narrative (request length: 3～6 sentences)	Information visualization is the interdisciplinary study of the visual representation of large-scale collections of non-numerical information. It takes advantages of graphics and images technique to help people understand and analyze data and more focuses on abstract data sets. I want to know the history of information visualization and its related applications
Related terms	Computer Graphics; Scientific Visualization; Data Visualization; Information Graphics; Knowledge Visualization

Continued

Topic ID	15
Title	Hybrid Library
Narrative (request length: 3～6 sentences)	Hybrid Library is the coexistence of traditional library and digital library and the transition phase from traditional library towards digital library. In hybrid library, resources, media, technology, service, targets, means, facilities, and products are all compound. I'd like to know how to realize the conversion of collection development, user service and management mode from tradition to digitization, and its up-to-date development strategies
Related terms	Compound Library; Electronic Library; Digital Library

Topic ID	16
Title	Library Digital Reference
Narrative (request length: 3～6 sentences)	Library Digital Reference is built on network and a Q & A service which connects users, experts and subject expertise. It is the extension and development of traditional reference in network environment, and the promotion and innovation of library services. I want to know the practices, service modes and development trends of library digital reference in different countries
Related terms	Digital Reference Service; Virtual Reference; Online Reference; Chat Reference; Electronic Reference Service

Topic ID	17
Title	Social Networking Services
Narrative (request length: 3～6 sentences)	Social networking services are designed to help people build Internet application services of social network. It also refers to the existing pervasive and mature information media in society, such as SMS service. I want to know the application, development prospect, advantages and disadvantages of social networking services
Related terms	Social Network Service; SNS; Social Network Site; Social Network Software

Topic ID	18
Title	Subject Librarian
Narrative (request length: 3～6 sentences)	Subject Librarian is the interdisciplinary talent who has subject background, has received professional training of document information, and provides users of specific field in-depth, personalized information access and utilization services. Subject librarian is the bridge between major and library. I want to know the changes of subject librarian's role in the digital environment, and new requirements of subject librarian's competency and service mode proposed by users
Related terms	Academic Librarian; Liaison Librarian; Information Professionals; Professional Librarian; Competency

Topic ID	19
Title	Semantic Web
Narrative (request length: 3～6 sentences)	Semantic Web is a web of data that enables machines to understand the semantics, or meaning of information on the World Wide Web. It extends the network of hyperlinked human-readable web pages by inserting machine-readable metadata about pages and how they are related to each other, enabling automated agents to access the Web more intelligently and perform tasks on behalf of users. I'd like to know the architecture of semantic web, and the distinctions between it and World Wide Web
Related terms	Semantic Network; Semantic Net; Semantic Computing; Ontology Learning

Continued

Topic ID	20
Title	Natural Language Processing
Narrative (request length: 3～6 sentences)	Natural language processing is an important field of computer science and artificial intelligence. It is concerned with various theories and methods to achieve effective communication between computers and human with natural language. Modern NLP algorithms are grounded in machine learning, especially statistical machine learning. I want to know different types of evaluation in NLP, and some important organizations and conferences
Related terms	Human Language Technology; Computational Linguistics; NLP; HLT; Natural Language Understanding
Topic ID	21
Title	Digital Preservation
Narrative (request length: 3～6 sentences)	Digital preservation is the necessary management activity to ensure the long-term maintenance of digital bit stream and long-term access of digital content. It refers to the whole process of gathering, cataloging, storing, access and long-term preservation of digital information. I want to know the practice progress at home and abroad, technical methods, barriers and international cooperation of digital preservation at present
Related terms	Long-term Preservation; OAIS Model; Internet Archive; Digital Storage; Protection Measures
Topic ID	22
Title	Social Tagging
Narrative (request length: 3～6 sentences)	Social Tagging is a method which associates terms and titles with digital resources of some kind of online social environment by individual or group. Users can add one or more tags for an article, a picture, or a message. I want to know the application of social tagging in information organization and personalized information services, as well as its advantages and disadvantages
Related terms	Social Bookmarking; Social Taggings; Bookmark; Tags; Flickr; Folksonomies
Topic ID	23
Title	Intelligent Agent
Narrative (request length: 3～6 sentences)	Intelligent agent is a program which can collect information or provide other related services, It can accomplish function without instant intervention of people. Intelligent agent is a set of computer aided software and has the features of agent, intelligence, flexibility, personalization, etc. I' d like to know how to realize the intelligent agent-based active information services, related information systems and key technologies
Related terms	Smart Agent; Decision Support System; Proactive Service; Active Service
Topic ID	24
Title	Information Behavior
Narrative (request length: 3～6 sentences)	Information behavior is the activities of need expression, information retrieval, selection, use, storage and processing based on information needs, for making use of information content and services. I want to know the characteristics and impact factors of information behavior, the survey methods and interactive models researchers used, as well as relevant research progress
Related terms	Information Retrieval Behavior; Information Browsing Behavior; Information Interacting Behavior; Information Selecting Behavior; Information Behavior Model; User Study

Continued

Topic ID	25
Title	Content Management
Narrative (request length: 3～6 sentences)	Content management (CM) is the process or technology that supports the collection, managing, and publishing of information in any form or medium. Nowadays it is usually referred to digital content. Digital content may take the form of text, multimedia, or any other file type which requires management. I want to know the process of content management, and some important CM systems
Related terms	Content Management System; Content Engineering

Topic ID	26
Title	Library Outsourcing
Narrative (request length: 3～6 sentences)	Library Outsourcing refers that the library commissions an external company or organization to provide a variety of business and services which is supposed to be done by itself, so as to reduce cost, save time, promote efficiency and improve quality. I' d like to know the bone of contention of library outsourcing currently at home and abroad, and the forms, strategies, issues and quality control that arise in the process of library outsourcing
Related terms	Outsourcing; Cataloging Outsourcing; Software Outsourcing; Quality Control of Library Outsourcing

Topic ID	27
Title	Competitive Intelligence
Narrative (request length: 3～6 sentences)	Competitive intelligence is the information and research on the competitive environment, competitors, and competitive strategies. It includes the final products of intelligence and strategies, as well as the collection and analysis process of competitive information. I want to know the acquisition strategies, analysis methods and system requirements of competitive intelligence, as well as the development trends of competitive intelligence industry
Related terms	Business Intelligence; Strategic Management; Information Analysis; Competitive Intelligence System

Topic ID	28
Title	Knowledge Organization System
Narrative (request length: 3～6 sentences)	Knowledge organization system is the mechanism to describe and organize concepts of content and their relations. Its core is to build formal description framework for concept attributes to meet the functional requirements of information processing and knowledge management, and to achieve interoperability among different systems at different levels. I want to know the components of knowledge organization system and its related techniques
Related terms	Knowledge Organization; Information Organization System

Topic ID	29
Title	Library Collection Policy
Narrative (request length: 3～6 sentences)	Library collection policy refers to the process that in compliance with established policy, libraries develop, evaluate and analyze collection, track user progress and determine whether library resources can meet the information needs of users in a systematic and planned way. I want to know the basic principle, main content, rulemaking procedure, technical support, and comparison of library collection policies in various countries
Related terms	Library Collection Development; Collection Policy; Collection Development Strategy; Collection Construction; Characteristic Collection

Continued

Topic ID	30
Title	Knowledge Transfer
Narrative (request length: 3～6 sentences)	Knowledge transfer is the practical problem of transferring knowledge from one part of the organization to another (or all other) part (s) of the organization. It seeks to organize, create, capture or distribute knowledge and ensure its availability for future users. It is considered to be more than just a communication problem. I want to know some practices and challenges of knowledge transfer
Related terms	Transfer of Learning; Organizational Learning
Topic ID	31
Title	Semantic Indexing
Narrative (request length: 3～6 sentences)	Semantic indexing is different from keyword search. Through statistical analysis of large number of samples, semantic indexing works out the correlation of different phrases, makes the search results closer to what users really want to find, and guarantees the retrieval efficiency. I' d like to learn more about the algorithm of semantic indexing
Related terms	Latent Semantic Indexing; Semantic Information Retrieval; Semantic Web; Semantic Indexed Database; Index Algorithm
Topic ID	32
Title	Machine Learning
Narrative (request length: 3～6 sentences)	Machine learning is a branch of artificial intelligence. It is concerned with the design and development of algorithms that allow computers to evolve behaviors based on empirical data. A major focus of machine learning research is to automatically learn to recognize complex patterns and make intelligent decisions based on data. I want to know different algorithms of machine learning, and the hotspots of this research field
Related terms	Unsupervised Learning; Supervised Learning; Computational Intelligence; Pattern Recognition
Topic ID	33
Title	Webometrics
Narrative (request length: 3～6 sentences)	Webometrics is a new subfield which applies a variety of metrology methods in network environment, describes quantitatively the organization, storage, distribution, dissemination, citation and utilization of online information, conducts statistical analysis and study, and reveals the quantitative characteristic and inherent law. I want to know the applications of Webometrics in digital libraries, information science, and web search engines, as well as its development trends
Related terms	Bibliometrics; Scientometrics; Informetrics
Topic ID	34
Title	Multimedia Information Retrieval
Narrative (request length: 3～6 sentences)	Multimedia information retrieval is a new content-based information retrieval technology. It retrieves and analyzes the content and semantic context of multimedia objects, extracts features and matches for similarities based on these features. I' d like to know the related content based retrieval technology based on image, audio and video, as well as the related applications of multimedia information retrieval in digital libraries, object repositories and web knowledge discovery
Related terms	Text-based Image Retrieval; Content-based Image Retrieval; Image Retrieval; Audio Retrieval; Video Retrieval

Continued

Topic ID	35
Title	Open Government Information
Narrative (request length: 3～6 sentences)	Open government information refers that executive authorities release the information promptly and accurately which they produce or acquire in the prosecution of duties and is recorded or preserved in some format. I want to know the laws, regulations and rules on open government information in various countries, as well as the methods and measures different countries have taken to coordinate the relationship among open government information, confidentiality and archives
Related terms	Freedom of Information; Privacy; Confidentiality; Information Disclosure Without Request; E-governance

Topic ID	36
Title	Dublin Core
Narrative (request length: 3～6 sentences)	Dublin Core is a brief directory schema which is drawn up by the international organization DCMI and used for identifying electronic resources. Then it develops into the DC metadata standard which includes 15 core elements and is maintained by DCMI. I want to know the current progress of DC data model, and the compatibility and interoperability issues between DC and other metadata standards
Related terms	DC Metadata; Dublin Core Metadata Initiative; Dublin Core Elements Set; XML Schema

Topic ID	37
Title	Institutional Repositories
Narrative (request length: 3～6 sentences)	Institutional repository is a digital archive which is established by institution and relies on network. It is based on a variety of digital products created by the staff within the institution during work and aims at gathering, organizing, storing, retrieving and providing access. I' d like to learn about the construction tools and architecture of Institutional repository, as well as its applications and influences in different institutions
Related terms	Open Access; Self-archiving; DSpace; BOAI; CAS IR Grid

Topic ID	38
Title	Text Categorization
Narrative (request length: 3～6 sentences)	Text categorization is a problem in information science. Its task is to assign an electronic text to one or more categories, based on its contents. It usually includes the expression of text, the selection and training of classifier, the evaluation and feedback of results, and so on. I' d like to know some techniques and applications of text categorization
Related terms	Document Classification; Document Categorization; Text Classification

Topic ID	39
Title	Radio Frequency Identification
Narrative (request length: 3～6 sentences)	RFID is a kind of communication technology which identifies specific targets by radio signals and reads and writes related data without mechanical or optical contact between specific targets and recognition systems. It's usually composed of electronic tag and reader. I want to learn about the principles and technologies of RFID, as well as its advantages and disadvantages
Related terms	RFID; RFID Tag; Electronic Article Surveillance

Continued

Topic ID	40
Title	Information Extraction
Narrative (request length: 3～6 sentences)	Information extraction (IE) is to automatically extract structured information from unstructured or semi-structured machine-readable documents. In most cases this activity is concerned with processing human language texts by means of natural language processing. Recent multimedia document processing could be seen as information extraction. I want to know the approaches of IE, and the differences between IE and IR
Related terms	Content Extraction; Named Entity Recognition; Subject Extraction
Topic ID	41
Title	Resource Description Framework
Narrative (request length: 3～6 sentences)	Resource Description Framework is a language describing web resources, which is specially used to represent metadata of web resources. It provides a general framework for information expression exchanging between applications without losing the meaning. I want to know the RDF-based description technologies and standards of digital resources, as well as the applications of RDF in ontology construction and content management
Related terms	RDF; Metadata Description; Information Resource Management; W3C
Topic ID	42
Title	Digital Rights Management
Narrative (request length: 3～6 sentences)	Digital rights management refers to the technologies which publishers use to control the right to use the protected objects. Objects under protection include digital content, hardware and use constraints on dealing with the digital products. I want to know the different digital rights management technology regard to different kinds of resources, and the influences of these technologies
Related terms	DRM; Digital Watermark; Copyright Protection; Data Encryption; Digital Signature; Enterprise Digital Rights Management
Topic ID	43
Title	Library Special Collections
Narrative (request length: 3～6 sentences)	Library Special Collections are the collections which have special value or are very precious and should be given special protection. The standards of special collections mainly take historical artifacts, academic materials, and artistic representation into consideration, such as important books and archives, ancient books, manuscripts and so on. I want to know special collections division set in Chinese and foreign libraries, scope, protection policies and measures and utilization of special collections
Related terms	Ancient Works; Special Collection; Rare Book; Antiquity; Unique Copy
Topic ID	44
Title	Digital Publishing
Narrative (request length: 3～6 sentences)	Digital publishing is a new publishing industry which is based on computer technology, communication technology, network technology, streaming media technology, storage technology and other high-tech technologies. Digital publishing merges with traditional publishing and develops beyond it. I want to know the influences of digital publishing on the models and media of traditional publishing, reading mode and consumption, related interest groups and the information industry, as well as its development direction
Related terms	Self-service Copyright Agreement; Digital Reading; Digitalization of Periodicals; Industrial Chain; Digital Distribution; Ebook

Continued

Topic ID	45
Title	Recommender Systems
Narrative (request length: 3～6 sentences)	Recommendation system is an advanced intelligent platform which is based on the massive data mining and can provide users fully personalized decision support and information services. I want to know the applications of personalized recommender systems based on different algorithms, and compare their advantages and disadvantages
Related terms	Personalized Recommendation; Content-based Recommendation; Collaborative Filtering; Content-based Filtering; Personalization Service; Personalization System
Topic ID	46
Title	Functional Requirements of Bibliographic Records
Narrative (request length: 3～6 sentences)	Frbr is designed to provide a clearly defined structural framework within which data of bibliographic records can associate with user's needs. FRBR also proposes a basic functional level for the records created by the national record agency. Fundamental elements of the model include entities, attributes and relations. I want to know the study of FRBR, the influences of FRBR on cataloging practices, and the applications of FRBR in information organization at home and abroad
Related terms	Cataloguing Principle; Cataloguing Model; National Bibliography; Content Presentation; FRBR
Topic ID	47
Title	Automatic Indexing
Narrative (request length: 3～6 sentences)	Automatic indexing is the process in which computer systems extract retrieval symbols from facts, information or documents which are proposed to store and retrieve. Similar to manual indexing, automatic indexing is also subject to the process of subject analysis, thesaurus search and natural language conversion. I want to know the working principle of automatic indexing, and the new assumption and examples of automatic indexing of network resources in digital age
Related terms	Assignment Indexing; Machine-aided Indexing; Derived Indexing; Full Text Indexing
Topic ID	48
Title	Information Sharing
Narrative (request length: 3～6 sentences)	Information sharing refers to the exchange and sharing of information among information systems of different levels and departments. It is an important means to improve use of information resource, and avoid duplication in the information collection, storage and management. It is based on the standardization of information. I'd like to know some information sharing projects and their opportunities and challenges
Related terms	Information Sharing Project; Information Exchange
Topic ID	49
Title	Knowledge Discovery
Narrative (request length: 3～6 sentences)	Knowledge discovery is the process in which knowledge management systems store data, analyze data by machine learning methods, and mine knowledge behind the data. It is an interdiscipline, involving pattern recognition, statistics, knowledge acquisition, data visualization, expert systems and other fields. I want to know the important academic seminars, research progress and application prospect of knowledge discovery at home and abroad
Related terms	Data Mining; Data Warehouse; Data Visualization; Expert System

Continued

Topic ID	50
Title	Access Control
Narrative (request length: 3～6 sentences)	Access control is a system which limits user access to certain information items, or use of certain functions according to user's identity and group that is predefined. It is usually used for system administrators to control access to network resources such as server, directory, or file. It includes discretionary access control and mandatory access control. I want to know different types of access control and their applications
Related terms	Authentication; Identification and Authentication; Accountability

附录 8　用于用户检索实验的 10 个图书情报领域检索主题的全部字段（中文）

检索主题 0（用于培训）

设计者	
问题编号	11
问题标题	图书馆联盟
问题描述（长度：3～6 句）	图书馆联盟为非营利性组织，由不同类型图书馆构成。在培训、集团采购以及技术支持方面，联盟为加盟馆提供了便捷、统一的联系方式。我想了解不同类型图书馆联盟，如 OCLC、DLF、MLF 等的结构与服务，以及新的发展趋势
相关检索词	图书馆社群、图书馆联合体、图书馆组织、OCLC、图书馆网络
相关作者名	Ball D; Chao S Y J; Ching S H; Frieni F J; Giordano T; Huang K L
相关作者所在机构	UNIV ILLINOIS、UNIV BARCELONA、UNIV N CAROLINA、CUNY BERNARD M BARUCH COLL、CUNY QUEENS COLL、EDGE HILL UNIV COLL
相关来源期刊名	Library Collections Acquisitions & Technical Services; Information Technology and Libraries; Iinterlending & Document Supply; Journal of Academic Librarianship; Electronic Library; Library Trends
文章发表年限	1975～2010 年
任何与检索主题相关的信息（如相关文献、相关网页、相关图书等）	全州学术图书馆联盟最新动态，Potter W G，图书馆动态，卷：45，期：3，页：416-434，出版年：1997 概述：发展中国家的图书馆联盟，Moghaddam G G，Talawar V G，程序——电子图书馆与信息系统，卷：43，期：1，页：94-104，出版年：2009 第一届上海知识导航与图书馆服务国际图书馆论坛 第三届海外华人研究国际研究机构与图书馆会议

检索主题 1（用于实验）

设计者	
问题编号	07
问题标题	图书馆绩效评估
问题描述（长度：3～6 句）	图书馆绩效评估是对图书馆在一段时间内多大程度上实现了自身目标的系统测度，也可描述为一种决定图书馆价值（获益）与质量（用户满意度）的系统过程。我想了解不同国家或不同类型图书馆的评价模型，以及这些模型的主要特点

续表

相关检索词	图书馆绩效考核、图书馆绩效评价、效能评估、图书馆标准、LibQUAL+TM
相关作者名	Ahmed，S M Z；Isfandyari-Moghaddam A；Oppenheim C；Aqili SV；Babalhavaeji F；Mcknight C；Missingham R
相关作者所在机构	UNIV ILLINOIS、UNIV LOUGHBOROUGH、UNIV N CAROLINA、ISLAMIC AZAD UNIV、KENT STATE UNIV、UNIV DHAKA、DREXEL UNIV
相关来源期刊名	Journal of Librarianship and Information Science；Electronic Library；Library & Information Science Research；Journal of Academic Librarianship；Journal of the Medical Library Association；Library Acquisitions-Practice and Theory
文章发表年限	1978～2010年
任何与检索主题相关的信息（如相关文献、相关网页、相关图书等）	1. 台湾高校电子图书馆的绩效评估，Hsieh L F，Chin J B，Wu M C，电子图书馆，卷：24，期：2，页：212-224，出版年：2006 2. 文献综述：发展中国家图书馆与信息系统的绩效评估，Kebede G，LIBRI，卷：49，期：2，页：106-119，出版年：1999 3. 第61届ASIS年会

检索主题2（用于实验）

设计者	
问题编号	08
问题标题	信息构建
问题描述（长度：3～6句）	信息构建（IA）是一项表示信息并描述信息模型或概念的专门技能，其通常用于要求明确细节的复杂系统活动中。这些活动包括图书馆系统、内容管理系统、用户交互等。我想了解一些不同的信息构建方法及其优劣
相关检索词	IA、数据架构、信息设计
相关作者名	Sweller J；Paas F；Anderson J R；Braff D L；Van Merrienboer J J G；Grossberg S；Surla D
相关作者所在机构	HARVARD UNIV、UNIV NEW S WALES、STANFORD UNIV、UNIV ILLINOIS、CARNEGIE MELLON UNIV、PENN STATE UNIV、UNIV MARYLAND
相关来源期刊名	Information Science & Library Science；Computer Science，Information Systems；Management；Computer Science，Interdisciplinary Applications；Computer Science，Cybernetics；Computer Science，Software Engineering；Computer Science，Theory & Methods
文章发表年限	1967～2011年
任何与检索主题相关的信息（如相关文献、相关网页、相关图书等）	1. 信息构建影响的再现，Martin A，Dmitriev D，Akeroyd J，国际信息管理杂志，卷：30，期：1，页：6-12，出版年：2010 2. 开发企业统一信息管理平台的可扩展信息架构，van der Walt PW，du Toit ASA，ASLIB会议录，卷：59，期：1，页：80-96，出版年：2007 3. 第65届美国信息科学与技术学会年会

检索主题3（用于实验）

设计者	
问题编号	09
问题标题	图书馆营销
问题描述（长度：3～6句）	图书馆营销是一系列旨在促进图书馆及信息服务提供者，与这些服务的实际和潜在用户积极、互动交流的目的性活动。这些活动涉及产品、成本、服务与促销方式，目的在于提高公众对图书馆特殊功能和社会贡献的认识。我想了解一些图书馆营销的策略与工具包，如果可以提供某些著名的营销范例会更好

续表

相关检索词	图书馆推广、公共关系、图书馆服务营销、信息营销
相关作者名	Svensson G；Calvert P；Cook C；Cronin B；Dragon A C；Holt G E
相关作者所在机构	BRITISH LIB、TEXAS A&M UNIV、UCL、UNIV FLORIDA、UNIV N CAROLINA、UNIV SHEFFIELD、UNIV TENNESSEE
相关来源期刊名	Journal of Academic Librarianship；Library Trends；Library Journal；Aslib Proceedings；College & Research Libraries；Electronic Library
文章发表年限	1976～2010 年
任何与检索主题相关的信息（如相关文献、相关网页、相关图书等）	1. 图书馆员如何看待营销？一项关于公共图书馆员对图书馆服务营销的态度调查，Shontz M L，Parker J C，Parker R，图书馆季刊，卷：74，期：1，页：63-84，出版年：2004 2. 国家图书馆的营销导向，Schwamm H，Stephens D，Cleeve M，LIBRI，卷：59，期：4，页：259-274，出版年：2009 3. 第 34 届 ASLIB 电子团体年会 4. 第 58 届 IFLA 大会 5. 北美系列专题小组第 7 届年会：如果我们构建它——学术交流与网络技术

检索主题 4（用于实验）

设计者	
问题编号	16
问题标题	图书馆数字参考咨询
问题描述（长度：3～6 句）	图书馆数字参考咨询是建立在网络基础上的，将用户与专家和学科专门知识联系起来的问答式服务。它是传统参考咨询在网络环境下的延伸与发展，也是图书馆服务的深化和创新。我想了解图书馆数字参考咨询在各国的实践概况、服务模式以及发展趋势
相关检索词	数字参考咨询、虚拟参考咨询、在线参考咨询、实时参考咨询、电子参考咨询
相关作者名	Lankes R D；Shachaf P；Tenopir C；Janes J；Pomerantz J；Zhang Y
相关作者所在机构	UNIV ILLINOIS、FLORIDA STATE UNIV、UNIV WASHINGTON、INDIANA UNIV、UNIV N CAROLINA、UNIV TENNESSEE
相关来源期刊名	Electronic Library；Reference & User Services Quarterly；Library Trends；College & Research Libraries；Library & Information Science Research；Journal of the American Society for Information Science and Technology
文章发表年限	1986～2010 年
任何与检索主题相关的信息（如相关文献、相关网页、相关图书等）	1. 数字图书馆与参考咨询服务：现在与未来，Chowdhury GG，文献资料工作杂志，卷：58，期：3，页：258-283，出版年：2002 2. 评估数字参考咨询，Hodges RA，LIBRI，卷：52，期：3，页：157-168，出版年：2002 3. 数字时代参考咨询服务——国会图书馆研究所会议 4. 第 7 届虚拟参考咨询台数字参考咨询年会

检索主题 5（用于实验）

设计者	
问题编号	17
问题标题	社会性网络服务
问题描述（长度：3～6 句）	社会性网络服务是旨在帮助人们建立社会性网络的互联网应用服务，也指社会上现有并已成熟普及的信息载体，如短信 SMS 服务。我想了解社会性网络服务的应用、发展前景以及有关的优劣分析

续表

相关检索词	SNS、社交网站、社会性网络软件
相关作者名	Lee J Y；Robertson S；Robinson M；Shin，D H、Euwema M C；Freddolino PP；Baggott R
相关作者所在机构	UNIV WISCONSIN、UNIV TORONTO、UNIV MANCHESTER、UNIV TENNESSEE、UNIV MELBOURNE、UNIV NOTTINGHAM、CITY UNIV HONG KONG
相关来源期刊名	Electronic Library；Journal of Librarianship and Information Science；Aslib Proceedings；Library Hi Tech；Libri；Online Information Review；Profesional de la Informacion
文章发表年限	1991～2010 年
任何与检索主题相关的信息（如相关文献、相关网页、相关图书等）	1. 社交网络 2.0 对组织的影响，van Zyl AS，电子图书馆，卷：27，期：6，页：906-918，出版年：2009 2. 大学生与教职人员对高校图书馆服务中社交网站应用的认知与使用差异，Park JH，电子图书馆，卷：28，期：3，页：417-431，出版年：2010 3. 第 30 届电信政策研究会议 4. 第 59 届 CIRP 大会

检索主题 6（用于实验）

设计者	
问题编号	18
问题标题	学科馆员
问题描述（长度：3～6 句）	学科馆员是具有学科背景，并受过文献情报专业训练，向特定学科领域用户提供深层次、个性化信息获取与利用服务的复合型人才，是专业与图书馆之间的桥梁。我想知道数字环境下学科馆员的职能发生了哪些变化，用户对学科馆员的素质与服务模式提出了哪些新的要求
相关检索词	学术馆员、联络馆员、信息专家、专业馆员、素质
相关作者名	Ginn DS；Tennant M R；Adkins D；Alonso-Regalado J；Anderson，K M；Aatell K；Kushkowski J D
相关作者所在机构	BRITISH LIB、TEXAS A&M UNIV、UNIV COLORADO、UNIV FLORIDA、UNIV MISSOURI、UNIV PITTSBURGH、UNIV SHEFFIELD
相关来源期刊名	Bulletin of the Medical Library Association；College & Research Libraries；Library Hi Tech；Journal of Academic Librarlanship Library Trends；Serlals Librarian；Special Libraries
文章发表年限	1976～2010 年
任何与检索主题相关的信息（如相关文献、相关网页、相关图书等）	1. 重新审视学科馆员：一项英语、法学与化学研究，Hardy G，Corrall S，图书馆与信息科学杂志，卷：39，期：2，页：79-91，出版年：2007 2. 作为文化大使的学科馆员：澳大利亚馆员在伦敦，Gray LC，澳大利亚图书馆杂志，卷：58，期：3，页：298-311，出版年：2009 3. 第 93 届医学图书馆协会年会

检索主题 7（用于实验）

设计者	
问题编号	24
问题标题	信息行为
问题描述（长度：3～6 句）	信息行为是在信息需求基础上，为利用信息内容与信息服务，从事的需求表达、信息检索、选择、利用、存储以及加工等活动。我想了解信息行为的特征和影响因素，研究者所采用的调查方法与互动模型，以及有关方面的研究进展

续表

相关检索词	信息检索行为、信息浏览行为、信息交互行为、信息选择行为、信息行为模型、用户研究
相关作者名	Beheshti J；Borgman C L；Hirsh S G；Nicholas D；Cooper M D；Huntington P；Jamali H R
相关作者所在机构	UNIV CALIF LOS ANGELES、MCGILL UNIV、UCL、UNIV TENNESSEE、UNIV WISCONSIN、UNIV ARIZONA、CORNELL UNIV
相关来源期刊名	Journal of the American Society for Information Science and Technology；Library & Information Science Research；Journal of Academic Librarianship；Journal of Documentation；Electronic Library；Information Processing & Management；Journal of the American Society for Information Science
文章发表年限	1980～2010 年
任何与检索主题相关的信息（如相关文献、相关网页、相关图书等）	1. 多任务处理信息行为与信息任务切换：探索性研究，Spink A，文献资料工作杂志，卷：60，期：4，页：336-351，出版年：2004 2. 预测高校数字图书馆信息检索动机，Chang CC，Lin CY，Chen YC，et al.，电子图书馆，卷：27，期：3，页：448-460，出版年：2009 3. 第 61 届 ASIS 年会 4. 图书馆与情报学教育协会年会

检索主题 8（用于实验）

设计者	
问题编号	26
问题标题	图书馆业务外包
问题描述（长度：3～6 句）	图书馆业务外包是指，图书馆通过委托外部企业或团体，提供本应由图书馆内部操作的各种业务与服务，以达到降低成本、节省时间、提高效率与改进质量的效果。我想了解目前国内外关于图书馆业务外包争论的焦点，外包的形式、策略，以及外包过程中产生的问题与质量控制
相关检索词	外包、编目外包、软件外包、图书馆外包质量控制
相关作者名	Agada J；Crum，J；Dunkle C B；Hasegawa A；Propas S W；Amsberry D；Galbraith J
相关作者所在机构	UNIV TSUKUBA、INDIANA UNIV、OREGON HLTH SCI UNIV LIB、SIMMONS COLL、TRINITY UNIV、UNIV ILLINOIS、UNIV TORONTO
相关来源期刊名	Library Acquisitions-Practice and Theory；Journal of Academic Librarianship；Libaray Collections Acquisitions & Technical Services；Library Journal；Library and Information Science；Library Resources & Technical Services；Library Trends
文章发表年限	1994～2010 年
任何与检索主题相关的信息（如相关文献、相关网页、相关图书等）	1. 外包简介，OGBURN JL，图书馆采购——实践与理论，卷：18，期：4，页：363-366，出版年：1994 2. 日本专业图书馆的全日制外包，Hasegawa A，图书馆与信息科学，期：59，页：69-100，出版年：2008 3. 第 9 届比勒费尔德国际会议

检索主题 9（用于实验）

设计者	
问题编号	49
问题标题	知识发现
问题描述（长度：3～6 句）	知识发现是指，知识管理系统存储数据，并利用机器学习方法分析数据，挖掘数据背后知识的过程。它是一门交叉学科，涉及模式识别、统计、知识获取、数据可视化、专家系统等多个领域。我想了解国内外有关知识发现的重要学术会议、研究进展，以及知识发现的应用前景

续表

相关检索词	数据挖掘、数据仓库、数据可视化、专家系统
相关作者名	Goodwin L K；Hammoni W E；Kao S C；Norton M J；Qin J；Wu，C H；Zeng M L；Alvares L O
相关作者所在机构	NATL UNIV KAOHSIUNG、UNIV ILLINOIS、COLUMBIA UNIV、DUKE UNIV、KENT STATE UNIV、KUN SHAN UNIV TECHNOL、NANYANG TECHNOL UNIV、PENN STATE UNIV
相关来源期刊名	Journal of the American Medical Informatics Association；Library Trends；Information & Management；Annual Review of Information Science and Technology；Knowledge Organization；Electronic Library；Information Processing & Management；Journal of Information Science
文章发表年限	1996～2010年
任何与检索主题相关的信息（如相关文献、相关网页、相关图书等）	1. 高级检索中的复杂数据仓库与知识发现：创新方法与应用，Ting IH，在线信息评论，卷：34，期：3，页：509-510，出版年：2010 2. 联合检索——知识发现变革技术：WorldWideScience. org的作用，Warnick W，馆际互借与文献传递，卷：38，期：2，页：82-92，出版年：2010 3. 新技术展望：预测与评价方法科学研讨会 4. 知识领域映射学术研讨会

附录9　Milk-Tea用户检索实验调查问卷

第一部分　背景资料（请在相应的位置上打“√”）

1. 性别：

A. 男（　）　　B. 女（　）

2. 专业：

A. 图书馆学（　）　　B. 情报学（　）　　C. 档案学（　）

D. 出版学（　）　　E. 电子商务（　）　　F. 其他非图情专业（　）

3. 年龄：

A. 20岁以下（　）　　B. 20～25岁（　）

C. 26～30岁（　）D. 30岁以上（　）

4. 文化程度：

A. 本科1～2年级（　）B. 本科3～4年级（　）

C. 硕士（　）　　D. 博士及以上（　）

5. 是否上过《信息检索》相关课程：

A. 是（　）　　B. 否（　）

No.	问题	1	2	3	4	5
6.	英语阅读的能力					
7.	查找中文信息的能力					
8.	查找英文信息的能力					
9.	查找专业学术信息的能力					
10.	对信息检索结果的判断能力					
11.	对图书情报学专业知识的熟悉程度					
12.	对“跨语言信息检索”技术的了解程度					
13.	使用搜索引擎的熟悉程度					
14.	使用图书情报学专业中文数据库的熟悉程度					
15.	使用图书情报学专业英文数据库的熟悉程度					

注：1 表示完全否定；2 表示否定；3 表示中立；4 表示肯定；5 表示非常肯定

第二部分　使用翻译资源“通用词典”后的结果调查（请在相应的位置上打“√”）

（一）检索主题：________　使用翻译资源：　通用词典

No.	问题	1	2	3	4	5
1.	实验前对该检索主题是否熟悉？					
2.	你觉得该翻译资源对查询式的翻译质量如何？					
3.	你对本次检索结果是否满意？					
4.	你对本次检索结果的相关性判断的准确率是否有信心？					

注：1 表示完全否定；2 表示否定；3 表示中立；4 表示肯定；5 表示非常肯定

5. 对于该检索主题，你输入的检索词主要来源于（可多选）：

A. 问题标题（　）　B. 问题描述（　）

C. 相关检索词（　）　D. 相关作者名（　）

E. 相关作者所在机构（　）　F. 相关来源期刊名（　）

G. 文章发表年限（　）　H. 任何与检索主题相关的信息（　）

I. 自己的专业知识（　）

（二）检索主题：________　使用翻译资源：　通用词典

No.	问题	1	2	3	4	5
1.	实验前对该检索主题是否熟悉？					
2.	你觉得该翻译资源对查询式的翻译质量如何？					
3.	你对本次检索结果是否满意？					
4.	你对本次检索结果的相关性判断的准确率是否有信心？					

注：1 表示完全否定；2 表示否定；3 表示中立；4 表示肯定；5 表示非常肯定

5. 对于该检索主题，你输入的检索词主要来源于（可多选）：

A. 问题标题（　）　B. 问题描述（　）

C. 相关检索词（　）　D. 相关作者名（　）

E. 相关作者所在机构（　）　F. 相关来源期刊名（　）

G. 文章发表年限（　）　　H. 任何与检索主题相关的信息（　）

I. 自己的专业知识（　）

（三）检索主题：＿＿＿＿＿＿　使用翻译资源：＿＿通用词典＿＿

No.	问题	1	2	3	4	5
1.	实验前对该检索主题是否熟悉？					
2.	你觉得该翻译资源对查询式的翻译质量如何？					
3.	你对本次检索结果是否满意？					
4.	你对本次检索结果的相关性判断的准确率是否有信心？					

注：1 表示完全否定；2 表示否定；3 表示中立；4 表示肯定；5 表示非常肯定

5. 对于该检索主题，你输入的检索词主要来源于（可多选）：

A. 问题标题（　）　　B. 问题描述（　）

C. 相关检索词（　）　　D. 相关作者名（　）

E. 相关作者所在机构（　）　　F. 相关来源期刊名（　）

G. 文章发表年限（　）　　H. 任何与检索主题相关的信息（　）

I. 自己的专业知识（　）

第三部分　使用翻译资源“专业词典＋通用词典”后的结果调查（请在相应的位置上打“√”）

（一）检索主题：＿＿＿＿＿＿　使用翻译资源：＿＿专业词典＋通用词典＿＿

No.	问题	1	2	3	4	5
1.	实验前对该检索主题是否熟悉？					
2.	你觉得该翻译资源对查询式的翻译质量如何？					
3.	你对本次检索结果是否满意？					
4.	你对本次检索结果的相关性判断的准确率是否有信心？					

注：1 表示完全否定；2 表示否定；3 表示中立；4 表示肯定；5 表示非常肯定

5. 对于该检索主题，你输入的检索词主要来源于（可多选）：

A. 问题标题（　）　　B. 问题描述（　）

C. 相关检索词（　）　　D. 相关作者名（　）

E. 相关作者所在机构（　）　　F. 相关来源期刊名（　）

G. 文章发表年限（　）　　H. 任何与检索主题相关的信息（　）

I. 自己的专业知识（　）

（二）检索主题：＿＿＿＿＿＿　使用翻译资源：＿＿专业词典＋通用词典＿＿

No.	问题	1	2	3	4	5
1.	实验前对该检索主题是否熟悉？					
2.	你觉得该翻译资源对查询式的翻译质量如何？					
3.	你对本次检索结果是否满意？					
4.	你对本次检索结果的相关性判断的准确率是否有信心？					

注：1 表示完全否定；2 表示否定；3 表示中立；4 表示肯定；5 表示非常肯定

5. 对于该检索主题，你输入的检索词主要来源于（可多选）：

A. 问题标题（　）　B. 问题描述（　）
C. 相关检索词（　）　D. 相关作者名（　）
E. 相关作者所在机构（　）　F. 相关来源期刊名（　）
G. 文章发表年限（　）　H. 任何与检索主题相关的信息（　）
I. 自己的专业知识（　）

（三）检索主题：＿＿＿＿＿＿　使用翻译资源：专业词典＋通用词典

No.	问题	1	2	3	4	5
1.	实验前对该检索主题是否熟悉？					
2.	你觉得该翻译资源对查询式的翻译质量如何？					
3.	你对本次检索结果是否满意？					
4.	你对本次检索结果的相关性判断的准确率是否有信心？					

注：1 表示完全否定；2 表示否定；3 表示中立；4 表示肯定；5 表示非常肯定

5. 对于该检索主题，你输入的检索词主要来源于（可多选）：

A. 问题标题（　）　B. 问题描述（　）
C. 相关检索词（　）　D. 相关作者名（　）
E. 相关作者所在机构（　）　F. 相关来源期刊名（　）
G. 文章发表年限（　）　H. 任何与检索主题相关的信息（　）
I. 自己的专业知识（　）

第四部分　使用翻译资源“专业词典＋标注词典＋通用词典”后的结果调查

（请在相应的位置上打“√”）

（一）检索主题：＿＿＿＿＿　使用翻译资源：专业词典＋标注词典＋通用词典

No.	问题	1	2	3	4	5
1.	实验前对该检索主题是否熟悉？					
2.	你觉得该翻译资源对查询式的翻译质量如何？					
3.	你对本次检索结果是否满意？					
4.	你对本次检索结果的相关性判断的准确率是否有信心？					

注：1 表示完全否定；2 表示否定；3 表示中立；4 表示肯定；5 表示非常肯定

5. 对于该检索主题，你输入的检索词主要来源于（可多选）：

A. 问题标题（　）　B. 问题描述（　）
C. 相关检索词（　）　D. 相关作者名（　）
E. 相关作者所在机构（　）　F. 相关来源期刊名（　）
G. 文章发表年限（　）　H. 任何与检索主题相关的信息（　）
I. 自己的专业知识（　）

（二）检索主题：________ 使用翻译资源：专业词典＋标注词典＋通用词典

No.	问题	1	2	3	4	5
1.	实验前对该检索主题是否熟悉？					
2.	你觉得该翻译资源对查询式的翻译质量如何？					
3.	你对本次检索结果是否满意？					
4.	你对本次检索结果的相关性判断的准确率是否有信心？					

注：1表示完全否定；2表示否定；3表示中立；4表示肯定；5表示非常肯定

5. 对于该检索主题，你输入的检索词主要来源于（可多选）：

A. 问题标题（ ） B. 问题描述（ ）
C. 相关检索词（ ） D. 相关作者名（ ）
E. 相关作者所在机构（ ） F. 相关来源期刊名（ ）
G. 文章发表年限（ ） H. 任何与检索主题相关的信息（ ）
I. 自己的专业知识（ ）

（三）检索主题：________ 使用翻译资源：专业词典＋标注词典＋通用词典

No.	问题	1	2	3	4	5
1.	实验前对该检索主题是否熟悉？					
2.	你觉得该翻译资源对查询式的翻译质量如何？					
3.	你对本次检索结果是否满意？					
4.	你对本次检索结果的相关性判断的准确率是否有信心？					

注：1表示完全否定；2表示否定；3表示中立；4表示肯定；5表示非常肯定

5. 对于该检索主题，你输入的检索词主要来源于（可多选）：

A. 问题标题（ ） B. 问题描述（ ）
C. 相关检索词（ ） D. 相关作者名（ ）
E. 相关作者所在机构（ ） F. 相关来源期刊名（ ）
G. 文章发表年限（ ） H. 任何与检索主题相关的信息（ ）
I. 自己的专业知识（ ）

11 **第五部分 对系统的总体评价**（请在相应的位置上打“√”）

请根据你使用三个翻译资源后的感受，回答下列问题：

No.	问题	1	2	3	4	5
1.	高度相关、一般相关、不相关三个级别是否容易确定？					
2.	是否依赖英文原文来判断检索结果的相关性？					
3.	是否依赖中文翻译来判断检索结果的相关性？					
4.	是否经常要查看检索结果的文章全字段信息？					
5.	仅依赖学术文章的题录信息是否能够判断文章的相关性？					
6.	系统界面设计是否好用？					
7.	字段限制检索对学术信息检索是否有帮助？					
8.	跨语言信息检索对查找专业资料是否有帮助？					

注：1表示完全否定；2表示否定；3表示中立；4表示肯定；5表示非常肯定

9. 你认为三个翻译资源哪个检索效果最好？哪个最差？请用“1，2，3”分别代表第一、第二、第三给出排序：

A. 通用词典（　）

B. 专业词典＋通用词典（　）

C. 专业词典＋标注词典＋通用词典（　）

10. 请写下任何你对本次实验的意见或建议，谢谢！

后记

在本书完成之际，对一直给予我帮助和支持的人们表示感谢。

2008 年 7 月，我来到美丽的珞珈山，成为武汉大学信息管理学院的一名教师。在信息管理学院的工作中，我结识了很多令我敬仰的同事。感谢图书馆学系的全体老师，以及信息管理学院的全体领导与老师。他们对我的工作提出了许多建设性的意见与建议，让我受益匪浅，与他们共事也让我感受到了集体的温暖。

此外，以前的老师、同学、朋友，以及指导过我的专家学者，都给予了我无私的帮助。科学出版社的侯俊琳社长、邹聪编辑等对本书的出版付出了辛勤劳动。在此，向所有帮助过我的人表示衷心的感谢！

特别感谢我的父母、丈夫、一双儿女，家人的爱是我前行的最大支持。

吴　丹

2014 年 2 月 22 日